学术中国·空间信息网络系列

高光谱卫星图像协同处理理论与方法

The Theory and Methodology of Collaborative Processing of Hyperspectral Satellite Images

张兵　李山山　张浩　李伟　杨博　高连如　编著

人民邮电出版社
北京

图书在版编目（CIP）数据

高光谱卫星图像协同处理理论与方法 / 张兵等编著
. -- 北京 : 人民邮电出版社，2020.8（2022.8重印）
（国之重器出版工程. 学术中国. 空间信息网络系列）
ISBN 978-7-115-52640-3

Ⅰ. ①高… Ⅱ. ①张… Ⅲ. ①卫星图象－图象处理－方法 Ⅳ. ①TP751.2

中国版本图书馆CIP数据核字(2019)第269141号

内容提要

本书从一体化数据处理链路的视角出发，结合前沿进展和研究热点，分别介绍了高光谱协同观测理论、几何和辐射一致化模型与方法、数据降维及融合分类技术与方法，并利用国产高分卫星数据进行了实验分析。全书共6章：第1章从遥感卫星载荷参数指标及其相互关系、应用导向的载荷参数指标优化、多源卫星及遥感器协同观测3个方面，介绍高光谱协同观测的主要理论方法；第2章主要针对多源遥感卫星图像协同中的几何一致化问题，介绍多源遥感卫星图像几何校正中的几何成像模型、几何正射纠正以及几何配准3个主要环节；第3章主要针对多源中高分辨率卫星图像的辐射归一化问题，介绍辐射归一化原理与流程、地表反射率反演算法、地表反射率图像辐射归一化模型与方法；第4章主要针对基于像元光谱的经典高光谱数据降维方法的不足，介绍空谱信息协同的高光谱图像降维理论与方法；第5章主要介绍基于图嵌入理论的高光谱图像特征表示方法与多源高光谱图像协同分类技术；第6章主要介绍基于马尔可夫随机场和数学形态学进行光谱特征与全色图像空间结构特征、热红外图像辐射特征协同分类的方法。

本书内容突出研究热点和前沿进展，包含较为详尽的算法分析和实验验证，能够帮助该领域研究学者和学生更加系统地掌握高光谱卫星图像协同处理的相关理论与方法。

◆ 编　　著　张　兵　李山山　张　浩　李　伟
　　　　　　杨　博　高连如
　责任编辑　代晓丽
　责任印制　杨林杰

◆ 人民邮电出版社出版发行　　北京市丰台区成寿寺路11号
　邮编　100164　　电子邮件　315@ptpress.com.cn
　网址　https://www.ptpress.com.cn
　涿州市京南印刷厂印刷

◆ 开本：720×1000　1/16
　印张：16　　　　　　　　2020年8月第1版
　字数：296千字　　　　　2022年8月河北第2次印刷

定价：138.00元

读者服务热线：(010)81055493　印装质量热线：(010)81055316

反盗版热线：(010)81055315

《国之重器出版工程》编辑委员会

专家委员会委员（按姓氏笔画排列）：

于　全　中国工程院院士
王　越　中国科学院院士、中国工程院院士
王小谟　中国工程院院士
王少萍　“长江学者奖励计划”特聘教授
王建民　清华大学软件学院院长
王哲荣　中国工程院院士
尤肖虎　“长江学者奖励计划”特聘教授
邓玉林　国际宇航科学院院士
邓宗全　中国工程院院士
甘晓华　中国工程院院士
叶培建　人民科学家、中国科学院院士
朱英富　中国工程院院士
朵英贤　中国工程院院士
邬贺铨　中国工程院院士
刘大响　中国工程院院士
刘辛军　“长江学者奖励计划”特聘教授
刘怡昕　中国工程院院士
刘韵洁　中国工程院院士
孙逢春　中国工程院院士
苏东林　中国工程院院士
苏彦庆　“长江学者奖励计划”特聘教授
苏哲子　中国工程院院士
李寿平　国际宇航科学院院士

李伯虎　中国工程院院士

李应红　中国科学院院士

李春明　中国兵器工业集团首席专家

李莹辉　国际宇航科学院院士

李得天　国际宇航科学院院士

李新亚　国家制造强国建设战略咨询委员会委员、中国机械工业联合会副会长

杨绍卿　中国工程院院士

杨德森　中国工程院院士

吴伟仁　中国工程院院士

宋爱国　国家杰出青年科学基金获得者

张　彦　电气电子工程师学会会士、英国工程技术学会会士

张宏科　北京交通大学下一代互联网互联设备国家工程实验室主任

陆　军　中国工程院院士

陆建勋　中国工程院院士

陆燕荪　国家制造强国建设战略咨询委员会委员、原机械工业部副部长

陈　谋　国家杰出青年科学基金获得者

陈一坚　中国工程院院士

陈懋章　中国工程院院士

金东寒　中国工程院院士

周立伟　中国工程院院士

郑纬民　中国工程院院士
郑建华　中国科学院院士
屈贤明　国家制造强国建设战略咨询委员会委员、工业和信息化部智能制造专家咨询委员会副主任
项昌乐　中国工程院院士
赵沁平　中国工程院院士
郝　跃　中国科学院院士
柳百成　中国工程院院士
段海滨　“长江学者奖励计划”特聘教授
侯增广　国家杰出青年科学基金获得者
闻雪友　中国工程院院士
姜会林　中国工程院院士
徐德民　中国工程院院士
唐长红　中国工程院院士
黄　维　中国科学院院士
黄卫东　“长江学者奖励计划”特聘教授
黄先祥　中国工程院院士
康　锐　“长江学者奖励计划”特聘教授
董景辰　工业和信息化部智能制造专家咨询委员会委员
焦宗夏　“长江学者奖励计划”特聘教授
谭春林　航天系统开发总师

前　言

近年来，全球范围内卫星、航空对地观测技术得到了迅猛发展，天基平台和空基平台对地观测技术日益成熟。伴随着高分辨率对地观测技术和空间基础设施建设的高速发展，我国逐步具备了基于卫星、平流层气球和飞机等不同平台的大区域、全天候、连续时相的立体对地观测能力，能够获取从可见光到微波谱段的多种类型数据，光谱分辨率已经从 20 世纪 70 年代的 50～100 nm 发展到目前的纳米数量级，为发展空间信息网络下多源遥感技术协同应用提供了空前机遇。

利用遥感技术可获取不同时间、空间和光谱尺度的观测数据。由于成像原理不同以及传感器研制技术与数据获取能力有差异，单一传感器获取的信息无法反映观测对象的全面特征。通过不同类型载荷和平台优化设置，可以提升遥感数据对地表信息在空间、光谱、时间等方面的综合刻画能力。随着载荷类型日趋多样化，以及空天平台机动性、在线处理和数据传输能力的大幅提高，遥感已进入多平台、多传感器协同应用阶段，因此，如何高效协同应用多源遥感数据已经成为遥感研究者面临的重要课题。

“图谱合一”的高光谱数据融合了传统的图像空间维与光谱维信息，在获取地表空间图像的同时，可以得到地物的连续光谱曲线，相比多光谱数据具有更强的地物识别与精细分类能力。目前高光谱遥感具有成像幅宽较窄、空间分辨率较低等局限性。伴随着空间信息网络的不断发展，高光谱与可见光、红外等数据相结合已成为多源传感器协同观测的一个重要趋势。本书采用一体化数据处理链路的视角，结合前沿进展和研究热点，分别介绍高光谱协同观测理论、几何和辐射一致化模型与方法、数据降维及融合分类技术与方法，并利用国产高分卫星数据进行实验分析。

本书作者来自中国科学院空天信息创新研究院、武汉大学和北京理工大学等研究机构，多年来一直致力于高光谱卫星图像协同处理的相关研究工作。中国科学院空天信息创新研究院张兵研究员系统规划了本书的内容框架和任务分工，并在本书编写过程中给予了详尽的学术指导，审阅修改了全文。第 1 章由中国科学院空天信息创新研究院张文娟副研究员、李庆亭副研究员、张浩副研究员共同完成，第 2 章主要由武汉大学杨博副研究员完成，第 3 章主要由中国科学院空天信息创新研究院张浩副研究员完成，第 4 章主要由中国科学院空天信息创新研究院高连如研究员完成，第 5 章主要由北京理工大学李伟教授完成，第 6 章由中国科学院空天信息创新研究院李山山副研究员、孙旭副研究员、倪丽副研究员，以及北京理工大学李伟教授通力完成。中国科学院空天信息创新研究院李利伟副研究员组织协调了本书的编写工作，负责全书统稿和校对，同时，负责本书中多源遥感实验数据准备和高光谱与红外协同处理实验设计。本书内容来自研究团队多年的积累，通过系统梳理和逻辑衔接，结合研究热点和前沿进展进行算法分析和实验验证，帮助该领域研究学者和学生更加系统地掌握高光谱卫星图像协同处理的相关理论与方法。

在此，感谢人民邮电出版社有限公司代晓丽、胡俊霞在排版编辑方面的建议和帮助，感谢中国科学院空天信息创新研究院章文毅研究员为第 1 章第 3 节的撰写提供素材。此外，还要特别感谢为本书的整理及校对而辛勤工作的研究生，他们是：徐玉雯、皮英冬、宴杨、李海巍、赵斌、刘娜、万继康、朱金明、曹丹丹、王仲建、贺轶群等。

另外，感谢国家自然科学基金项目（No.91638201）对本书的资助。

作 者

2020 年 3 月于北京

目 录

第1章
高光谱协同观测理论

伴随着全球范围内空间信息网络的快速发展，遥感已进入多平台、多传感器协同观测和融合应用阶段，多源传感器能够更加全面地反映观测对象的空间、光谱和时间变化特征，但是，由于载荷类型、波段设置、观测几何以及重访周期等方面存在差异，为了高效协同应用多源遥感数据，迫切需要与之对应的基础理论作为指导。本章主要从遥感卫星载荷参数指标及其相互关系、应用导向的载荷参数指标优化，以及多源卫星及遥感器协同观测3个方面，介绍高光谱协同观测的主要理论方法，为实现高光谱与可见光、红外等传感器协同观测和数据融合奠定基础。

1.1 遥感卫星载荷主要参数指标及相互关系

高光谱遥感是将成像技术和光谱技术相结合的多维信息获取技术，能探测目标的二维几何空间与一维光谱信息，获取高光谱分辨率的连续、窄波段的图像数据。高光谱成像技术是20世纪80年代初在多光谱成像技术的基础上发展而来的，高光谱遥感的出现可以称得上是遥感技术的一场革命，它使得原本多光谱遥感无法有效探测的地物，在高光谱遥感中得以探测。高光谱遥感数据的光谱分辨率高达 $10^{-2}\lambda$ 数量级，在可见光到短波红外（Short Wave Infrared，SWIR）波段范围内光谱分辨率为纳米（nm）级，光谱波段数多达数十甚至数百个，各光谱波段间通常连续，因此高光谱遥感通常又被称为成像光谱遥感[1]。高光谱遥感图像具有很高的光谱分辨率，能够提供更为丰富的地球表面信息，因此受到国内外学者的很大关注并得到了广泛应用，其应用领域已涵盖地球科学的各个方面，成为地质制图、植被调查、海洋遥感、农业遥感、大气研究、环境监测等领域的有效技术手段，发挥着越来越重要的作用[2]。

自2000年起航天高光谱遥感逐步发展，目前已发射美国的Hyperion成像光谱仪、HICO海岸带高光谱成像仪、欧洲的 CHRIS 成像光谱仪、印度的HySI超光谱图像仪。我国自 2007 年在嫦娥一号（CE-1）上搭载干涉成像光谱仪（Imaging Interferometer，IIM）以来，已陆续发射了 HJ-1A 超光谱成像仪、天宫一号高光谱成像仪、高分五号（GF-5）可见短波红外高光谱相机（Advanced Hyperspectral Imager，AHSI）。表 1-1 为 2018 年发射的 GF-5 卫星所搭载的可见短波红外高光谱相机的主要载荷参数指标[3]，从中可以看出，遥感器的指标需要从光谱、空间、辐射等多个方面进行表征，其中光谱分辨率、空间分辨率、信噪比等是影响数据应用的核心指标。

表 1-1　GF-5 卫星所搭载的可见短波红外高光谱相机主要载荷参数指标

参数	指标
光谱范围	0.4～2.5 μm
光谱分辨率	VNIR（可见光–近红外）波段：≤5 nm SWIR 波段：≤10 nm
空间分辨率	30 m ± 0.1 m
幅宽	60 km ± 1 km
绝对辐射定标精度	≤5%
相对辐射定标精度	≤3%
光谱定标精度	VNIR 波段：≤0.5 nm SWIR 波段：≤1.0 nm
信噪比[1]	0.4～0.9 μm 波段：≥200 0.9～1.75 μm 波段：≥150 1.75～2.5 μm 波段：≥100
动态范围	VNIR 波段：0～10%、0～20%、0～50%、0～100%（4 档可调）
	SWIR 波段：0～30%、0～100%（两档可调）
横向光谱偏差	≤1.0 nm
量化等级	12 bit

1.1.1　光谱分辨率

对于遥感图像来说，某个波段的像元值是对一定波长范围内地物信息的响应，根据像元在各波段的响应情况可进行地物分类与参量反演。水和植被这种差异较大的地物基于非常宽的波长范围可以实现区分，而对于图 1-1 所示的不同岩石类型来说，则不容易使用波长范围较宽的任何一个波段来区分，而是需要在更精细、更窄的波长范围进行比较与区分。每个波段的有效波长范围可以用遥感器的光谱分辨率来表征。

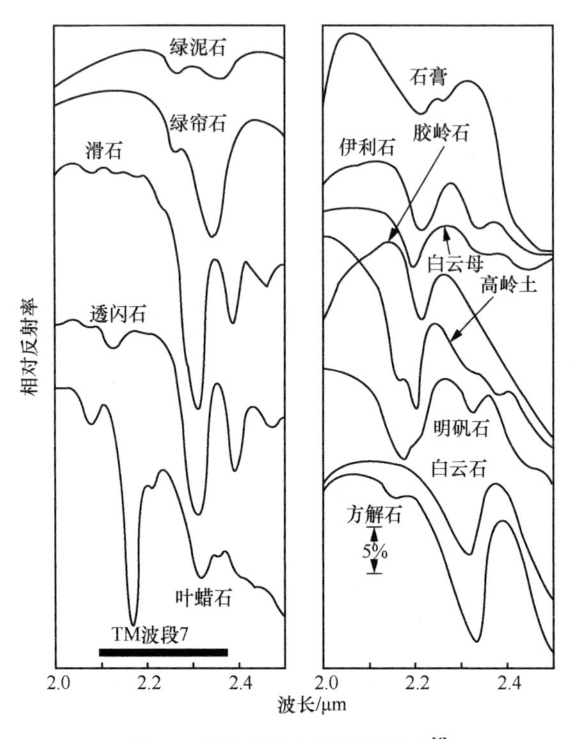

图 1-1　几种典型矿物的光谱曲线[4]

光谱分辨率通常基于遥感器光谱响应函数（Spectral Response Function，RSF）进行计算，对于第 i 波段，其光谱分辨率 $\Delta\lambda_i$ 是指该波段光谱响应函数的半峰全宽（Full Width at Half Maximum，FWHM）值，即光谱响应函数中函数值等于峰值一半的两点之间的波长差值。

光谱响应函数一般通过遥感器发射前的实验室光谱定标得到，图 1-2 所示为 GF-5 卫星搭载的多光谱遥感器全波段光谱成像仪（Visual and Infrared Multispectral Sensor，VIMS）近红外波段的光谱响应函数。从中可以看出该波段的光谱分辨率超过了 100 nm，波段响应的范围非常宽。图 1-3 所示为 GF-5 卫星 AHSI 和 VIMS 在可见近红外波段的光谱响应函数。从中可以看出，AHSI 光谱分辨率非常高，在可见光到短波红外波段其光谱分辨率高达纳米数量级，光谱波段数为数十到数百个，VIMS 上的每个波段都对应十几个波段，基于 AHSI 可以对地物获取到近似连续的光谱曲线，涵括了非常丰富的地物光谱信息，能有效捕捉地物光谱特征，可实现对地物的精细探测分类与信息反演。

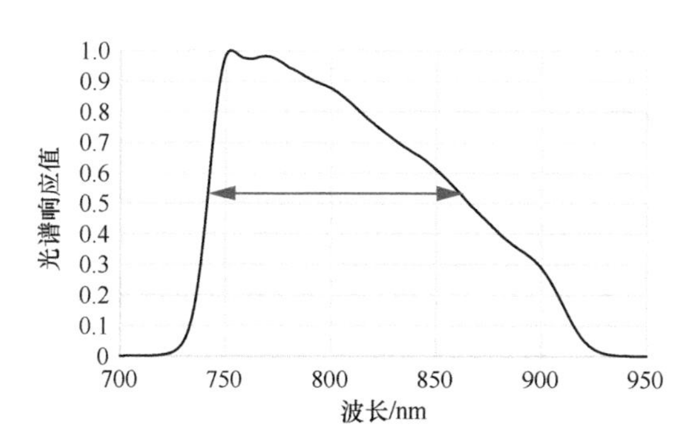

图 1-2　GF-5 VIMS 近红外波段的光谱响应函数

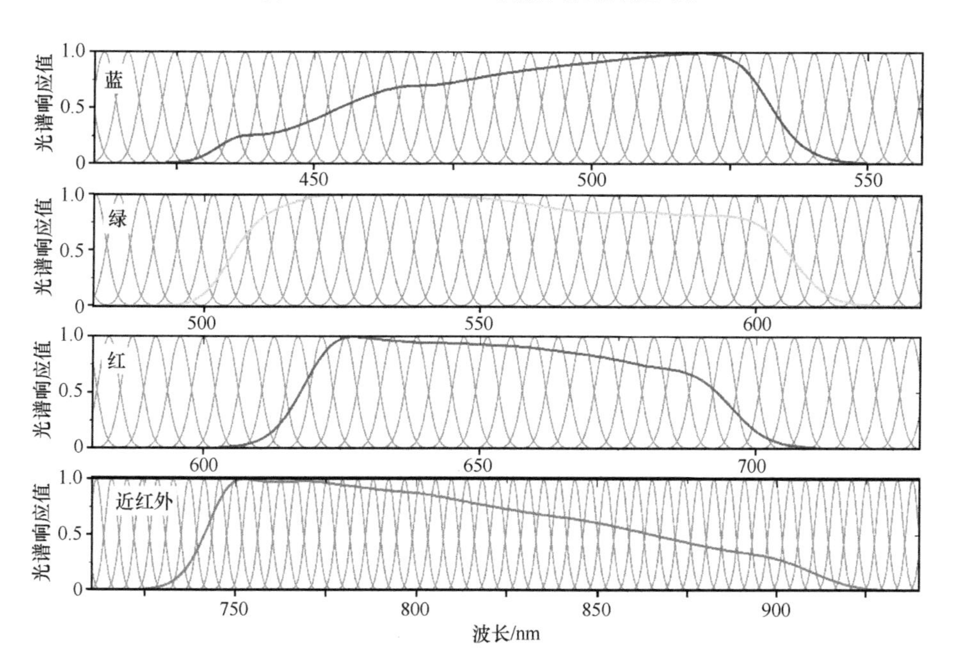

图 1-3　GF-5 AHSI 和 VIMS 在可见近红外波段的光谱响应函数

从光谱响应函数可以看出，对于每一个波段来说，遥感器获取到的信号是一个波段范围的信号值的叠加，其对应的中心波长由光谱响应函数加权计算得到[5]，表达式为

$$\lambda_{i,\mathrm{center}} = \frac{\sum f(\lambda_{i,j}) \times \lambda_{i,j}}{\sum f(\lambda_{i,j})} \tag{1-1}$$

其中，$\lambda_{i,\mathrm{center}}$ 表示第 i 波段的中心波长，$\lambda_{i,j}$ 为第 i 波段光谱响应函数上第 j 个点的波长值，$f(\lambda_{i,j})$ 为对应的光谱响应函数值。

1.1.2 空间分辨率

空间分辨率是指遥感器能区分的两相邻目标之间的最小角度间隔或线性间隔。对于图像来说，空间分辨率是指图像像元的大小。空间分辨率一般有 3 种表示法[6]。

① 线对（Line Pairs）数：对于摄影系统来说，图像最小单元常通过 1 mm 间隔内包含的线对数确定，单位为“线对/每毫米（Lp/mm）”。线对是指一对同等大小的明暗条纹或者规则间隔的明暗条对。

② 瞬时视场（Instantaneous Field of View，IFOV）：指遥感器内单个探测元件的受光角度或观测视野，单位为毫弧度（mrad）。IFOV 取决于遥感器的光学系统和探测器元件（探元）的大小。遥感器的一个 IFOV 对应的地面的面积也称为地面分辨率。

③ 像元（Pixel）：指图像单个像元所对应的地面面积大小，也就是图像的地面空间分辨率，它与遥感器探测元件的大小、相机焦距和卫星的高度有关。像元是图像的采样间隔，可以不等于遥感器的 IFOV 对应的地面面积，因为相同的 IFOV 在不同的扫描角度上对应的地面大小不一样。一般情况下，可以认为图像的像元和 IFOV 对应的地面面积大小相等。设卫星的高度为 H，相机焦距为 f，每个电荷耦合元件（Charge-Coupled Device，CCD）芯片宽度为 R，则垂直观测时的地面分辨率 GSD_0 为

$$\mathrm{GSD}_0 = (H + f)\mathrm{IFOV} = \frac{R(H + f)}{f} \tag{1-2}$$

对于摆扫式成像遥感器来说，由于 IFOV 是固定的，所以当扫描角（IFOV 的主光轴与铅垂线的夹角）发生变化时，IFOV 对应的地面大小也会随之变化。摆扫式成像卫星无论是垂直观测还是侧视，在一个扫描周期内，图像上不同位置的像素对应的 IFOV 扫描角都不一样，所以图像上不同位置的像元大小是不一样的。设垂直观测时星下点的图像分辨率是 GSD_0，那么当扫描镜的扫描角为 θ 时，对应的地面空间分辨率 GSD_θ 为

$$\mathrm{GSD}_\theta = \frac{\mathrm{GSD}_0}{\cos^2\theta} \tag{1-3}$$

对于线阵或者面阵 CCD 推扫式成像遥感器，由于不进行垂直于扫描方向的扫描，则不存在“瞬时”视场角，其每个探元的视场角恒定，而由于每个探元的大小

一样，所以对应的视场角不相等。图 1-4 是垂直观测时，线阵推扫式成像遥感器推扫时图像上不同位置像元的几何关系，可以看出图中两个不同探元对应的视场角 ψ_1 和 ψ_2 不相等。

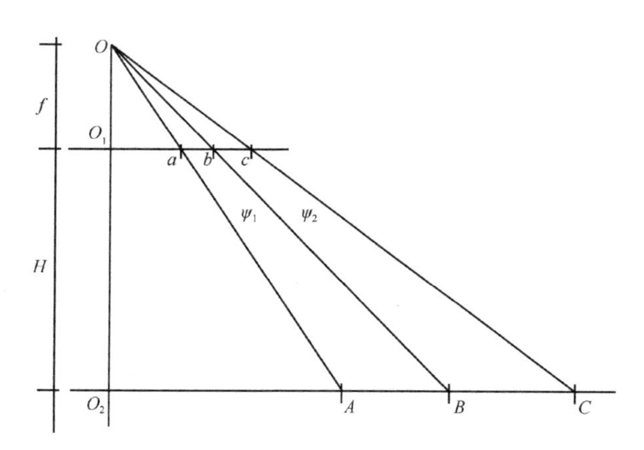

图 1-4　垂直观测时，线阵推扫式成像遥感器推扫时图像上不同位置像元的几何关系

从图 1-4 的分析可知，对于线阵推扫式成像遥感器，垂直观测时其图像不同位置的地面空间分辨率相等。设卫星的高度为 H、相机焦距为 f、每个探元的大小为 R，则垂直观测时的地面分辨率 GSD_0 为

$$\mathrm{GSD}_0 = \frac{R(H+f)}{f} \tag{1-4}$$

当卫星以一定的角度 θ 对地面侧视成像时，线阵 CCD 上不同位置的像元和对应地面的采样间隔的几何关系如图 1-5 所示。从图中可以看出图像上不同位置的地面空间分辨率不相等。

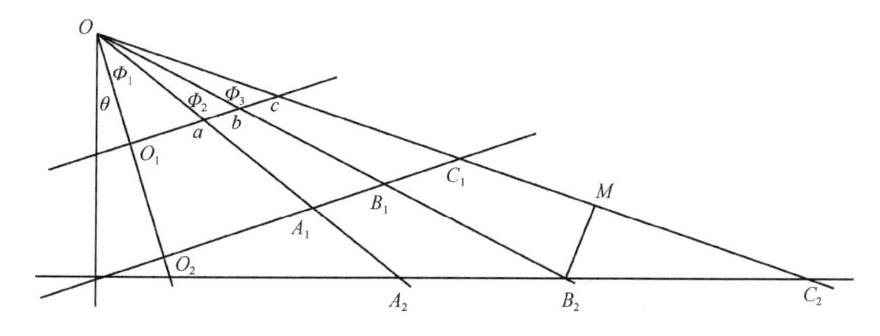

图 1-5　倾斜观测时，图像不同位置上的地面分辨率变换情况

对于线阵 CCD，每个像元的指向角度是像元序号的函数，中心位置像元指向是 0，越向两边角度越大。设相机焦距为 f、探元总数为 n，则第 i 个探元和主光轴的夹角 Ψ_i 为

$$\Psi_i = \arctan\left[\left(i - \frac{n+1}{2}\right) \times \frac{R}{f}\right] \tag{1-5}$$

从而，当卫星以一定的角度 θ 对地面侧视成像时，线阵 CCD 的第 i 个像元对应的地面空间分辨率 GSD_i 为

$$\mathrm{GSD}_i = \frac{\mathrm{GSD}_0}{\cos^2(\theta + \psi_i)} \tag{1-6}$$

1.1.3 信噪比

信噪比是遥感器极其重要的一个性能参数，信噪比的高低直接影响了图像的空间分辨率以及图像的分类和识别等应用[7]。对于定量光谱辐射测量来说，信噪比足够高的光谱数据才能充分发挥其应用价值。仪器的信噪比是由很多因素决定的，比如入瞳能量、光学系统参数、电子学噪声、探测器像元尺寸等，是一个综合的性能指标[8]。信噪比最基本的定义形式是信号与噪声的比值，从物理意义上说其描述的是遥感器系统保持信号稳定性的能力，即对一个稳定的输入信号，经过系统后最终输出信号的稳定性。一般而言，对成像仪器信噪比的讨论分为两个层面：一是在仪器研制之前，通过分析、仿真等方法对仪器的设计信噪比进行预估；二是在仪器研制完成之后对信噪比进行测试和评估[9]。

在进入成像系统以前，源信号是以辐射能量的形式存在的，来自观测目标的原始信号自身已经携带光子噪声，通过成像系统时系统噪声被引入信号，最终在终端输出叠加了光子噪声和系统噪声的信号。信噪比中的信号一般是指没有引入任何噪声时在某种稳定光照条件下输出的信号。然而光子本身具有量子特性，光照强度本身就是一种统计值，因此绝对稳定的输入是不存在的，加之实际中没有不带来任何噪声的理想成像系统，因此在实际测试时一般取实际输出信号（电压、电流、功率等）的均值作为信号值[9]。遥感器噪声的主要来源可以归纳为 CCD 器件的散粒噪声、暗电流噪声和转移噪声，以及扫描和读出的均方根噪声等[10]。噪声一般是指输出信号强度在时间维或空间维上的随机波动，即将在一定的稳定光照条件下的信号

标准差作为噪声量值。

无论采用哪一种定义方式，信噪比描述的始终是一种统计规律，反映系统保持原始信号稳定性的能力，从而综合体现遥感器获取的图像质量。在实验室中，利用图像来测定遥感器信噪比的做法是采集白板参考帧，即用一个均匀性和稳定性都很好的辐射源（标准灯或积分球的辐射输出）照射到一个镜面性很好的白板反射面上，白板的反射输出直接对准仪器的入射口，记录下仪器输出的数据。保持入射辐射恒定的条件下，持续测量足够的次数，最后对所有记录下来的数据求平均值（mean）和均方差（Standard Deviation，STD），根据图像计算的亮度均值和均方差之比就是系统的信噪比：SNR = mean/STD。

1.1.4　参数指标的相互关系

光谱分辨率、空间分辨率、信噪比是遥感器的重要指标，它们在极大程度上决定了数据的应用能力，而其中信噪比能综合反映图像数据质量，与遥感器的光谱分辨率、空间分辨率设置密切相关。以下基于等效电子法求解特定指标条件的遥感器信噪比[11]，给出载荷参数之间的相互制约关系，为遥感器载荷参数优化设计提供依据。

等效电子法通过计算探测器产生的信号电子数和噪声电子数计算系统的信噪比，比较适用于采用 CCD 探测器或红外焦平面探测器的高光谱成像系统。它将入射到探测器像元上的辐射功率 $P(\lambda)$转化成光子数 $N_P(\lambda)$，再由探测器的光谱量子效率 $\eta(\lambda)$得到探测器激发的信号电子数 $N_s(\lambda)$，系统信噪比为信号电子数与各种噪声电子数之和 $N_{total}(\lambda)$的比值。

$$\mathrm{SNR}(\lambda)=\frac{N_s(\lambda)}{N_{total}(\lambda)} \tag{1-7}$$

高光谱成像系统的总噪声由时域噪声和空域噪声两部分组成。时域噪声是和探测器每个像元相关的噪声，主要包括探测器内部固有的噪声、信号电子涨落引起的噪声和电子噪声。空域噪声主要由高光谱成像系统中多元探测器和焦平面探测器的应用以及光谱维信息的出现引起，不同探测器之间和不同波段之间的不均匀以及相互混叠等空间因素都会引入空域噪声。在对传统遥感系统的分析中，由于仪器大部分采用单元器件，所以对时域噪声的分析比较清楚，而对空域噪声的分析相对较少，

随着新一代高光谱成像系统中大量使用焦平面器件，空域噪声对系统性能的影响变得显著起来。时域噪声和空域噪声彼此不相关，故高光谱成像系统的总噪声功率等于两类噪声的均方和。

时域噪声包括散粒噪声、读出噪声、热噪声和放大器噪声等。从本质上讲，这类噪声都是由微观粒子的无规则运动引起的，它们随时间的变化是随机的。对于采用焦平面器件的高光谱成像系统，影响系统性能的主要是散粒噪声和读出噪声，时域噪声主要是上述两部分噪声的总和，由于这两类噪声不相关，系统总的噪声电子数 N_{total} 可以表示为

$$N_{\text{total}} = \sqrt{N_{\text{shot}}^2 + N_{\text{read}}^2} \tag{1-8}$$

其中，$N_{\text{shot}} = \sqrt{N_{\text{d}}}$ ，N_{d} 表示探测器在积分时间 T_{int} 内产生的总信号电子数，它包括由入射目标辐射产生的光电流引起的电子数 N_{s}、由其他辐射产生的光电流引起的电子数 N_{P} 和由探测器暗电流产生的电子数 N_{dark}。

根据目前高光谱成像系统的研制水平，N_{P} 至少受系统的杂散光、仪器的背景辐射、器件的响应非均匀性和串音以及各波段光谱响应函数的混叠等因素的影响。由于信号电子数 N_{s} 只是 N_{d} 的一部分，所以有 $\text{SNR} < \sqrt{N_{\text{s}}}$ ，信号电子数 N_{s} 为

$$N_{\text{s}}(\lambda) = \frac{P(\lambda) T_{\text{int}} \lambda}{hc} \eta(\lambda) \tag{1-9}$$

其中，T_{int} 为积分时间，h 为普朗克常量，c 为光速，$\eta(\lambda)$ 为量子效率。辐射功率 $P(\lambda)$ 为

$$P(\lambda) = \tau_0(\lambda) \pi \left(\frac{D}{2}\right)^2 \alpha^2 L(\lambda) \tag{1-10}$$

其中，$\tau_0(\lambda)$ 为仪器光学系统的总透过率，D 为光谱仪的光学有效口径，α 为仪器的瞬时视场角，$L(\lambda)$ 为入瞳辐亮度。不考虑多次散射、程辐射以及邻近像元效应，则有

$$L(\lambda) = \frac{1}{\pi} E(\lambda) \sin\theta \, \rho(\lambda) \tau_a(\lambda) \tag{1-11}$$

其中，$E(\lambda)$ 为太阳辐照度，θ 为太阳高度角，$\rho(\lambda)$ 为地表反射率，$\tau_a(\lambda)$ 为大气总透过率。因此，对于高光谱遥感器的第 i 个波段，若其波长范围为 $\left[\lambda_{i,1}, \lambda_{i,2}\right]$，中心波长为 $\lambda_{i,\text{center}}$ ，光谱分辨率为 $\Delta\lambda_i$ ，则式（1-9）可以表达为

$$N_s(\lambda_i)=\frac{D^2\alpha^2\sin\theta T_{\text{int}}}{4hc}(E(\lambda_{i,\text{center}})\rho(\lambda_{i,\text{center}})\tau_a(\lambda_{i,\text{center}})\tau_0(\lambda_{i,\text{center}})\lambda_{i,\text{center}}\eta(\lambda_{i,\text{center}}))\Delta\lambda_i \tag{1-12}$$

而 T_{int} 与卫星高度、空间分辨率密切相关，表示为

$$T_{\text{int}}=\frac{\Delta T\times \text{GSD}}{2\pi R} \tag{1-13}$$

其中，ΔT 为轨道周期，GSD 为空间分辨率，R 为地球平均半径，轨道周期为

$$\Delta T=0.009\,95a^{1.5},\ a=R+H \tag{1-14}$$

其中，H 为卫星高度。根据式（1-12）和式（1-13），可知信噪比与空间分辨率、光谱分辨率存在以下关系。

$$\begin{aligned}\text{SNR}^2<&\frac{\sin\theta}{4hc}D^2\left(\frac{\text{GSD}}{H}\right)^2\times 0.009\,95(R+H)^{1.5}\frac{\text{GSD}}{2\pi R}\times\\&(E(\lambda_{i,\text{center}})\rho(\lambda_{i,\text{center}})\tau_a(\lambda_{i,\text{center}})\tau_0(\lambda_{i,\text{center}})\lambda_{i,\text{center}}\eta(\lambda_{i,\text{center}}))\Delta\lambda_i\end{aligned} \tag{1-15}$$

若采用入瞳辐亮度表示，则有

$$\begin{aligned}\text{SNR}^2<&\frac{1}{4hc}\pi D^2\left(\frac{\text{GSD}}{H}\right)^2\times 0.009\,95(R+H)^{1.5}\frac{\text{GSD}}{2\pi R}\times\\&(L(\lambda_{i,\text{center}})\tau_0(\lambda_{i,\text{center}})\lambda_{i,\text{center}}\eta(\lambda_{i,\text{center}}))\Delta\lambda_i\end{aligned} \tag{1-16}$$

从上述表达式可知，遥感器的空间分辨率 GSD 与光谱分辨率 $\Delta\lambda_i$ 共同决定了遥感器的信噪比，即图像质量。为保证较高的信噪比（即较好的图像质量），遥感器难以同时实现高空间分辨率与高光谱分辨率。当信噪比一定时，若光谱分辨率提高 10 倍，则空间分辨率需要降低为原来的 1/2.154；若光谱分辨率提高 5 倍，则空间分辨率需要降低为原来的 1/1.71；若光谱分辨率提高 2 倍，则空间分辨率需要降低为原来的 1/1.26。

1.2　应用导向的载荷参数指标优化

地面环境背景与观测目标复杂多样，即使是同类型地物，其遥感特性也随季节不同而变化。国土资源调查、自然灾害监测、生态环境保护和军事侦察等对卫星数

据的需求各不相同，要求未来的遥感卫星能够根据观测对象、观测任务和观测区域环境，建立以应用为导向的载荷指标优化模式，依据不同需求和研究目标对载荷参数指标做出实时优化和针对性的调整[12-13]。由于卫星星上资源有限，当侧重于某一指标时，其余指标会依据模型做出相应调整，根据应用的需求自动确定空间分辨率、中心波长、光谱分辨率、动态范围、信噪比、量化级数等，提出约束条件限制下的最优观测方案。本节介绍地表参数反演模型对遥感器核心指标的敏感性和高光谱遥感器指标互斥条件下的地表参数最佳观测指标及组合模式，并以岩矿信息提取为例介绍最优观测指标智能优化方法，同时进行实验验证。

选择 Cuprite 矿区作为研究区。Cuprite 矿区位于美国内华达州，95 号公路西北向贯穿全区。在 95 号公路两边形成两个南北向拉长的蚀变区，可分为硅化带、蛋白石化带和泥化带，从中部向外呈同心圆状分布。硅化带的主要蚀变矿物为石英和少量方解石、明矾石和高岭石；蛋白石化带分布广泛，主要蚀变矿物为明矾石、浸染状蛋白石、方解石置换的蛋白石和高岭石；泥化带主要有高岭石、蒙脱石和少量火山玻璃生成的蛋白石[14-16]。选择研究区分布较多的明矾石、高岭石、方解石、白云母、玉髓和水铵长石 6 种矿物作为研究对象。

原始的基础数据主要包括机载的 AVIRIS 数据（2005 年）和星载的 Hyperion 数据（2011 年），AVIRIS 数据作为遥感数据模拟的基础数据，模拟数据用于典型蚀变矿物最优观测指标评价。Hyperion 原始数据和模拟数据用于验证遥感器智能优化模型。基于 AVIRIS 的数据模拟要求为 6 种不同的空间分辨率（3.4 m、5 m、10 m、20 m、30 m、40 m）、9 种不同的光谱分辨率（10 nm、15 nm、20 nm、25 nm、30 nm、35 nm、40 nm、45 nm、50 nm）和 8 种不同的平均信噪比（20:1、40:1、60:1、80:1、100:1、150:1、200:1、250:1），总计 2 592 景。为了进行指标智能优化模型的验证，依据 2011 年 Hyperion 数据的信噪比、光谱分辨率、空间分辨率，针对明矾石、高岭石、方解石、白云母、玉髓和水铵长石 6 种矿物，模拟不同光谱分辨率数据（10 nm、15 nm、20 nm、25 nm、30 nm、35 nm、40 nm、45 nm，50 nm）8 景和 Hyperion 图像参数模拟数据 1 景，总计 54 景。

1.2.1 载荷参数指标对信息提取的影响

以研究区典型蚀变矿物图像均值光谱为参考光谱，利用光谱角制图（Spectral

Angle Mapper，SAM）和光谱特征匹配（Spectral Feature Fitting，SFF）方法，基于高光谱模拟数据进行信息提取，将提取结果与地表真实图像进行精度对比，分析在一定虚警率（PFA）的情况下，探测精度（PD）与信噪比（SNR）、光谱分辨率（SR）的关系，探测精度越高，说明提取的结果越好[17-18]。基于探测精度评价矿物信息提取与遥感器参数指标的关系。研究区的矿物分布如图 1-6 所示。

(a) 假彩色合成

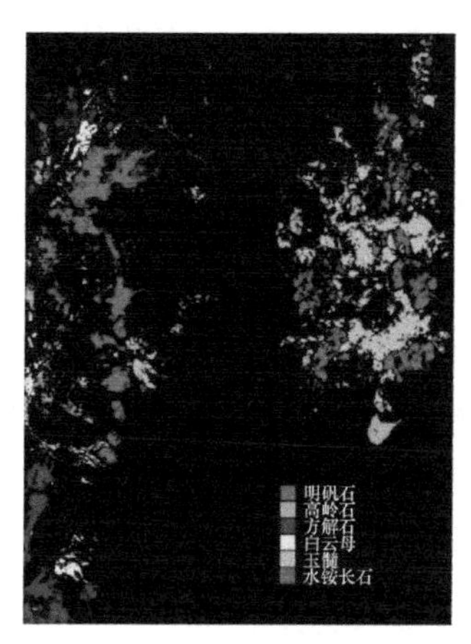

(b) 矿物分布

图 1-6　研究区 AVIRIS 假彩色合成和矿物分布

1. 光谱分辨率、信噪比的影响

通过对比矿物提取结果的探测精度与信噪比和光谱分辨率的关系，分析信噪比和光谱分辨率对矿物提取结果的影响。

（1）明矾石

利用 SAM 方法提取明矾石时的探测精度（如图 1-7 所示）与信噪比和光谱分辨率的关系可以看出以下两点。

① 信噪比低于 50:1（约 34 dB）时，信噪比对明矾石提取的结果影响较大，探测精度变化较大；信噪比大于 50:1（约 34 dB）时，信噪比的变化对探测精度的影响较小，特别是在信噪比大于 80:1（约 38 dB）时，探测精度变化比较小。

② 光谱分辨率对明矾石提取的影响较大，但探测精度变化并不是一个线性递增的过程，而是随光谱分辨率的降低先增大后减小、又增大然后再减小，探测率在光谱分辨率为 30 nm 时最高。特别是在信噪比大于 80:1（约 38 dB）时，探测精度变化的规律明显。

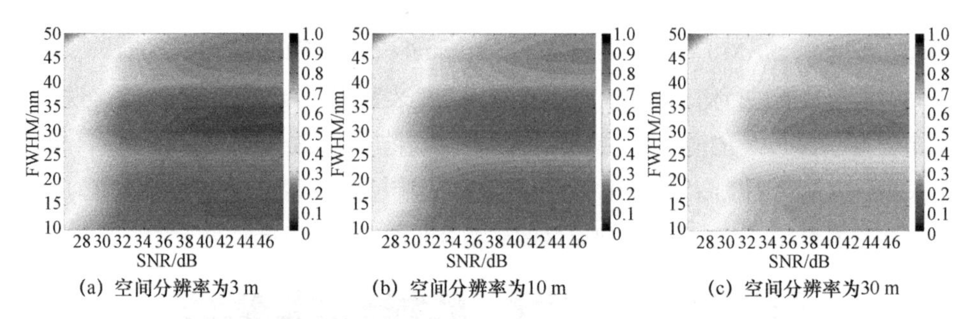

(a) 空间分辨率为3 m (b) 空间分辨率为10 m (c) 空间分辨率为30 m

图 1-7 利用 SAM 方法提取明矾石时的探测精度（PFA=0.01）（彩色图见附录图 1-7）

基于以上规律，可以确定利用 SAM 方法提取明矾石所需的最优观测指标分布在颜色最深的区域（探测精度较高的区域）。明矾石探测的最优观测指标推荐为：信噪比大于 50:1（约 34 dB），光谱分辨率为 30 nm。

利用 SFF 方法提取明矾石时的探测精度（如图 1-8 所示）与信噪比和光谱分辨率的关系可以看出以下两点。

① 信噪比低于 70:1（约 37 dB）时，信噪比对明矾石提取的结果影响较大，探测精度变化较大；信噪比大于 70:1（约 37 dB）时，信噪比的变化对探测精度影响较小。

② 光谱分辨率的变化对明矾石提取的影响较大，探测精度是递变的，随光谱分辨率的降低而减小，光谱分辨率越高越好。

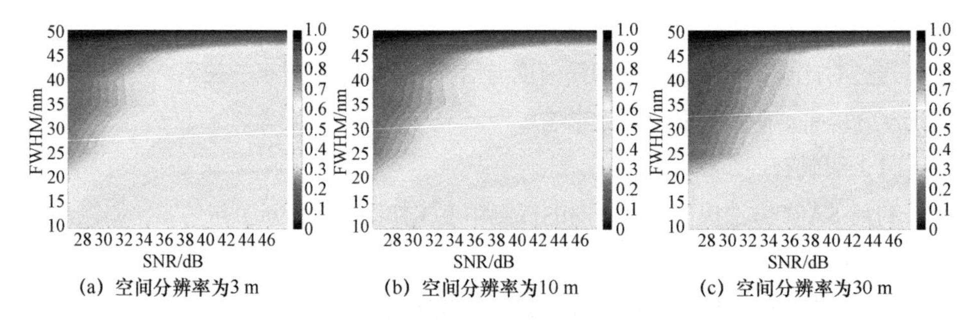

(a) 空间分辨率为3 m (b) 空间分辨率为10 m (c) 空间分辨率为30 m

图 1-8 利用 SFF 方法提取明矾石时的探测精度（PFA=0.01）（彩色图见附录图 1-8）

基于以上规律，可以确定在利用 SFF 方法提取明矾石时，信噪比大于 70:1（约 37 dB）时，信噪比和光谱分辨率都是越高越好，最优光谱分辨率为 10 nm。

（2）高岭石

利用 SAM 方法提取高岭石时的探测精度（如图 1-9 所示）与信噪比和光谱分辨率的关系可以看出以下两点。

① 信噪比低于 80:1（约 38 dB）时，信噪比对高岭石提取的结果影响较大，探测精度变化较大；信噪比大于 80:1（约 38 dB）时，信噪比的变化对探测精度影响较小，特别是在信噪比大于 100:1（40 dB）时，探测精度变化较小。

② 光谱分辨率的变化对高岭石提取的影响较大，探测精度随光谱分辨率的降低而减小。光谱分辨率越高越好，其对高岭石提取的影响也是非线性的。本研究中最优光谱分辨率为 10 nm。

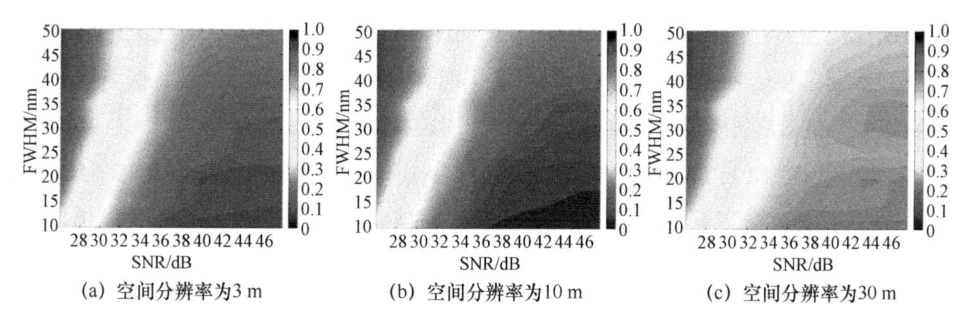

(a) 空间分辨率为3 m　(b) 空间分辨率为10 m　(c) 空间分辨率为30 m

图 1-9　利用 SAM 方法提取高岭石时的探测精度（PFA=0.01）（彩色图见附录图 1-9）

基于以上规律，可以确定在利用 SAM 方法提取高岭石时，信噪比和光谱分辨率越高越好。高岭石探测的最优观测指标推荐为：信噪比大于 80:1（约 38 dB），光谱分辨率越高越好。

利用 SFF 方法提取高岭石时的探测精度（如图 1-10 所示）与信噪比和光谱分辨率的关系可以看出以下两点。

① 信噪比影响的规律和 SAM 方法大体相似，但细节不同，在信噪比大于 100:1（40 dB）时，探测精度变化比较小。

② 探测精度随光谱分辨率的降低而减小，但在光谱分辨率为 25 nm 和 35 nm 时探测精度稍高。

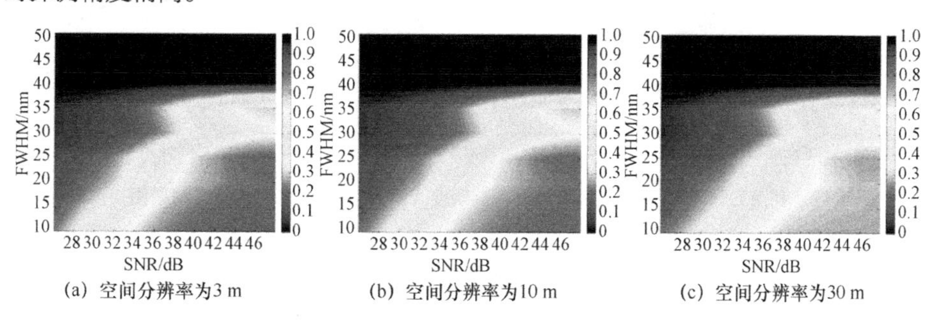

(a) 空间分辨率为3 m　(b) 空间分辨率为10 m　(c) 空间分辨率为30 m

图 1-10　利用 SFF 方法提取高岭石时的探测精度（PFA=0.01）（彩色图见附录图 1-10）

基于以上规律，可以确定在利用 SFF 方法提取高岭石时，信噪比大于 100:1（40 dB）时，信噪比和光谱分辨率基本是越高越好，最优光谱分辨率为 10 nm。

（3）方解石

利用 SAM 方法、SFF 方法提取方解石时的探测精度（如图 1-11 和图 1-12 所示）与信噪比和光谱分辨率的关系可以看出以下两点。

① 信噪比低于 80:1（约 38 dB）时，信噪比对方解石提取的结果影响较大，探测精度变化较大；信噪比大于 80:1（约 38 dB）时，信噪比的变化对探测精度影响较小，特别是在信噪比大于 100:1（40 dB）时，探测精度变化比较小。探测精度随信噪比变化的规律相似，在信噪比为 43 dB 时较优。

② 利用 SAM 方法提取方解石时，光谱分辨率小于 30 nm 时较好，45～50 nm 时最优；利用 SFF 方法提取方解石时，光谱分辨率越高越好，最优光谱分辨率为 10 nm。光谱分辨率对方解石提取的影响也是非线性的。

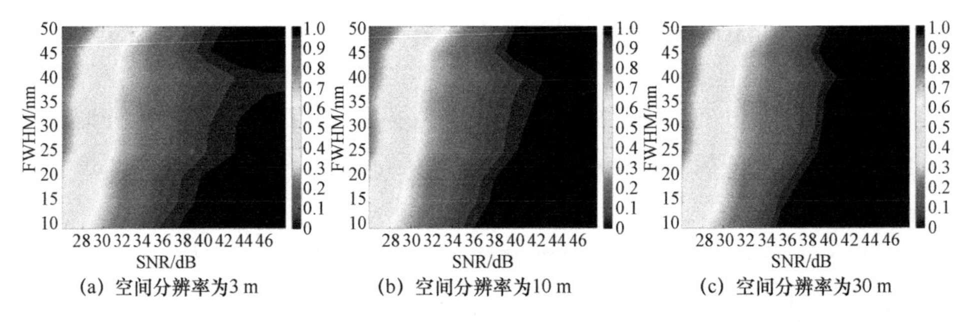

图 1-11 利用 SAM 方法提取方解石时的探测精度（PFA=0.01）（彩色图见附录图 1-11）

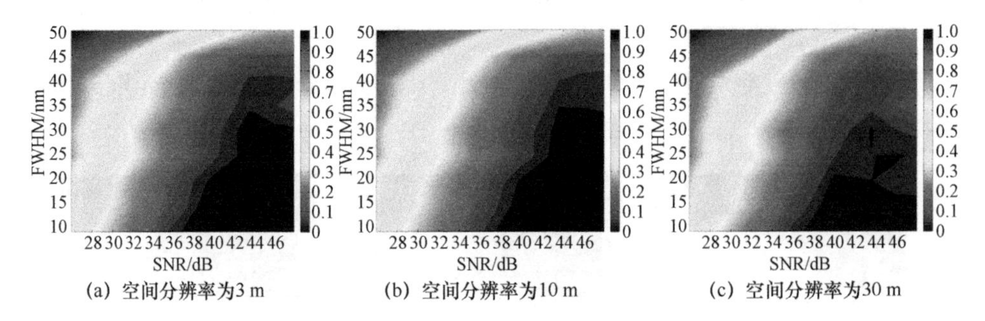

图 1-12 利用 SFF 方法提取方解石时的探测精度（PFA=0.01）（彩色图见附录图 1-12）

基于以上规律，可以确定在利用 SAM 方法提取方解石时，信噪比基本是越高越好。方解石探测的最优观测指标推荐为：信噪比大于 80:1（约 38 dB），不同的提取方法对最优光谱分辨率的要求不同。

（4）白云母

利用 SAM 方法、SFF 方法提取白云母时的探测精度（如图 1-13 和图 1-14 所示）与信噪比和光谱分辨率的关系可以看出以下两点。

① 信噪比低于 100:1（40 dB）时，信噪比对白云母提取的结果影响较大，探测精度变化较大；信噪比大于 100:1（40 dB）时，信噪比的变化对探测精度影响较小。SAM 和 SFF 方法的探测率随信噪比变化的规律相似。

② 利用 SAM 方法提取白云母时，光谱分辨率越高越好，最优光谱分辨率为 10 nm，在 20 nm 和 35 nm 时局部较优；利用 SFF 方法提取白云母时，光谱分辨率为 20 nm 和 30 nm 时较优。

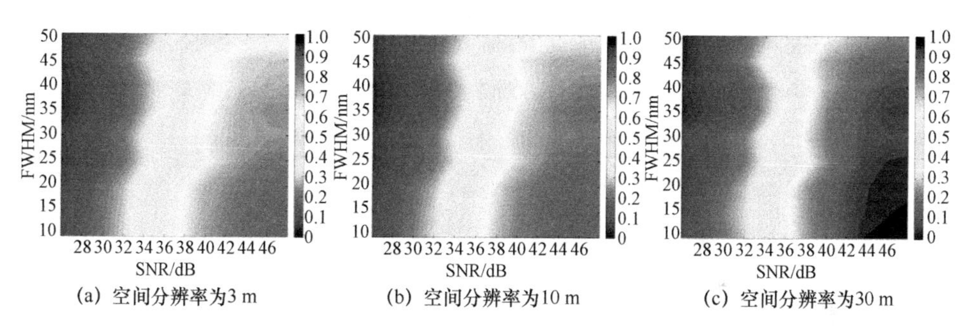

(a) 空间分辨率为3 m　(b) 空间分辨率为10 m　(c) 空间分辨率为30 m

图 1-13　利用 SAM 方法提取白云母时的探测精度（PFA=0.01）（彩色图见附录图 1-13）

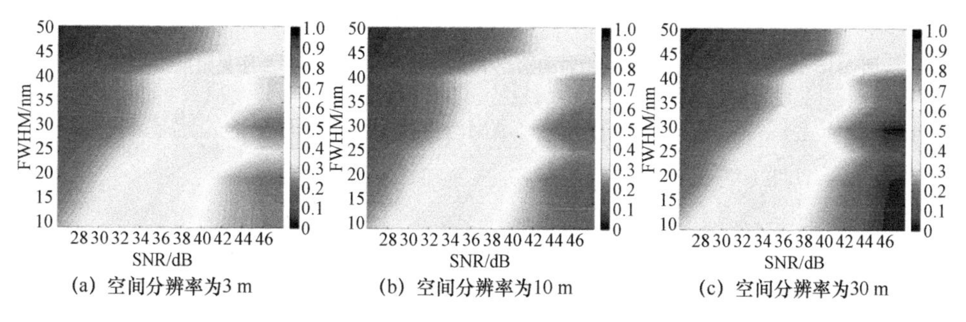

(a) 空间分辨率为3 m　(b) 空间分辨率为10 m　(c) 空间分辨率为30 m

图 1-14　利用 SFF 方法提取白云母时的探测精度（PFA=0.01）（彩色图见附录图 1-14）

基于以上规律，可以确定在利用 SAM 方法提取白云母时，信噪比基本是越高越好，应大于 100:1（40 dB）。

（5）玉髓（硅化）

利用 SAM 方法、SFF 方法提取玉髓时的探测精度（如图 1-15 和图 1-16 所示）

与信噪比和光谱分辨率的关系可以看出以下两点。

① 信噪比低于 70:1（约 37 dB）时，信噪比对玉髓提取的结果影响较大，探测精度变化较大；信噪比大于 70:1（约 37 dB）时，信噪比的变化对探测精度的影响较小。

② 利用 SAM 方法提取玉髓时，光谱分辨率为 20～25 nm 和 35～40 nm 时较好；利用 SFF 方法提取玉髓时，光谱分辨率为 20～30 nm 时较好，45 nm 时稍好。

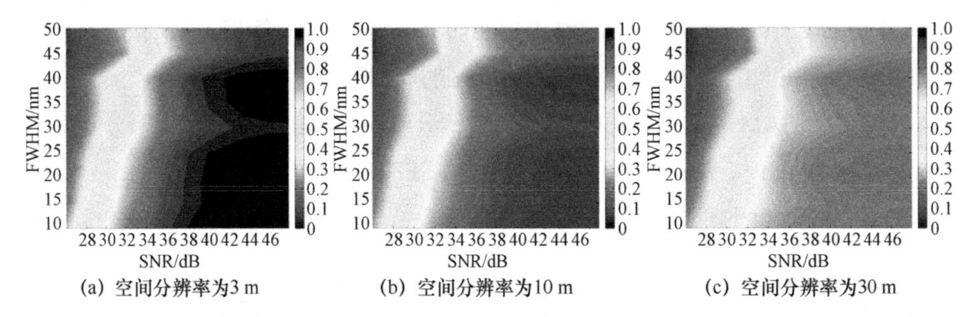

(a) 空间分辨率为3 m　(b) 空间分辨率为10 m　(c) 空间分辨率为30 m

图 1-15　利用 SAM 方法提取玉髓时的探测精度（PFA=0.01）（彩色图见附录图 1-15）

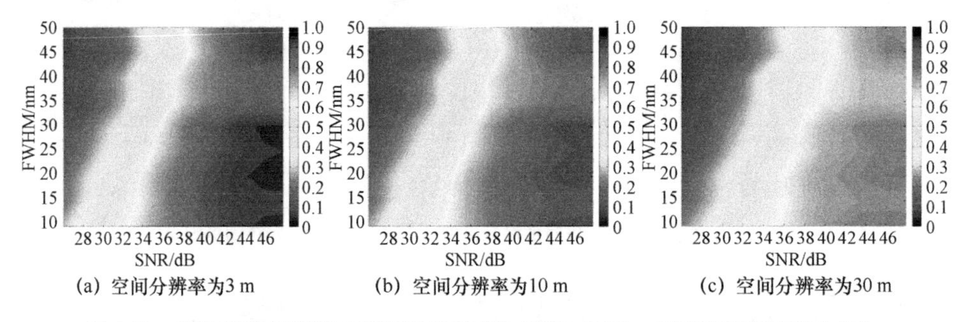

(a) 空间分辨率为3 m　(b) 空间分辨率为10 m　(c) 空间分辨率为30 m

图 1-16　利用 SFF 方法提取玉髓时的探测精度（PFA=0.01）（彩色图见附录图 1-16）

基于以上规律，可以确定在利用 SAM 方法提取玉髓时，信噪比基本是越高越好，应优于 70:1（约 37 dB）。

（6）水铵长石

利用 SAM 方法、SFF 方法提取水铵长石的探测精度（如图 1-17 和图 1-18 所示）与信噪比和光谱分辨率的关系可以看出以下两点。

① 信噪比低于 50:1（约 34 dB）时，信噪比对水铵长石提取的结果影响较大；信噪比大于 50:1（约 34 dB）时，信噪比的变化对探测精度影响较小。

② 用 SAM 方法提取水铵长石时，基本上是光谱分辨率越高越好，最优光谱分辨率为 10 nm、40 nm 时局部较优；利用 SFF 方法提取水铵长石时，光谱分辨率为 40/50 nm 时出现较优的结果。

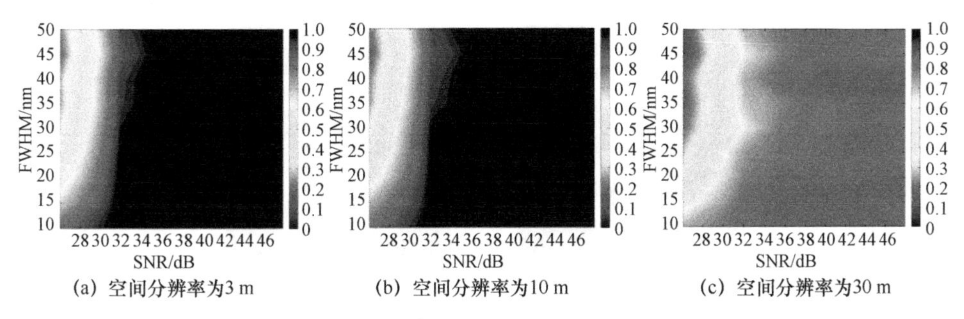

图 1-17　利用 SAM 方法提取水铵长石时的探测精度（PFA=0.01）（彩色图见附录图 1-17）

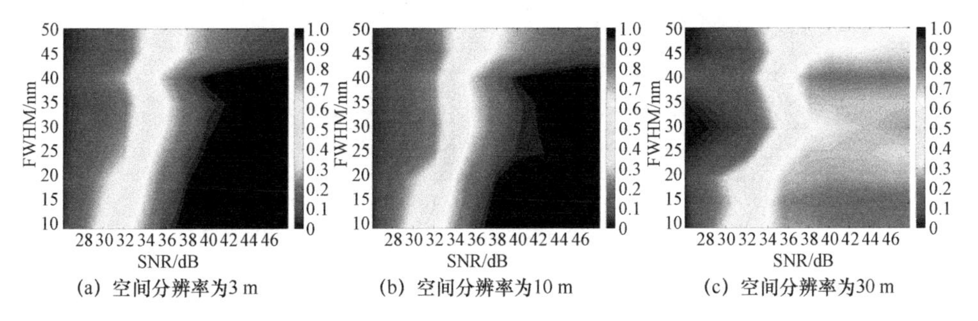

图 1-18　利用 SFF 方法提取水铵长石时的探测精度（PFA=0.01）（彩色图见附录图 1-18）

基于以上规律，可以确定在利用 SAM 方法提取水铵长石时，信噪比越高越好，并且应优于 50:1（约 34 dB）。

2. 空间分辨率的影响

空间分辨率主要影响矿物提取的细节。不同空间分辨率图像的 SAM 方法对明矾石的提取结果如图 1-19 所示，可以看出矿物提取的精度与矿物分布的范围大小和图像的空间分辨均有关。图中明矾石山（直径 150 m 左右）在 30 m 分辨率的图像上均能得到有效的提取（方框内），而出露面积较小的明矾石在 30 m 分辨率的图像上没有被提取出来（圆框内）。空间分辨率对矿物的提取精度有很大的影响，随着空间分辨率的降低，矿物的提取精度下降，因此，在满足矿物对光谱分辨率和信噪比基本需求的前提下，尽量提高空间分辨率，有助于小尺度矿物信息的提取。结合空间分辨率对信息提取的影响规律，可以确定空间分辨率的优化原则：优先设定遥感器的信噪比和光谱分辨率，以满足矿物信息提取的要求，然后，在此条件下，尽量提高空间分辨率。

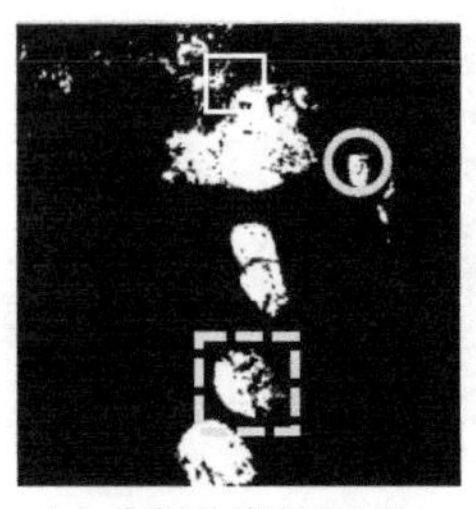
(a) 空间分辨率为3.4 m

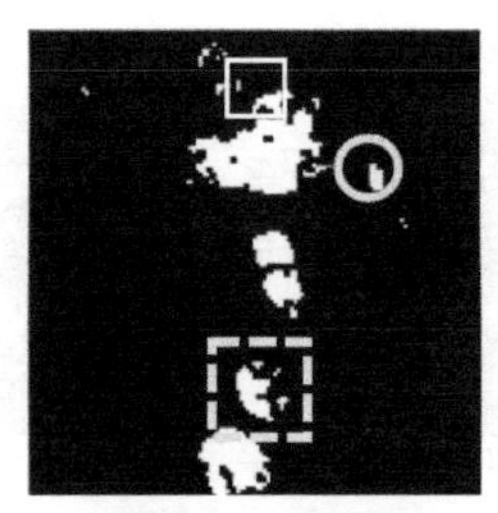
(b) 空间分辨率为10 m

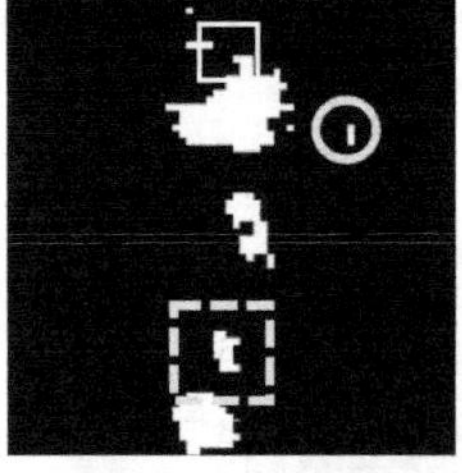
(c) 空间分辨率为20 m

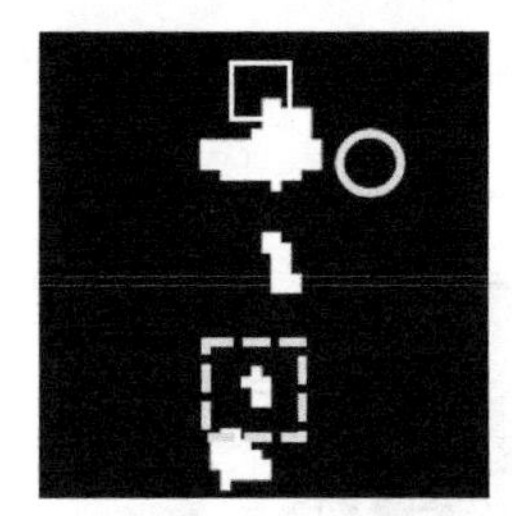
(d) 空间分辨率为30 m

图 1-19　不同空间分辨率图像的 SAM 方法对明矾石的提取结果

1.2.2　载荷参数指标优化方法及验证

1. 载荷参数指标优化方法

根据遥感器指标的互斥关系，结合矿物的载荷指标需求，建立以信噪比为中心的遥感器指标优化方法，即观测对象与应用模型驱动的自适应确定载荷指标的方法。首先对观测对象（矿物）进行光谱特征分析，确定波段设置和理论光谱分辨率，然后基于观测指标库确定合适的信息提取方法（SAM 方法、SFF 方法等）和最低的观测指标要求（特征吸收波段的信噪比、光谱分辨率、空间分辨率），结合遥感器指标（光谱范围、信噪比、空间分辨率）对遥感器的参数指标进行优化，确定最优观测指标。遥感器优化方法综合考虑了不同的观测对象、信息提取方法和遥感器特性。信息提取方法具有针对性和条件限制，比如 SFF 方法对信噪比的要求较高，采用 SFF 方法时，特征吸收波段的信噪比必须满足矿物提取的最低信噪比要求。遥感器参数指标优化主要包括以下几种情况。

① 如果遥感器的信噪比满足矿物提取的最低要求，遥感器参数指标优化可以分两步进行（两步优化法），优化调整方法如图 1-20 所示。第一步，根据遥感器信噪比和光谱分辨率的互斥变化曲线、不同信噪比和光谱分辨率下的矿物提取精度确

定最优光谱分辨率，即以信噪比为中心，先调整光谱分辨率，选择探测精度最高点对应的光谱分辨率；第二步，调整空间分辨率，在满足矿物提取所需信噪比的情况下尽量提高空间分辨率。

② 如果遥感器的信噪比不满足矿物提取的最低要求，首先要降低光谱分辨率以提高信噪比，在信噪比提高到矿物提取的最低要求时，实施两步优化法对遥感器进行优化，信噪比最低要求对应的光谱分辨率为最低的光谱分辨率。

③ 如果遥感器的信噪比不满足矿物提取的最低要求，首先要降低光谱分辨率以提高信噪比，如果降低了光谱分辨率，信噪比仍不能满足矿物提取的要求，就进一步降低空间分辨率以提高信噪比，在信噪比提高到矿物提取的最低要求时，再实施两步优化法对遥感器进行优化。

④ 如果遥感器的信噪比不满足矿物提取的最低要求，首先要降低光谱分辨率以提高信噪比，如果降低了光谱分辨率，信噪比仍不能满足矿物提取的要求，但又不能降低空间分辨率来提高信噪比，那么就选择降低光谱分辨率后获得的信噪比最高时的遥感器参数作为遥感器优化结果。

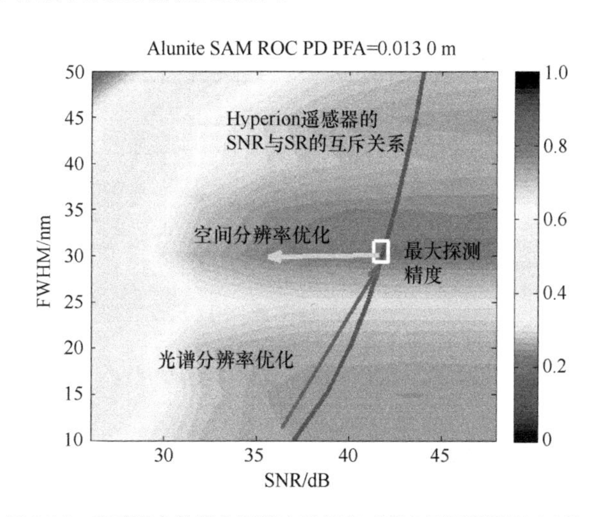

图 1-20　遥感器参数优化调整方法示意（彩色图见附录图 1-20）

2. 载荷参数指标优化的实验验证

以 2001 年 Hyperion 遥感器指标特征为例进行遥感器指标优化，基于优化的遥感器指标进行高光谱数据模拟，对比指标优化前后的提取结果，分析在一定的虚警率条件下探测精度的变化。载荷参数指标优化和验证的流程如图 1-21 所示。选择

Cuprite 研究区内分布较多的明矾石、高岭石、方解石、白云母、玉髓和水铵长石进行指标优化验证。

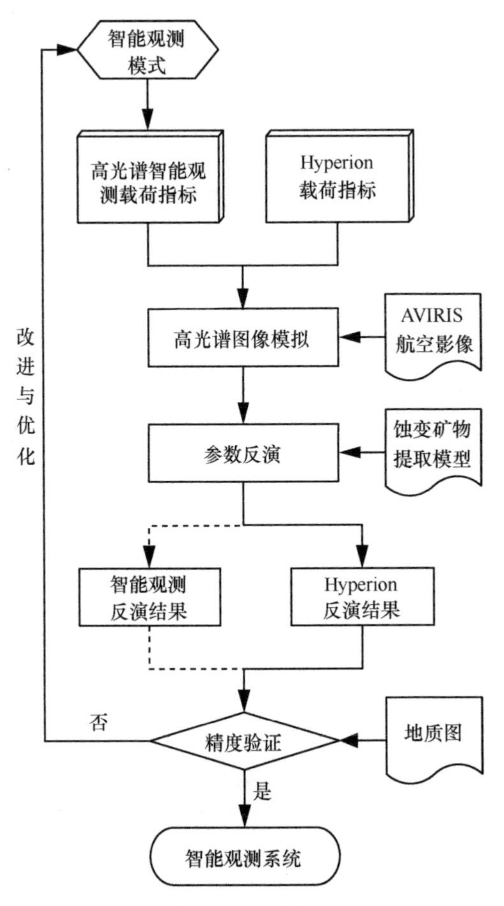

图 1-21 载荷参数指标优化和验证的流程

由于空间分辨率对信噪比的影响较大，在对 Hyperion 遥感器优化时，暂不改变空间分辨率，仅调整光谱分辨率和信噪比，结合指标论证结果（30 m 空间分辨率下的探测精度与光谱分辨率和信噪比的关系）和遥感器指标间的互斥模型（光谱分辨率和信噪比的互斥模型），利用遥感器指标优化法（两步优化法）对 Hyperion 遥感器进行指标优化。Hyperion 最优化参数模拟图像的探测精度见表 1-2，实验结果验证了以应用为导向的载荷参数指标优化方法对提高矿物探测能力的作用。

① 6 种典型矿物参数优化图像较 Hyperion 模拟图像平均探测精度提高了 19.5%，表明以观测目标为驱动的遥感器参数智能优化可以提高对蚀变矿物的信息提取能力。

② 遥感器参数智能优化对不同的矿物精度提高的程度不同，表明遥感器参数智能优化对矿物的适用性不同：可以大大提高方解石、白云母、玉髓、水铵长石的探测精度，而对于明矾石的探测精度提高不多。

表 1-2　载荷参数指标优化前后矿物探测精度对比

矿物名称	识别方法	Hyperion 原始图像 PD	Hyperion 模拟图像 PD	载荷参数优化图像 PD	虚警率	最优光谱分辨率/nm	PD 相对增加
明矾石	SAM	40%	76%	79%	0.01	30	3.9%
	SFF	22%	50%	50%	0.01	10	0
高岭石	SAM	45%	79%	79%	0.01	10	0
	SFF	29%	61%	67%	0.01	10	9.8%
方解石	SAM	9%	88%	97%	0.01	45	10.2%
	SFF	15%	71%	88%	0.01	35	23.9%
白云母	SAM	12%	56%	84%	0.01	20	50.0%
	SFF	23%	37%	59%	0.01	30	59.5%
玉髓	SAM	25%	67%	77%	0.01	40	14.9%
	SFF	31%	54%	73%	0.01	30	35.2%
水铵长石	SAM	33%	81%	84%	0.002	10	3.7%
	SFF	14%	66%	81%	0.002	40	22.7%
平均值							19.5%

1.3　多源卫星及遥感器协同观测

1.3.1　主要影响因素

随着遥感技术的发展，遥感卫星在观测角度、时间、空间和波谱分辨率方面的成像能力不断增强。卫星对同一地面目标重复观测周期（重访周期）日益缩短，中分辨率遥感卫星的重访周期达到几天 1 次，光谱分辨率比 20 世纪 70 年代的 50～100 nm 提高了一个数量级（5～10 nm）甚至更高。遥感卫星从整体上已具备全天候全天时的对地观测能力，表现在两个方面。一方面，利用不同卫星观测能力互补的特点，通过多源卫星组网进行协同观测来增强卫星综合探测能力，通过分析典型应用的需求（如矿产资源调查、作物估产、水资源调查、森林生态应用等），提取数据获取的“时-空-谱”需求（即时间、空间分辨率以及波谱范围等），进而根据不同卫星轨道、幅宽等条件进行组网观测。目前比较典型的虚拟观测星座有：全球陆地综合观测[19]、全球综合地球观测系统[20]、虚拟陆表成像星座[21]等。另一方面，将多个不同遥感器搭载在同一颗卫星上，通过数据互补和协同工作来提高数据获取效率或提高数据后续处理精度，如我国 2018 年发射的高分五号卫星搭载了 5 种不同的遥感器[3]。

影响多源卫星和多源遥感器协同观测的主要因素包括以下几方面。

① 空间分辨率。根据典型应用需求设置空间分辨率，以此确定卫星及有效载荷/成像模式等信息。

② 光谱波段。包括可见光、近红外、短波红外、中红外、热红外等，以及覆盖此范围连续的高光谱波段。

③ 成像时间。根据典型应用需求设置成像时间范围，根据成像时间范围确定卫星轨道及成像条带。

④ 成像任务规划及方案。依据观测约束条件确定成像规划算法，制定研究区内一颗或多颗卫星有效载荷的成像方案，包括卫星、传感器、观测起止时间、侧摆角度、覆盖区域的四角经纬度以及观测区域的总覆盖率等信息。

⑤ 云量。卫星遥感目标区域的云覆盖情况是影响该区域成像质量的重要因素，对于全球矿产资源、作物估产、水资源、森林生态等应用来说，云量超过 30%的卫星遥感图像在应用方面受到很大限制，甚至不具有利用价值，开展多星组网协同观测时可以利用全球历史云气候学相关数据以及辅助信息开展云量评估，有利于提高卫星遥感组网观测获取有效数据的效率，具有重大实用价值。

1.3.2 多星联合成像规划模型

多星联合成像规划是在考虑卫星成像能力、时间、区域覆盖、云量等诸多约束条件下最大限度地满足用户成像需求的建模过程，其实质是构建多种约束条件下的目标函数——多星联合成像规划模型。随着卫星数量增多和规划区域扩大，成像规划模型的复杂度急剧增加，需要借助免遗传、模拟退火和蚁群算法等智能优化搜索算法进行求解。

1. 约束条件、规则与策略

由于涉及的卫星种类繁多，传感器成像模式复杂，同时受诸多其他客观条件限制，多星联合成像规划成了一个非常复杂的问题。为此，在明确问题的特点和基本需求后，通过分析主要约束条件、合理假设来构建多星联合成像规划问题的数学模型。成像规划算法主要考虑的卫星资源包括传感器和成像模式等，针对这些资源，需要考虑以下约束条件：可成像的卫星数目、可成像的卫星轨道数目、可成像有效载荷的数目、有效载荷成像能力、目标区域形状、云量等，见表 1-3 和表 1-4。

表 1-3　多星联合成像考虑约束

序号	约束描述
1	可成像的卫星数目
2	可成像的卫星轨道数目
3	卫星携带的可成像的有效载荷数目
4	有效载荷的成像能力
5	可成像的时间范围
6	目标区域的形状及特点
7	光学卫星成像时云量分布情况
8	卫星不同有效载荷的切换时间

表 1-4　多星联合成像规划考虑规则与策略

序号	策略
1	规划方案要满足对目标区域的覆盖率要求
2	规划中优先考虑成像能力强的有效载荷，尽量减少方案中的卫星条带数目
3	机动性差的卫星优先参与规划，机动性强的卫星可用来填补空缺，提高对目标区域的覆盖率
4	优先选取成像轨道数目多的卫星，尽量减少方案中的卫星数目
5	根据指定的优化策略进行成像规划（如成像周期最短、卫星观测次数最少等）

2. 建立数学模型

将各种约束条件，如卫星成像能力、云量预测结果等编制成各种制约规则，按照多星联合成像规划的要求，建立合理的目标函数，形式表达为：$\min \bigcup_i f_i$。

不同的优化策略采用的目标函数不同，但均为求函数最小值。

$$\bigcup_i \mathrm{TS}_i \leqslant T_{\mathrm{end}}, \forall i \in N_{\mathrm{sp}}$$

约束条件有如下 5 种。

① 成像条带的最晚结束时间早于指定的结束时间，即

$$\sum_i B_i \leqslant N_{\mathrm{track}}, \forall i \in N_{\mathrm{s}}$$

② 成像轨道总和小于等于可成像轨道总数，即

$$\sum_i B_i S_i \leqslant N_{\mathrm{strip}}, \forall i \in \mathrm{SP}$$

③ 成像条带总和小于等于可成像条带总数，即

$$\left|\mathrm{TS}_{i,k}\right| \geqslant \mathrm{SL}_i, \forall i \in S, \forall k \in \mathrm{SP}$$

④ 任意卫星的成像条带时间长度大于该卫星要求的最小拍摄时间，即

$$\left|\mathrm{TSP}_{i,j} - \mathrm{TSP}_{i,k}\right| \geqslant \mathrm{SLI}_i, \forall i \in S, \forall j,k \in \mathrm{SP}$$

⑤ 同一个卫星的不同成像模式的间隔时间大于该卫星要求的最小间隔时间，即

$$\mathrm{CT}_i \leqslant \mathrm{CST}_i, \forall i \in S$$

⑥ 给定时刻的云量小于在该时刻成像的传感器对云量要求的最大值。

3. 协同观测模型求解

为了便于分析，假定备选条带集中条带总数为 N_{sp}，卫星可成像轨道总数为 N_{s}，则有效条带总数 N_0 的取值范围为 $[N_{\mathrm{s}}, N_{\mathrm{sp}}]$，对应的可能组合总数为 $\sum_{i=1}^{N_0} P_{N_0}^i$，因此问题的备选解空间上界近似于 $2^{N_{\mathrm{sp}}-N_{\mathrm{s}}} \sum_{i=1}^{N_0} P_{N_0}^i$。由此可见，当目标区域范围较大、卫星及有效载荷数量增加时，问题的规模和复杂度急剧上升，使得原本就已相当复杂的多星联合成像规划这一 NP 完全问题的组合特征更加明显。此时若考虑采用解析模型对问题进行建模，无法从整体角度得到全局最优解。如要在一定的时间范围内求解此类复杂问题，往往无法求得全局最佳规划方案，因此需要寻求满足规划策略的次优解。智能优化搜索算法是目前求解大规模可行解空间次优解问题时比较前沿的算法，国内外相关领域的智能优化搜索算法有免疫遗传算法[22]、蚁群算法[23]、模拟退火算法[24]等，以下仅对免疫遗传算法进行介绍。

免疫遗传算法是生命科学中免疫原理与传统遗传算法的结合，它能自适应地识别和排除侵入机体的抗原性异物，并具有学习、记忆和自适应调节能力，维护机体内环

境的稳定，从而改进简单遗传算法在许多情况下容易早熟以及局部寻优能力较差等问题。免疫遗传算法是将遗传算法与免疫算法进行融合的智能优化算法，与遗传算法相比，它增加了抗原识别、抗体浓度调节功能和记忆功能，在遗传算法中引入抗体相似度和抗体浓度的概念以及抗体浓度控制操作，在对抗体群进行评估的时候，不仅计算抗体的适应度，而且计算抗体的浓度，根据抗体浓度阈值控制相似抗体的数量，从而保持种群的多样性，防止算法过早收敛于某局部最优解，因此它是一种改进的具有免疫功能的遗传算法。与免疫算法相比，从形式上看，免疫遗传算法在免疫算法中加入了遗传算子。这样，免疫遗传算法既保留了遗传算法的搜索特性，又在很大程度上避免了“早熟”现象，效果明显优于单独的遗传算法或免疫算法。

1.3.3　多遥感器协同观测

除了利用多颗卫星互补提高观测效率外，通过一颗卫星的多种遥感器协同也是提高数据获取效率的有效方式。例如，为提高单一卫星主遥感器（如高光谱遥感器）的成像效率，通过前视多光谱遥感器预先获取云、气溶胶等信息，为主遥感器是否成像或者调整成像参数提供信息支持。下面以多光谱与高光谱遥感器协同观测为例，介绍多个遥感器协同观测流程与模式。

1．协同观测模式

多光谱与高光谱遥感器的协同工作模式如图 1-22 所示。工作流程为：① 主相机（高光谱遥感器）处于关闭状态，前视相机（多光谱遥感器）对地表成像；② 在一段时间 t 内，前视相机处理图像并反馈信息给主相机，主相机调整成像模式；③ 前视相机观测下一个区域，主相机开启，对之前前视相机预先观测的地表，按照调整后的模式进行成像；④ 主相机关闭，前视相机处理图像并反馈信息给主相机，主相机调整成像模式，如此循环。

2．前视相机倾斜角度与波段参数

（1）倾斜角度

在该协同工作模式下前视相机需要设计合理的倾斜角度，这样既能避免主相机和前视相机视场的交叉重叠，又能保障在相似的空间分辨率条件下给前视相机处理和主相机成像模式调整提供足够的时间。前视相机观测倾斜角计算如式（1-17）所示。

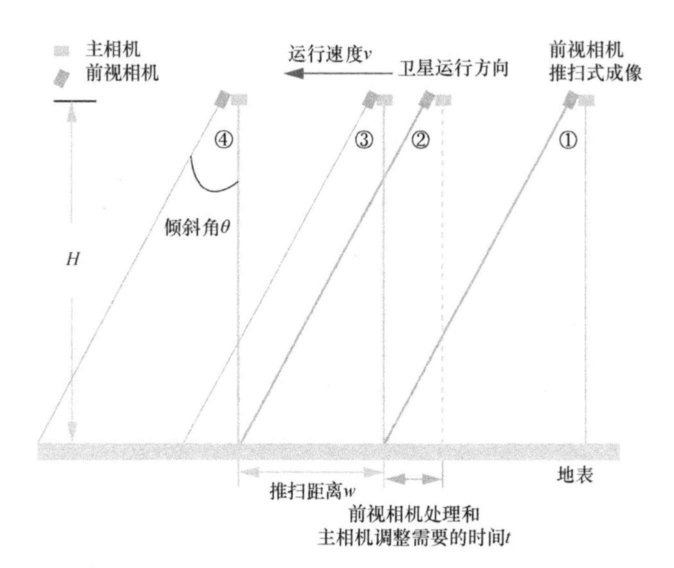

图 1-22　多光谱与高光谱遥感器的协同工作模式

$$\tan\theta = \frac{w+vt}{H} \tag{1-17}$$

其中，θ 表示前视相机倾斜角，v 表示卫星的飞行速度（单位为 km/s），t 表示主相机的响应时间（单位为 s），w 表示单次推扫距离（单位为 km），H 表示卫星相对地表的高度（单位为 km）。

（2）波段参数

前视相机的波段设计主要考虑采用尽可能少的波段提前探测主相机即将成像区域的云、气溶胶和水汽参数，为主相机数据获取和后续数据辐射处理提供参数支持。因此，前视相机设置的最少波段为 5 个，中心波长分别为 0.49 μm、0.66 μm、0.87 μm、0.94 μm 和 2.1 μm。参考目前主流遥感器的中心波段和波段宽度，在降低前视相机复杂程度的基础上最大限度地发挥前视相机的作用，前视相机波段设置见表 1-5。

表 1-5　前视相机波段设置

波段	中心波长/μm	波段宽度/μm
1	0.49	0.06
2	0.66	0.03
3	0.87	0.02
4	0.94	0.01
5	2.10	0.18

其中采用 0.66 μm 和 0.94 μm 两个波段表观反射率计算的归一化云检测指数（Cloud Detection Index，CDI）方法实现云检测[25]，根据地物反射特性的不同，云、土壤和植被的 CDI 值分别大于、接近和小于 0。因此，当归一化云检测指数大于 0 时，关闭主相机；归一化云检测指数小于 0 时，重新开启主相机。

气溶胶光学厚度反演采用扩展的暗像元方法[26]，利用短波红外波段（2.1 μm）与红波段（0.66 μm）和蓝波段（0.49 μm）的经验关系进行计算。

关于水汽，利用水汽吸收波段（0.94 μm）与邻近的非水汽吸收波段（0.87 μm）的辐亮度计算出水汽吸收波段的水汽透过率后再进行水汽含量计算，如式（1-18）所示。

$$T(0.94\ \mu\text{m})=\frac{L(0.94\ \mu\text{m})}{L(0.87\ \mu\text{m})} \tag{1-18}$$

其中，$T(0.94\ \mu\text{m})$表示 0.94 μm 水汽吸收波段的透过率，$L(0.94\ \mu\text{m})$表示 0.94 μm 水汽吸收波段的辐亮度（单位为 $\text{w/m}^2/\mu\text{m/sr}$），$L(0.87\ \mu\text{m})$表示 0.87 μm 波段的辐亮度（单位为 $\text{w/m}^2/\mu\text{m/sr}$）。

（3）协同观测的应用潜力：辐射动态范围预测

基于以上前视相机的波段设置，结合多种地物光谱构建一定光谱范围的最大值、最小值模型，为遥感器辐射动态范围调整提供支撑，以实现最优成像模式。地物光谱数据来自 ENVI 光谱库，包括植被、矿物、人造地物、土壤，涵盖了地球上的主要地物类型。

作为示例，利用 MODTRAN 模拟不同地表反射率、水汽含量和气溶胶光学厚度的大气层顶辐亮度，确定上面 5 个波段对应的辐亮度与可见近红外波段表观辐亮度最大最小值的线性关系，预测波段辐亮度变化范围，为主相机调整提供重要参考。模拟条件如下：① 光谱分辨率为 10 nm；② 地表反射率来自 ENVI 光谱库，涵盖植被类数据 25 条、矿物类数据 23 条、人造地物类数据 18 条、土壤类数据 10 条；③ 550 nm 气溶胶光学厚度分别为 0、0.25、0.75、1.5；④ 水汽含量（单位为 g/cm^2）分别为 0、0.75、1.5、2.5；⑤ 在大气模式下为中纬度夏季、垂直观测、成像日期为春分日、时间为 GMT=3:00、观测区经度为 116°、纬度为 40°。

在模拟各类地物不同条件下的辐亮度后，将 0.49 μm、0.66 μm、0.87 μm 波段的辐亮度与气溶胶光学厚度作为多元线性因变量，采用逐步法建立各类地物最大最小值预测模型。预测计算时用到的数据如下：植被类（juniperbushIH91-4Bwhol、CDE18、

Aspenleaf-aDW92-2 等）数据 32 组，矿物类（cheatgra.spc Cheatgrass ANP92-11A mix、albite2.spc Albite HS324.3B、alunit.spc Ammonioalunite NMNH145596 等）数据 32 组，土壤类（Brown to dark brown gravelly loam、Dark grayish brown silty loam 等）数据 16 组，人造地物类（Construction concrete、Asphaltic concrete 等）数据 16 组。各类地物最值模拟模型详情见表 1-6。

表 1-6　各类地物最值模拟模型

地物种类	最大值模拟模型	最小值模拟模型
植被	y_{max}=−0.619x_2+1.163x_3+12.280	y_{min}= 0.747x_2+2.251
矿物	y_{max}= 1.231x_1−0.932x_2+1.079x_3−25.374	y_{min}= 0.210x_2+5.571
土壤	y_{max}= 1.157x_1−0.184x_2+10.250	y_{min}= 0.342x_1−3.021
人造地物	y_{max}= 1.025x_1+8.589	y_{min}=0.237x_1+0.325

其中，y_{max} 为 0.4～1.4 μm 波段范围内的最大表观辐亮度；y_{min} 为 0.4～1.4 μm 波段范围内的最小表观辐亮度；x_1 表示波长为 0.49 μm 的表观辐亮度；x_2 表示波长为 0.66 μm 的表观辐亮度；x_3 表示波长为 0.87 μm 的表观辐亮度；x_4 表示 550 nm 气溶胶的光学厚度，以上辐亮度单位均为 w/m^2/μm/sr。

1.4　本章小结

本章围绕以高光谱为主的多源卫星传感器协同观测理论，从主要载荷参数指标及其关系、应用驱动的载荷参数指标优化，以及多源卫星协同观测方法 3 个方面展开阐述。首先，结合我国 GF-5 卫星高光谱遥感器的特点，介绍了光谱分辨率、空间分辨率、信噪比的基本概念，以及三者在实际遥感载荷参数指标设置时的关系；然后，分析了载荷参数指标对高光谱图像地物信息提取的影响，并在此基础上，以矿物信息提取为例，介绍了载荷指标的智能优化方法；最后，介绍了多星联合观测成像规划模型和方法，同时，以集成高光谱主相机和多波段前视光学相机为例，介绍了多遥感器协同观测模型。通过以上对遥感器成像指标与遥感观测过程的综合分析，可以实现从数据源头上支撑高光谱的协同观测与融合应用。

参考文献

[1] 童庆禧, 张兵, 郑兰芬. 高光谱遥感——原理、技术与应用[M]. 北京: 高等教育出版社, 2006.

[2] TONG Q, XUE Y, ZHANG L. Progress in hyperspectral remote sensing science and technology in China over the past three decades[J]. IEEE Journal of Selected Topics in Applied Earth Observations and Remote Sensing, 2014, 7(1): 70-91.

[3] 刘银年. "高分五号"卫星可见短波红外高光谱相机的研制[J]. 航天返回与遥感, 2018, 39(3): 25-28.

[4] 张兵, 高连如. 高光谱图像分类与目标探测[M]. 北京: 科学出版社, 2011.

[5] LIANG S. Quantitative remote sensing of land surfaces[M]. New Jersey: John Wiley & Sons, 2005.

[6] 陈述彭，赵英时. 遥感地学分析[M]. 北京: 测绘出版社, 1990.

[7] 陈正超. 中国 DMC 小卫星在轨测试技术研究[D]. 北京: 中国科学院研究生院, 2005.

[8] LUCKE, ROBERT L. Signal-to-noise ratio, contrast-to-noise ratio, and exposure time for imaging systems with photon-limited noise[J]. Optical Engineering, 2006, 45(5): 056403.

[9] 王爽. 大孔径静态干涉光谱成像仪信噪比研究[D]. 北京: 中国科学院大学, 2013.

[10] 万文, 薛永祺. 空间应用 6000 元线列 CCD 相机驱动电路与图像采集系统设计[J]. 红外, 2001(4): 7-13.

[11] 王建宇. 成像光谱技术导论[M]. 北京: 科学出版社, 2011.

[12] ZHANG B. Intelligent remote sensing satellite system[J]. Journal of Remote Sensing, 2011, 3: 415-431.

[13] ZHANG B, WU D, ZHANG L, et al. Application of hyperspectral remote sensing for environment monitoring in mining areas[J]. Environmental Earth Sciences, 2012, 65(3): 649-658.

[14] ASHLEY R P, ABRAMS M J. Alteration mapping using multispectral images[R]. Cuprite Mining District, Esmeralda County, Nevada. U. S. Geological survey open file report, 1980.

[15] SWAYZEG A. The hydrothermal and structural history of the Cuprite Mining District, southwestern Nevada: an integrated geological and geophysical approach[D]. Boulder: University of Colorado Boulder, 1997.

[16] CHEN X, WARNER T A, CAMPAGNAD J. Integrating visible, near-infrared and short-wave infrared hyperspectral and multispectral thermal imagery for geological mapping at Cuprite, Nevada[J]. Remote Sensing of Environment, 2007, 110: 344-356.

[17] LI Q, GAO L, ZHANG W, et al. Requirements and optimization of sensor parameters for mineral extraction[C]//7th Workshop on Hyperspectral Image and Signal Processing: Evolution in Remote Sensing, 2015.

[18] GAO L, YAO D, LI Q, et al. A new low-rank representation based hyperspectral image denoising method for mineral mapping[J]. Remote Sensing, 2017, 9(11).

[19] TOWNSHEND J R, LATHAM J, ARINO O, et al. Integrated global observations of the land: an IGOS-P theme[R]. 2008.

[20] FRITZ S. Global earth observation system of systems (GEOSS)[C]//Njoku E. G. (eds) Encyclopedia of Remote Sensing. New York: Springer-Verlag, 2014: 3-9.

[21] CEOS. The land surface imaging virtual constellation implementation plan[EB]. 2017.

[22] JIAO L C, WANG L. A novel genetic algorithm based on immunity[J]. IEEE Transactions on Systems, Man, and Cybernetics-Part A: Systems and Humans, 2000, 30: 552-561.

[23] DORIGO M, MANIEZZO V, COLORNI A. Ant system: optimization by a colony of cooperating agents[J]. IEEE Transactions on Systems, Man, and Cybernetics, Part B (Cybernetics), 1996, 26(1): 29-41.

[24] INGBER L. Simulated annealing: practice versus theory[J]. Mathematical and Computer Modelling, 1993, 18(11): 29-57.

[25] 宋小宁，赵英时. MODIS 图象的云检测及分析[J]. 中国图象图形学报，2003, (9): 1079-1083.

[26] 陈良富，李莘莘，陶金花，等. 气溶胶遥感定量反演研究与应用[M]. 北京：科学出版社，2011.

第2章 多源遥感卫星图像几何一致化模型与方法

由于遥感卫星普遍采用中心投影成像方式获取图像数据,原始图像可能存在较大的投影变形误差，此外，姿态、轨道、时间以及传感器等几何成像参数中的误差，也会导致原始图像中存在较大的几何误差，因此，应用前必须进行严格的几何校正处理来消除这些误差，生成满足一定精度要求的几何校正产品，这就是遥感卫星图像几何校正处理。本章将围绕严格几何成像模型、有理函数模型、正射纠正以及多源图像几何配准等主要内容，详细阐述遥感卫星图像几何校正原理及方法，并结合我国高分遥感卫星图像数据展示实际应用案例。

2.1 遥感卫星成像几何模型

2.1.1 空间坐标系

1. 图像坐标系

图像坐标系以单景图像的左上角为原点，沿着扫描线方向为 X 轴，垂直于扫描线方向为 Y 轴，如图 2-1 所示。对于图像上的某像点来说，其图像坐标系坐标即为该像点在图像上的行列号。

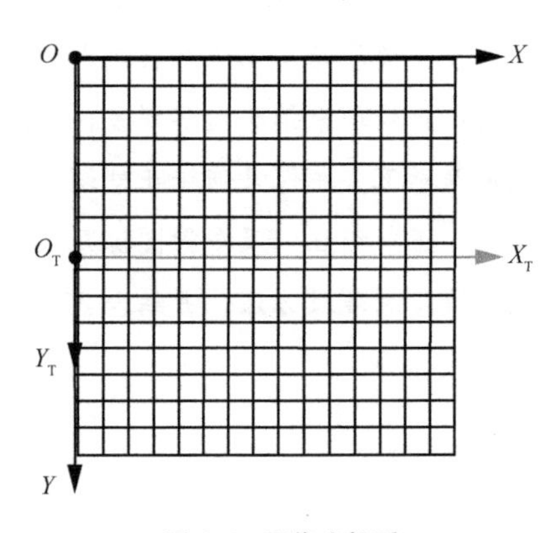

图 2-1　图像坐标系

2. 瞬时图像坐标系

瞬时图像坐标系以图像上每条扫描线左端像元为原点，沿着扫描线方向为X轴，垂直于扫描线方向为Y轴（指向卫星运行方向）。就单条扫描线上的某像点而言，在瞬时图像坐标系中，其Y坐标为0，X坐标即为对应的CCD探元号。对于一幅推扫式的二维图像而言，其Y坐标反映了各扫描行图像间的时间关系。瞬时图像坐标系与图像坐标系的关系如图 2-2 所示，图中瞬时图像坐标系为 $O_T\text{-}X_TY_T$。瞬时图像坐标系与图像坐标系的坐标对应关系为 $X_T = X$，$Y_T = 0$。

3. 相机坐标系

相机坐标系 $O_c\text{-}X_cY_cZ_c$ 的原点位于相机投影中心，Z 轴为相机主光轴，垂直于相机焦平面，X轴指向卫星飞行方向，Y轴平行于CCD线阵方向，按照右手规则确定。焦平面坐标系$o'-x'y'$的原点是相机主光轴（即相机坐标系 Z 轴）与焦平面的交点（相机主点）。像点在$O_c-X_cY_cZ_c$下的坐标$(X_c,Y_c,-f)$与焦平面坐标(x',y')之间存在关系 $X_c=x';Y_c=y'$，f为相机焦距。相机坐标系 $O_c\text{-}X_cY_cZ_c$、焦平面坐标系以及瞬时图像坐标系 $O_T\text{-}X_TY_T$ 三者的关系如图 2-2 所示。

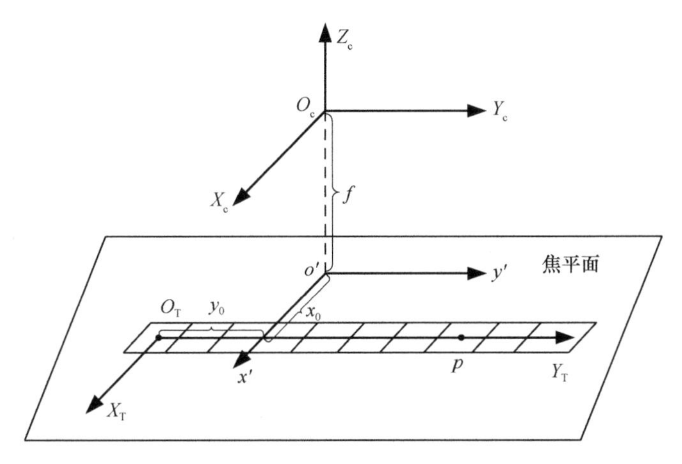

图 2-2　相机坐标系与焦平面坐标系及瞬时图像坐标系的关系

若线阵CCD上左端探元（本文约定，从卫星飞行方向看，线阵CCD上各探元的探元号从左至右依次递增，左端探元的探元号为 0）在焦平面坐标系下的坐标为(x_0,y_0)，假设焦平面坐标系的y轴与线阵CCD平行，此时，线阵CCD上任意探元p在焦平面坐标系下坐标(x_{fp},y_{fp})的计算如式（2-1）所示。

$$\begin{cases} x_{fp} = x_0 \\ y_{fp} = y_0 + s\lambda_{psz} \end{cases} \tag{2-1}$$

其中，λ_{psz} 代表 CCD 的探元尺寸，s 为探元号。

4. 卫星本体坐标系

卫星本体坐标系 $O_B - X_B Y_B Z_B$ 的原点在卫星质心，坐标轴分别取卫星的 3 个主惯量轴，X_B 轴指向卫星飞行方向，Y_B 轴沿着卫星横轴，Z_B 轴按照右手规则确定，卫星上各种载荷的安装参数均是以卫星本体坐标系为参考基准确定和提供的。卫星本体坐标系与相机坐标系的关系如图 2-3 所示。

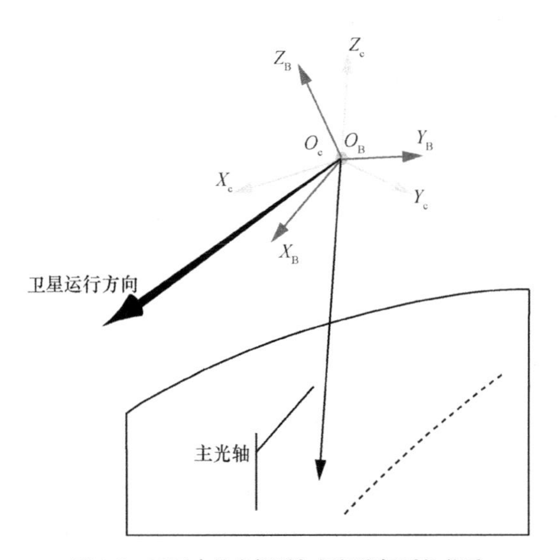

图 2-3　卫星本体坐标系与相机坐标系的关系

5. 轨道坐标系

卫星利用恒星敏感器和陀螺仪等姿态测量传感器能够直接测定卫星本体在空间固定惯性参考系下的 3 个姿态角，由于这组姿态角无法直观反映卫星在空间中俯仰、翻滚以及偏航等状态，因此不便于地面姿控方对卫星运行时的姿态变化进行分析及控制。这种情况下，基于卫星在空间中的瞬时位置向量以及瞬时速度向量，在卫星轨道平面内构建了一种新的坐标系，称为轨道坐标系 $O_F - X_F Y_F Z_F$，其原点位于卫星质心，Z_F 轴指向地心，X_F 轴在卫星轨道面内指向卫星运动的方向，Y_F 轴按照右手规则确定。卫星本体绕轨道坐标系的 3 个坐标轴转动的角度即为卫星的俯仰角（绕 Y_F 轴转动）、翻滚角（绕 X_F 轴转动）以及偏航角（绕 Z_F 轴转动）。当卫星星下点成

像时，其俯仰角、翻滚角均为 0°。地球存在自转，因此在地球的不同纬度上需要采用不同的偏航角进行成像。卫星本体坐标系和轨道坐标系的关系如图 2-4 所示。

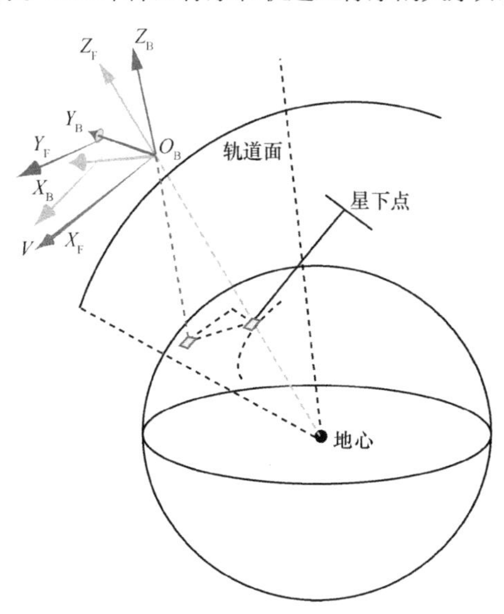

图 2-4　卫星本体坐标系与轨道坐标系的关系

卫星本体坐标系与轨道坐标系之间的坐标转换如式（2-2）所示。

$$\begin{bmatrix} X_F \\ Y_F \\ Z_F \end{bmatrix} = \boldsymbol{R}_{FB} \begin{bmatrix} X_B \\ Y_B \\ Z_B \end{bmatrix} \tag{2-2}$$

其中，$\boldsymbol{R}_{FB}$ 是由姿态角构造的旋转矩阵，$\boldsymbol{R}_{FB} = \boldsymbol{R}_1(\omega)\boldsymbol{R}_2(\kappa)\boldsymbol{R}_3(\varphi)$，$\omega$、$\kappa$、$\varphi$ 分别代表卫星本体相对于卫星飞行轨道的侧摆角、偏航角和俯仰角。

根据轨道坐标系的定义，要计算轨道坐标系与空间固定惯性参考系（CIS）的旋转矩阵，需要先将轨道测量值转换为 CIS 中的位置矢量$(X_s, Y_s, Z_s)^T$和速度矢量$(X_{v_s}, Y_{v_s}, Z_{v_s})^T$，进而建立轨道坐标系与 CIS 之间的坐标转换关系，如式（2-3）所示。

$$\begin{bmatrix} X - X_s \\ Y - Y_s \\ Z - Z_s \end{bmatrix}_{CIS} = \boldsymbol{R}_{GF} \begin{bmatrix} X_F \\ Y_F \\ Z_F \end{bmatrix} \tag{2-3}$$

其中，

$$\boldsymbol{R}_{GF} = \begin{bmatrix} (X_F)_X & (Y_F)_X & (Z_F)_X \\ (X_F)_Y & (Y_F)_Y & (Z_F)_Y \\ (X_F)_Z & (Y_F)_Z & (Z_F)_Z \end{bmatrix}$$

$$Z_F = \frac{P(t)}{\|P(t)\|}, X_F = \frac{V(t) \Lambda Z_F}{\|V(t) \Lambda Z_F\|}, Y_F = Z_F \Lambda X_F$$

$$P(t) = [X_s \quad Y_s \quad Z_s]^T, V(t) = [X_{v_s} \quad Y_{v_s} \quad Z_{v_s}]^T$$

6. 空间固定惯性参考系

空间固定惯性参考系的原点为地球质心，Z 轴指向天球北极，X 轴指向春分点，Y 轴按照右手规则确定。CIS 便于描述卫星的运动，一般卫星星历的计算都是在该坐标系下完成的，姿态角的测量也是在该坐标系下完成的。由于地球绕太阳运动，春分点和北极点都是变化的[1]，因此，国际组织规定以某个时刻的春分点、北极点为基准，建立了 J2000 协议空间固定惯性系统。

7. 地球固定地面参考系

地球固定地面参考系（CTS）用于描述地面点在地球上的位置。由于通常采用 WGS84 椭球基准，因此 CTS 通常又被称为 WGS84 地心直角坐标系，其坐标系的原点位于地球质心，Z 轴指向地球北极，X 轴指向格林尼治子午线与地球赤道的交点，Y 轴按照右手规则确定[2]。CIS 和 CTS 的坐标转换关系如式（2-4）所示，转换流程如图 2-5 所示。

$$\begin{bmatrix} X \\ Y \\ Z \end{bmatrix}_{CTS} = R_T \begin{bmatrix} X \\ Y \\ Z \end{bmatrix}_{CIS} = PN(t)R(t)W(t) \begin{bmatrix} X \\ Y \\ Z \end{bmatrix}_{CIS} \tag{2-4}$$

其中，$PN(t)$ 为岁差和章动矩阵，$R(t)$ 为地球自转矩阵，$W(t)$ 为极移矩阵。

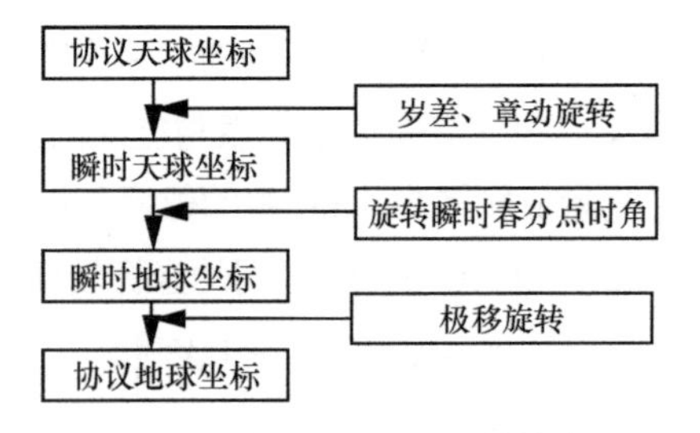

图 2-5　CIS 与 CTS 的坐标转换流程

2.1.2　时间基准定义

当前，光学卫星在时间系统方面均采用国际统一的协调世界时（UTC）。1979

年 12 月 3 日在日内瓦举行的世界无线电行政大会通过决议，确定用“协调世界时”取代“格林尼治时”，作为无线电通信领域内的国际标准时间。协调世界时又称世界统一时间、世界标准时间、国际协调时间，是以原子时秒长为时间间隔，在时刻上尽量接近世界时的一种时间计量系统。为了保证协调世界时时刻与世界时时刻之差始终保持在±0.9 s（1974 年以前为±0.7 s）以内，每隔一段时间需要进行跳秒，增加一秒叫正跳秒（或正闰秒），去掉一秒叫负跳秒（或负闰秒）。跳秒调整一般在 6 月 30 日或 12 月 31 日实行。

2.1.3　严格几何成像模型

严格几何成像模型是描述星载光学相机空间成像物理过程的基本模型，为光学卫星图像高精度几何定位和定标奠定基础，其核心是建立成像时刻的像点、投影中心和地面点之间严格的函数关系。星载光学相机在轨成像过程的复杂性和特殊性，使得其严格几何成像模型的构建存在一定的难度，主要体现在：一方面，由于星载光学相机通常采用线阵推扫的方式动态获取图像数据，每个扫描周期（扫描行）都拥有各自的外方位元素，由于光学相机行扫描频率远高于外方位元素测量频率，且随着图像几何分辨率的提高，这个差距更加显著，因此，精确测量各扫描行的外方位元素是难以实现的，考虑到光学卫星在轨运行具有较高的平稳性，各扫描行的外方位元素之间具备一定的相关性和光滑性，因此，如何利用一定频率离散的姿态轨道数据在一定误差范围内拟合光学卫星相机真实的姿态轨道模型，从而内插出任意时刻的外方位元素值是构建光学卫星相机严格几何成像模型的一个关键问题；另一方面，光学卫星利用星上搭载的全球定位系统（GPS）、恒星敏感器、陀螺仪以及时间计数器等测时、测姿和测轨的传感器，在获取图像数据的同时，能够获取一定频率和精度的时间、姿态以及轨道测量参数，可以说，光学卫星在轨成像是一个涉及图像获取、时间、姿态及轨道测量等多载荷协同工作的复杂过程，这种多载荷集成的特点使得光学卫星图像的几何误差来源更多样、机理更复杂。本文以资源三号卫星下视相机为例，结合卫星方提供的相关技术资料，首先对其各载荷的基本工作原理进行简要阐述，在此基础上，对卫星成像过程中的几何误差来源及其特性进行分析，并建立相应的数学模型，最后，构建光学卫星图像的严格几何成像模型。

1. 相机成像原理

光学卫星相机通常采用线阵 CCD 作为其成像传感器，采用线阵推扫的方式动态获取图像数据，成像原理如图 2-6 所示。图像上每一行像元在同一时刻成像且为中心投影，整个图像为多中心投影，因此，每个扫描行图像均有一组外方位元素，各扫描行图像的内方位元素相同。

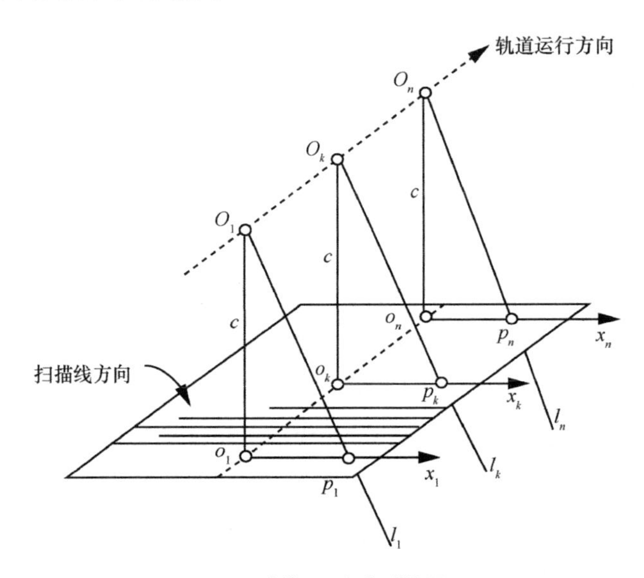

图 2-6　光学卫星相机成像原理

当前，为了解决由于星载高分辨率相机行积分时间短以及采用小相对孔径光学系统所带来的相机焦面光谱能量不足的问题，国际上几乎所有高分辨率光学卫星相机均采用时间延迟积分 CCD（TDICCD）作为成像器件[3]。在我国，以资源一号 02C 卫星的 HR 相机以及资源三号三线阵相机和多光谱相机为代表的新型高分辨率光学卫星相机也都采用 TDICCD 作为成像器件，并且几乎所有当前正在研制、未来几年内即将发射运行的高分辨光学卫星相机也都采用了 TDICCD 作为成像器件，因此，有必要对 TDICCD 的设计结构以及成像原理进行简要阐述。

TDICCD 是一种面阵结构、线阵输出的新型 CCD 器件。如图 2-7 所示，每片 TDICCD 由 M 行 CCD 线阵排列而成，多条 CCD 线阵平行排列，探元在线阵方向和级数方向呈矩形排列。

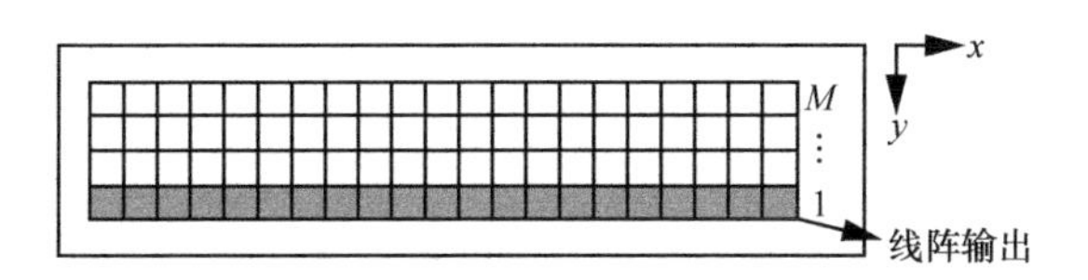

图 2-7　TDICCD 的面阵结构

图 2-8 展现了 TDICCD 的工作原理。成像过程中 TDICCD 的多条 CCD 线阵沿飞行方向对地物进行多次曝光，使积分时间增加 M 倍。在第一个积分周期内，目标在某列的第一个像元进行曝光积分，得到的光生电荷并不像普通 CCD 一样读出，而是下移一个像元；在第二个积分周期，目标恰好移动到该列的第二个像元进行曝光积分，得到的光生电荷与上一个像元移来的电荷相加再移到下一个像元……第 M 个积分周期结束时，该列上第 M 个像元的光生电荷与前 $M-1$ 个像元的电荷相加后从寄存器读出[4]。基于这样一种成像机理，TDICCD 可等效为由第 1 级 CCD 线阵输出成像的一条线阵 CCD 器件，并在推扫成像时遵循线中心投影透视几何。

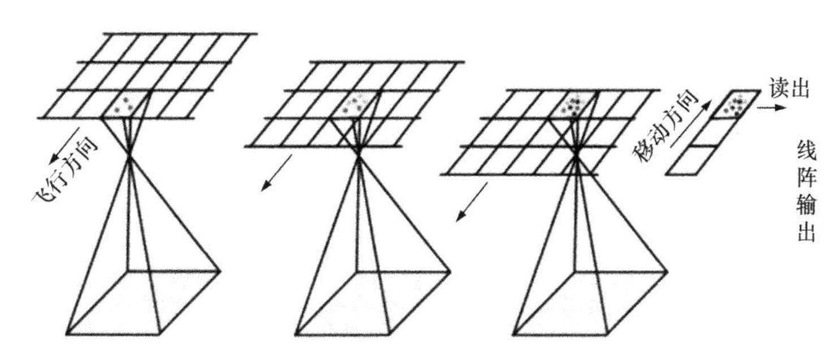

图 2-8　TDICCD 的工作原理

2. 轨道测量原理

目前低轨光学卫星均采用 GPS 接收机进行轨道参数的测量，所获取的轨道参数是星上 GPS 天线的相位中心在 WGS84 坐标系下的位置和速度[5-6]。GPS 接收机在某一时刻同时接收 3 颗以上 GPS 卫星的信号（内含测距信号和导航电文），测量出接收机天线至 3 颗以上 GPS 卫星的距离并使用导航电文解算出该时刻 GPS 卫星的空间坐标，据此，利用距离后方交会法解算出接收机天线的位置。GPS 星历在 UTC 时间系统下每隔几秒采样记录一次。资源三号卫星实时下传的 GPS 星历数据采样频率为 1 Hz，通过对星上双频 GPS 观测数据进行事后精化处理，能够达到三轴 5～7 cm 的事后定轨精度[7]。

3. 姿态测量原理

目前光学遥感卫星通常采用恒星敏感器和陀螺仪的组合定姿技术[8]，陀螺仪作为星体的短期姿态参考，能够连续观测星体的三轴姿态角速度并提供星体姿态的变化信息，短时间内观测精度较高，然而由于陀螺漂移、初始条件的不确定性、积分误差等因素存在，随着时间的推移会有较为明显的系统误差累积。恒星敏感器作为星体的长期姿态参考，能够获取恒星图像，利用恒星在空间固定惯性参考系中位置保持恒定的特性，以恒星作为控制点，采用摄影测量中后方交会法解算卫星本体坐标系相对于空间固定惯性参考系的姿态角，以一定频率提供卫星的绝对姿态信息。相较于陀螺仪，恒星敏感器获取的姿态观测数据的观测精度较低，然而系统误差累积较少，可利用恒星敏感器获取的绝对姿态信息修正陀螺仪的系统漂移[9]，反过来也可利用陀螺仪短时间内提供的高精度相对姿态变化信息来精化恒星敏感器获取的绝对姿态数据，这就是陀螺仪与恒星敏感器的组合定姿技术，其本质上就是一种状态方程与运动方程的联合平差（即滤波），显然陀螺仪观测数据提供的是运动方程信息，而恒星敏感器提供的是状态方程信息。目前光学遥感卫星下传的姿态数据主要有两种，一种是卫星本体在空间固定惯性参考系J2000 坐标系下的姿态，另一种是卫星本体在轨道坐标系下的姿态。由于功耗等的限制，下传的姿态数据的采样频率最高仅为 16 Hz，远低于相机的成像频率，我国资源三号卫星下传的姿态数据为卫星本体在 J2000 坐标系下的姿态四元数，采样频率为 4 Hz。

4. 时间测量原理

当前光学卫星系统中各载荷的时间测量及同步采用的是 GPS 硬件秒脉冲配合时间计数器完成的，GPS 硬件秒脉冲每间隔一个整秒发送一个脉冲信号，从而为星上各载荷提供整秒时刻的时间测量，而时间计数器则在接收到 GPS 硬件整秒脉冲后，从零开始以标称值为 1 MHz 的时钟开始计数，待下一个硬件秒脉冲到来时，计数器清零，重新以标称值为 1 MHz 的时钟开始计数，完成微秒级的精确计数，周而复始，整秒时刻数据与对应的相机计数器时间相加即为当前成像时刻，如式（2-5）所示。为保证标称值为 1 MHz 时钟的稳定性，计数器在计数的同时还存储相邻两次 GPS 硬件秒脉冲到来时的值，当前硬件秒脉冲（记为 t_{n+1}）和前一秒硬件秒脉冲（记为 t_n）到来时计数器的值分标记为 N_{n+1} 和 N_n（其中 t_0 对应的 N_0 值为 0）。将当前硬件秒脉冲 t_{n+1} 和前一秒硬件秒脉冲 t_n 到来的计数器的值 N_{n+1} 和 N_n 相减可作为前

一秒的时钟频率，用于修正信号处理器内标称为 1 MHz 时钟的准确性，即时钟频率为 $N-N_{n+1}$。

$$T=\text{整秒时刻}+\text{计数器}/\text{时钟频率} \tag{2-5}$$

5. 扫描行时间参数模型

TDICCD 的行积分时间随地球自转的线速度、卫星轨道高度和侧摆角的变化而有规律地变化。但是辅助数据中没有直接提供每条扫描行成像时刻的星务时间，而是以一定的时间间隔记录了若干组成像时间观测值，每组观测值包含成像时刻、获取的扫描行行号、行积分时间周期等信息。

设一段图像的辅助数据中共有 N 组成像时间观测值，每组参数包括对应的扫描行行号 l_i、星务时刻 tp_i 和行积分时间周期 $\text{Int}T_i$，这里，$i=1,2,3,\cdots,N$。行积分时间周期的测量精度通常是非常高的，因此，以第一组时间观测值对应的星务时间为起点，建立扫描行时间参数模型。于是，对于图像上的第 j 条扫描行，其成像时刻 t_j 可以利用式（2-6）计算，这里，$t_j\in[l_n,l_{n+1}]$，$n=1,2,3,\cdots,N-1$。

$$t_j=tp_1+\sum_{i=1}^{n}\text{Int}T_i\times(l_{i+1}-l_i) \tag{2-6}$$

这样，扫描行的成像时间误差主要取决于起始采样点星务时刻的准确性，因而在理论上更有利于在后续误差补偿计算中予以消除。

6. 轨道姿态参数模型

基于一定频率离散的卫星轨道星历和传感器姿态观测值，在一定误差范围内拟合光学卫星相机真实的姿态轨道模型，从而内插出任意时刻的外方位元素值，是建立相机严密成像几何模型的基础。对于星载光学相机而言，各扫描行的外方位元素是随时间连续变化的，考虑到卫星平台运行平稳的特点，目前，在一定时间段内，利用拉格朗日多项式内插和一般多项式拟合是两种最常见的卫星姿态和轨道建模方法，利用拟合得到的多项式模型能够进一步内插出任意时刻的外方位元素。

（1）拉格朗日多项式内插

拉格朗日多项式内插因形式简单、计算速度快而被广泛应用[10]。任意时刻 t 的外定向参数 $(X_s,Y_s,Z_s,X_{sv},Y_{sv},Z_{sv},\varphi,\omega,\kappa)$ 可以利用最邻近的 n 个扫描行外方位元素 $(X_{sj},Y_{sj},Z_{sj},X_{svj},Y_{svj},Z_{svj},\varphi_j,\omega_j,\kappa_j)$（$j\in[1,n]$）按照式（2-7）内插计算。

$$
\begin{aligned}
&X_{\mathrm{s}}=\sum_{j=1}^{n} X_{\mathrm{s}j} W_{j},\ X_{\mathrm{sv}}=\sum_{j=1}^{n} X_{\mathrm{sv}j} W_{j},\ \varphi=\sum_{j=1}^{n} \varphi_{j} W_{j} \\
&Y_{\mathrm{s}}=\sum_{j=1}^{n} Y_{\mathrm{s}j} W_{j},\quad Y_{\mathrm{sv}}=\sum_{j=1}^{n} Y_{\mathrm{sv}j} W_{j},\quad \omega=\sum_{j=1}^{n} \omega_{j} W_{j} \\
&Z_{\mathrm{s}}=\sum_{j=1}^{n} Z_{\mathrm{s}j} W_{j},\quad Z_{\mathrm{sv}}=\sum_{j=1}^{n} Z_{\mathrm{sv}j} W_{j},\quad \kappa=\sum_{j=1}^{n} \kappa_{j} W_{j} \\
&W_{j}=\prod_{\substack{k=1 \\ k \neq j}}^{n} \frac{t-t_{k}}{t_{j}-t_{k}}
\end{aligned}
\tag{2-7}
$$

（2）一般多项式拟合

考虑到卫星传感器平台飞行姿态相对平稳的特点，可以用一般多项式拟合模型对其姿态轨道观测值进行拟合，从而内插出各扫描行的姿态轨道外定向参数[11]，其一般形式如式（2-8）所示，t 既可以是归一化后的成像时刻，也可以是相对于某一参考点的相对时刻。

$$
\begin{aligned}
&X_{\mathrm{s}}=m_{0}+m_{1} t+m_{2} t^{2}+\cdots+m_{k} t^{k} \\
&Y_{\mathrm{s}}=n_{0}+n_{1} t+n_{2} t^{2}+\cdots+n_{k} t^{k} \\
&Z_{\mathrm{s}}=s_{0}+s_{1} t+s_{2} t^{2}+\cdots+s_{k} t^{k} \\
&X_{\mathrm{vs}}=w_{0}+w_{1} t+w_{2} t^{2}+\cdots+w_{k} t^{k} \\
&Y_{\mathrm{vs}}=g_{0}+g_{1} t+g_{2} t^{2}+\cdots+g_{k} t^{k} \\
&Z_{\mathrm{vs}}=c_{0}+c_{1} t+c_{2} t^{2}+\cdots+c_{k} t^{k} \\
&\varphi=d_{0}+d_{1} t+d_{2} t^{2}+\cdots+d_{k} t^{k} \\
&\omega=e_{0}+e_{1} t+e_{2} t^{2}+\cdots+e_{k} t^{k} \\
&\kappa=f_{0}+f_{1} t+f_{2} t^{2}+\cdots+f_{k} t^{k}
\end{aligned}
\tag{2-8}
$$

有必要根据采样点观测值的时间间隔和轨道姿态的稳定度，选取合适的多项式阶数。理论上，多项式的阶数 k 越高，外方位元素的拟合精度也越高，然而，随着多项式阶数的增高，过度参数化可能导致模型拟合时产生震荡现象，使得模型的稳定度降低。长期在轨测试表明，目前光学卫星图像外方位线元素和角元素一般采用 3 阶多项式进行建模，可以满足较高的模型拟合精度，并保证模型的稳定性。同样，当 $n=4$ 时，拉格朗日多项式内插也能达到同等的精度。两种建模方法在处理结果上并没有显著差别，无论采用哪种建模方法，采样点的数量都不宜过少或过多；姿轨观测数据的采样频率越高，姿轨建模的精度就越高。

（3）四元数姿态内插

当前很多光学卫星下传的姿态观测数据中均采用了四元数的姿态表达方式，对四元数姿态观测值进行内插时，如果对 4 个参数分别简单采用一般多项式进行拟合与内插处理，很可能导致某时刻内插出的四元数不满足模为 1 的约束条件，从而引入一定程度的误差。针对此问题，可以采取两种措施来解决：① 将姿态四元数转换为欧拉角；② 球面内插模型。其中，第一种方法较为简单，将各个离散的姿态四元数观测值按照一定的空间旋转规则转换为欧拉角即可（具体转换过程可参考相关文献），转换为欧拉角后即可采用前述的两种模型进行拟合和内插处理。下面针对第二种方法的原理进行重点阐述。

单位四元数描述的是一个 4 维单位超球面，给定任意两个单位四元数，其插值函数将位于球面上连接这两个单位四元数的圆弧上[12-13]。四元数球面线性内插原理如图 2-9 所示。

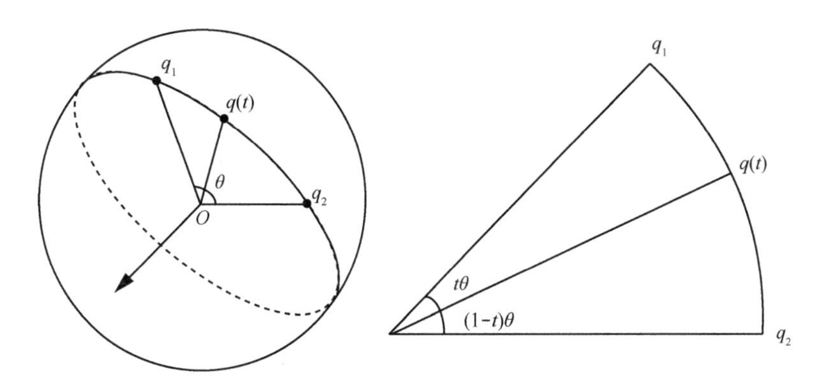

图 2-9　四元数球面线性内插原理

单位四元数的球面线性内插值如式（2-9）所示。

$$\mathrm{SLERP}(t,q_1,q_2)=q(t)=C_1(t)q_1+C_2(t)q_2 \tag{2-9}$$

其中，$C_1(t)$、$C_2(t)$ 为实数函数。

设 θ 为 q_1 与 q_2 之间的夹角，且 $\theta=\arccos(q_1q_2)$，那么有式（2-10）。

$$C_1(t)=\frac{\sin(1-t)\theta}{\sin\theta},C_2(t)=\frac{\sin(t\theta)}{\sin\theta} \tag{2-10}$$

| 2.2 遥感卫星图像几何处理 |

2.2.1 有理函数模型

有理函数模型（Rational Function Model，RFM）是一种直接建立像点像素坐标和与其对应物方点地理坐标关系的通用有理多项式模型。RFM 隐藏了卫星传感器参数和姿轨参数，具有通用性、计算效率高、坐标反算不需迭代等众多优点，因此得到了广泛的应用[14-16]，并已成为国际标准。

为了保证计算的稳定性，RFM 将像点图像坐标（l, s）、经纬度坐标（B, L）和椭球高 H 进行正则化处理，使坐标范围为[−1,1]。像点图像坐标（l, s）对应的像方归一化坐标（l_n, s_n）计算式为

$$\begin{cases} l_n = \dfrac{l - \text{LineOff}}{\text{LineScale}} \\ s_n = \dfrac{s - \text{SampleOff}}{\text{SampleScale}} \end{cases} \tag{2-11}$$

其中，LineOff、SampleOff 分别为像方坐标的平移值，LineScale、SampleScale 分别为像方坐标的缩放值。

物方坐标（B, L, H）的归一化坐标（U, V, W）的计算式为

$$\begin{cases} U = \dfrac{B - \text{LonOff}}{\text{LonScale}} \\ V = \dfrac{L - \text{LatOff}}{\text{LatScale}} \\ W = \dfrac{H - \text{HeiOff}}{\text{HeiScale}} \end{cases} \tag{2-12}$$

其中，LonOff、LatOff、HeiOff 分别为物方坐标的平移值，LonScale、LatScale、HeiScale 分别为物方坐标的缩放值。

对于每一景图像来说，像方坐标和物方坐标的关系可以用多项式比值表示。

$$\begin{cases} l_n = \dfrac{\text{Num}_L(U,V,W)}{\text{Den}_L(U,V,W)} \\ s_n = \dfrac{\text{Num}_S(U,V,W)}{\text{Den}_S(U,V,W)} \end{cases} \tag{2-13}$$

式（2-13）中的多项式分子、分母分别表示为

$$
\begin{aligned}
\mathrm{Num}_L(U,V,W) = {} & a_1 + a_2V + a_3U + a_4W + a_5VU + a_6VW + a_7UW + a_8V^2 + a_9U^2 + \\
& a_{10}W^2 + a_{11}VUW + a_{12}V^3 + a_{13}VU^2 + a_{14}VW^2 + a_{15}V^2U + a_{16}U^3 + \\
& a_{17}UW^2 + a_{18}V^2W + a_{19}U^2W + a_{20}W^3 \\
\mathrm{Den}_L(U,V,W) = {} & b_1 + b_2V + b_3U + b_4W + b_5VU + b_6VW + b_7UW + b_8V^2 + b_9U^2 + \\
& b_{10}W^2 + b_{11}VUW + b_{12}V^3 + b_{13}VU^2 + b_{14}VW^2 + b_{15}V^2U + b_{16}U^3 + \\
& b_{17}UW^2 + b_{18}V^2W + b_{19}U^2W + b_{20}W^3 \\
\mathrm{Num}_S(U,V,W) = {} & c_1 + c_2V + c_3U + c_4W + c_5VU + c_6VW + c_7UW + c_8V^2 + c_9U^2 + \\
& c_{10}W^2 + c_{11}VUW + c_{12}V^3 + c_{13}VU^2 + c_{14}VW^2 + c_{15}V^2U + c_{16}U^3 + \\
& c_{17}UW^2 + c_{18}V^2W + c_{19}U^2W + c_{20}W^3 \\
\mathrm{Den}_S(U,V,W) = {} & d_1 + d_2V + d_3U + d_4W + d_5VU + d_6VW + d_7UW + d_8V^2 + d_9U^2 + \\
& d_{10}W^2 + d_{11}VUW + d_{12}V^3 + d_{13}VU^2 + d_{14}VW^2 + d_{15}V^2U + d_{16}U^3 + \\
& d_{17}UW^2 + d_{18}V^2W + d_{19}U^2W + d_{20}W^3
\end{aligned}
$$

其中，a_i、b_i、c_i、d_i（$i=1,2,\cdots,20$）为有理多项式系数（Rational Polynomial Coefficient，RPC）。一般情况下，b_1、d_1 均取值为 1。

2.2.2　RPC 模型几何正射纠正

根据有关的参数与数字地面模型，利用相应的构象方程式，或按照一定的数学模型用控制点解算，从原始非正射投影的数字图像获取正射图像，这个过程是将图像化为很多微小的区域逐一进行处理，且使用的是数字方式，称为数字微分正射纠正或数字正射纠正。

基于 RPC 的高分辨率卫星图像数字正射纠正方法包括：正解法、反解法以及正解法反解法相结合的纠正方案。正解法数字正射纠正由原始图像出发，将原始图像上的像元按照正解方程式逐个解算原始图像像点坐标与正射图像像点坐标的对应关系，从而为对应于原始图像的正射图像像元赋予灰度值，获取纠正后图像。正解法数字正射纠正的缺点是纠正后的图像会出现空白区域或图像重叠的现象。反解法数字正射纠正的方法从纠正后的正射图像出发，根据正射图像像元逐个反算其在原始图像上的像平面坐标值大小，最后通过灰度内插，赋予正射图像各像元灰度值。由反解法进行图像数字正射纠正，可以解决纠正后图像出现空白区域及图像重叠的问题。对高分辨率卫星遥感图像采用反解法进行数字正射纠正的基本过程如下。

① 根据原始图像四角点像平面坐标及 RPC 参数，利用平均高程计算对应四角点的地面点坐标。

② 计算纠正后的图像范围和尺寸。

③ 计算纠正后图像各像元对应的地面点坐标。从纠正后图像出发，假设纠正后图像任意一点 P 的坐标为（X',Y'），由正射图像左上角图廓点地面坐标（X_0,Y_0）与正射图像行列方向比例尺分母 M、N，按式（2-14）计算 P 点对应的地面点坐标为

$$\begin{cases} X = X_0 + MX' \\ Y = Y_0 - NX' \end{cases} \tag{2-14}$$

其中，行列方向比例尺分母 M 和 N 代表图像分辨率，可以根据原始图像求出。

④ 计算像点坐标。由 RPC 参数，利用式（2-14）计算原始图像上对应的像平面坐标，其中考虑到星上处理的精度要求，Z 值可通过已有的数字高程模型（Digital Elevation Model，DEM）内插获得。

⑤ 灰度内插和赋值。由于所求的像点坐标不一定正好落在像元中心，为此必须经过灰度内插，一般采用双线性内插，最后将求得像点 P 的灰度值赋给纠正后的图像。

反解法数字正射纠正流程如图 2-10 所示。

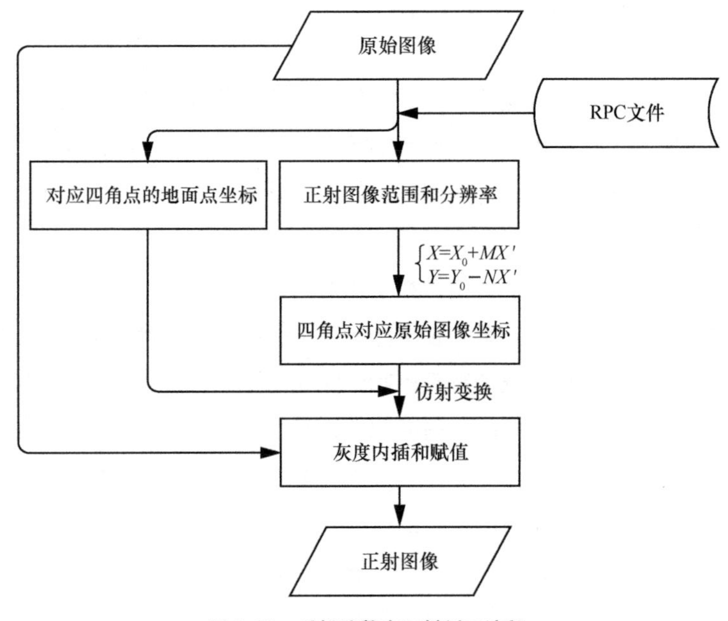

图 2-10　反解法数字正射纠正流程

| 2.3　多源遥感卫星图像几何配准 |

2.3.1　图像配准

遥感卫星图像的几何配准是指在不同时段，对同一场景从不同视角使用相同或不同的传感器拍摄的有重叠区域图像进行几何校准，使其同名的地物点一一对应起来的过程，这是实现不同数据源综合利用的前提。几何配准一般是通过寻找两张图像的同名点，利用高可靠性的匹配点对计算图像间的变换模型，然后经过图像重采样实现[17]。

图像匹配技术经过几十年的发展，目前已经十分成熟，根据匹配策略的不同，通常可以将其分为两类——基于灰度的图像匹配方法和基于特征的图像匹配方法。基于灰度的图像匹配方法直接根据模版窗口的灰度信息计算匹配点对的相似性，常用的方法有相关系数匹配法和最小二乘匹配法[18]，基于特征的图像匹配方法首先提取关键点的特征向量，然后通过比较特征向量的相似程度来确定同名像点，常用的方法有尺度不变特征变换（Scale-Invariant Feature Transform，SIFT）[19]和加速稳健特征（Speeded Up Robust Features，SURF）[20]。下面介绍遥感卫星图像配准中常用的匹配方法。

1. 相关系数匹配法

相关系数是标准化的协方差函数，协方差函数除以两信号的方差即得相关系数，考虑相关系数的计算量，其简化后的实用公式为

$$\rho(c,r)=\frac{\sum_{i=1}^{m}\sum_{j=1}^{n}(g_{i,j}g'_{i+r,j+c})-\frac{1}{mn}(\sum_{i=1}^{m}\sum_{j=1}^{n}g_{i,j})(\sum_{i=1}^{m}\sum_{j=1}^{n}g'_{i+r,j+c})}{\sqrt{[\sum_{i=1}^{m}\sum_{j=1}^{n}g_{i,j}^{2}-\frac{1}{mn}(\sum_{i=1}^{m}\sum_{j=1}^{n}g_{i,j})^{2}][\sum_{i=1}^{m}\sum_{j=1}^{n}g'^{2}_{i+r,j+c}-\frac{1}{mn}(\sum_{i=1}^{m}\sum_{j=1}^{n}g'_{i+r,j+c})^{2}]}} \tag{2-15}$$

其中，g、g'分别为左右图像对应像素的灰度值，m、n 为计算相关系数时选择的窗口大小。相关系数的取值范围为[−1,1]，它的值越大，两个点的相似程度越高，给定一个阈值 T，当相关系数的最大值大于该阈值时，才认为是有效匹配。

相关系数计算速度简单，并且可以通过拟合匹配点周围的相关系数计算极大值使匹配精度达到子像素级。但这种匹配法在纹理重复的区域和灰度一致的区域的可

靠性会大大降低，而且由于其比较的是模版对应位置的灰度关系，所以对图像的旋转和缩放十分敏感，故一般用在核线图像上。

2. 最小二乘匹配法

最小二乘匹配法是一种基于灰度的图像匹配方法，同时考虑了局部图像的灰度畸变和几何畸变，是通过迭代使灰度误差的平方和达到极小，从而确定共轭实体的图像匹配方法。利用最小二乘匹配法可以达到 0.01～0.1 像素的高精度，该方法能够非常灵活地引入各种已知参数和条件，从而进行整体平差。

最小二乘匹配法的原则为灰度差的平方和最小，即

$$\sum vv = \min \tag{2-16}$$

若认为图像灰度只存在偶然误差，不存在灰度畸变和几何畸变，则

$$n_1 + g_1(x,y) = n_2 + g_2(x,y) \tag{2-17}$$

$$v = g_1(x,y) - g_2(x,y) \tag{2-18}$$

其中，g 为灰度，v 为灰度差。由于图像灰度存在辐射畸变和灰度畸变，因此需要在此系统中引入系统变形的参数，通过求解变形参数，构成最小二乘匹配系统。

$$g_1(x,y) + n_1(x,y) = h_0 + h_1 g_2(a_0 + a_1 x + a_2 y, b_0 + b_1 x + b_2 y) + n_2(x,y) \tag{2-19}$$

2.3.2 SIFT 特征点匹配法

SIFT 特征点匹配法匹配能力强，能提取稳定的特征，可以处理两幅图像在平移、旋转、仿射变换、视角变换、光照变换等情况下的匹配问题，甚至对任意角度拍摄的图像都具备较为稳定的匹配能力。利用 SIFT 特征点匹配法进行图像特征点的自动提取和匹配的过程如图 2-11 所示。

SIFT 特征点匹配法的基本思路为：首先，将待匹配的图像按照一定的间隔进行规则网格的划分，在每个网格内进行 SIFT 特征点的提取，使用 SIFT 特征向量描述此特征点；然后根据图像的地理信息找到每个网格在相邻图像上对应的大致区域范围，在此区域内再进行 SIFT 特征点的提取和特征向量描述；进而以两特征向量间的欧氏距离作为两相邻重叠图像间特征点的相似性判断准则进行特征点匹配；最后，根据图像“特征点匹配需一一对应”这一先验知识对利用 SIFT 匹配得到的特征点进行粗差剔除，删去“多对一”的匹配特征点。

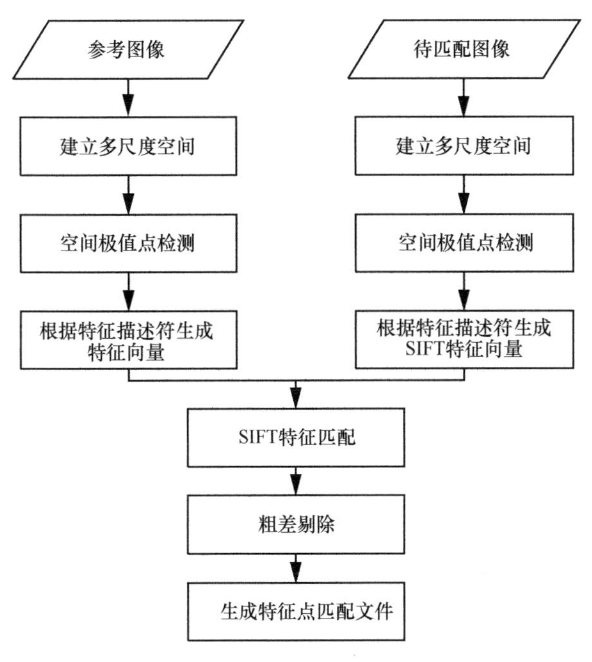

图 2-11　SIFT 特征点匹配法的过程

1. 误匹配点的剔除

由于图像具有局部纹理重复或结构相似的特点，在利用相关技术获取图像之间的同名像点时，无论是基于灰度的匹配，还是基于特征的匹配，误匹配都是不可避免的。误匹配点会给后续平差处理带来十分不利的影响，最终导致平差结果不理想，甚至是平差失败。因此，必须对误匹配点对进行自动、可靠的检测与剔除。

连接点粗差的检测多通过像点前方交会得到物方坐标，然后由 RPC 计算得到其像方坐标，再根据计算得到的像方坐标及匹配的连接点坐标计算像点残差。对于非粗差点来说，该残差值应保持一致；对于粗差点来说，则该值会呈现一定差异。通常可直接通过先验知识设定阈值定位粗差点，并予以剔除；而超大规模的区域网平差涉及大量图像的连接点匹配，匹配出的连接点可能存在于多张图像上，不能直接运用上述方法进行粗差检测。为此提出一种多级粗差检测与剔除方法，基本思路是：第一级检测是以一张图像为主片进行连接点的粗差剔除，找到与主片重叠的图像及重叠区域的连接点，在两张图像之间对这些连接点进行粗差的检测，检测方法仍为上述计算像点残差的方法；第二级检测是以连接点为主进行粗差检测，首先确定该连接点位于哪几张图像上，然后在一次平差后计算各图像像点坐标的残差值，根据其残差值进行粗差的检测，若残差值大于设定的阈值即为粗差，将其剔除；第三级检测则是从区域网平差全局出发通过选权迭代法进行的粗差检测，在每次平差后根据像点残差确定连接点的权值组成权矩阵参加下次平差解算，其中权值为残差的倒数，即该点残差越大，其权值越小，该点对区域网的影响越小。该方法可以有效抑制在前两级检测中不易发现的粗差，保证平差结果的准确性和稳健性。

常用的误匹配剔除方法还有随机抽样一致（Random Sample Consensus，RANSAC）[21]法，RANSAC 法通过不断迭代的方式估计一组包含异常数据的样本数据集之间存在的数学模型参数，以此来得到有效样本数据的算法。RANSAC 法进行错误匹配的剔除利用的其实是一个自由度为 8 的单应矩阵，也就是两张图像的点的齐次坐标的对应关系，理论上最少只需要 4 对匹配点即可完成图像间的对应关系，具体可以分为 4 个步骤：首先从初始匹配点中集中随机取 4 对匹配点作为一个 RANSAC 样本，然后用这个样本来计算两张图像间的单应变换矩阵 $\boldsymbol{H}$，根据样本集、单应变换矩阵 $\boldsymbol{H}$ 和误差度量函数计算满足当前变换矩阵的一致集（Consensus），并返回一致集中元素的个数，最后判断当前一致集是否为最优一致集（与之前迭代结果比较，如果是第一次，默认为最优）。如果是最优，那么用此一致集替换之前的最优集；否则计算错误概率 p 并更新，如果 p 大于允许的最大错误概率，那么重复上述步骤直到满足条件。

2. 匹配方法的难点

上面提到的几种匹配方法在面对同源的图像时都能取得非常不错的效果，但是遥感传感器有不同的波段和不同的类型，单一传感器获取的数据无法满足应用的需求，通常需要对不同传感器获取的图像进行配准来实现综合利用，例如对光学图像和红外图像、光学图像和合成孔径雷达（SAR）图像以及光学图像和激光雷达（LiDAR）图像等进行配准。但是由于成像机理存在差异，这些不同类型的图像之间存在非常显著的辐射和几何差异，传统的匹配方法几乎无法得到可靠的稀疏点对，因此，多源遥感卫星图像的配准技术仍需进一步研究。下面重点介绍两种多源遥感卫星图像的几何配准方法。

2.3.3 多光谱图像几何配准方法

多光谱相机由于能够获取多个波段的图像，通过后续的配准、融合等处理，能

够生成各种专题图像产品，极大地丰富了图像信息，提高了图像数据的应用潜力，已成为当前遥感卫星搭载的重要成像载荷。各波段图像之间的配准是多光谱图像处理的重要环节，配准精度直接影响其后续处理和应用的质量。由于高程起伏、传感器内部畸变等因素的影响，卫星多光谱相机获取的原始图像各波段之间通常存在较大的非线性几何变形，通过简单的片间平移实现多光谱图像的波段间配准，无法满足产品质量的精度要求。因此，卫星多光谱图像数据的高精度配准方法一直是遥感领域的研究热点，具有重要的理论意义和应用价值。

图像配准的目的在于消除图像间的相对几何变形，确定同名像元的映射关系。不同于现有的基于图像匹配的图像配准方法，多光谱图像几何配准方法根据卫星多光谱相机的成像特性，采用波段间相对几何定标来实现卫星多光谱图像自动精确配准。该方法能够在不需图像匹配的情况下，实现波段间的自动精确配准，大大提升了处理效率。此外，本方法是一种真正几何意义上的配准，波段间的几何纠正模型为严密几何成像模型，不仅在理论上具有严密性，同时，配准结果与图像质量无关。

1. 基本原理

（1）波段间成像几何关系模型

构建波段间成像几何关系模型是实现多光谱图像几何配准方法的几何基础。以 B1、B2 波段为例，如图 2-12 所示，假设 P 是 B1、B2 两个波段成像地面覆盖重叠区内的某一物方点，B1、B2 先后对其成像且像点分别为 p_1 和 p_2，S_1 和 S_2 分别为对应的投影中心，根据同名点空间交会的摄影几何约束关系，光线 S_1p_1、S_2p_2 必然相交于物方点 P。根据卫星多光谱相机严格几何成像模型[22]，有

$$\begin{cases}\begin{bmatrix}X_{p_1}\\Y_{p_1}\\Z_{p_1}\end{bmatrix}_{\mathrm{WGS84}}=\begin{bmatrix}X_{S_1}\\Y_{S_1}\\Z_{S_1}\end{bmatrix}_{\mathrm{WGS84}}+m_1R_{\mathrm{T1}}R_{\mathrm{BJ1}}R_{\mathrm{BS}}\begin{pmatrix}x_{\mathrm{c1}}\\y_{\mathrm{c1}}\\-f\end{pmatrix}\\ \begin{bmatrix}X_{p_2}\\Y_{p_2}\\Z_{p_2}\end{bmatrix}_{\mathrm{WGS84}}=\begin{bmatrix}X_{S_2}\\Y_{S_2}\\Z_{S_2}\end{bmatrix}_{\mathrm{WGS84}}+m_2R_{\mathrm{T2}}R_{\mathrm{BJ2}}R_{\mathrm{BS}}\begin{pmatrix}x_{\mathrm{c2}}\\y_{\mathrm{c2}}\\-f\end{pmatrix}\end{cases} \tag{2-20}$$

其中，$(X_{p_1},Y_{p_1},Z_{p_1})^{\mathrm{T}}$ 和 $(X_{p_2},Y_{p_2},Z_{p_2})^{\mathrm{T}}$ 分别为利用波段 B1 和 B2 的几何成像参数以及物方高程信息、基于严格几何成像模型解算得到的物方点 P 在 WGS84 坐标系下的地心直角坐标；$(x_{\mathrm{c1}},y_{\mathrm{c1}},-f)$ 和 $(x_{\mathrm{c2}},y_{\mathrm{c2}},-f)$ 分别为同名像点 p_1 和 p_2 在相机坐

标系下的坐标；m_1 和 m_2 为摄影比例尺因子；$(X_{S_1},Y_{S_1},Z_{S_1})$ 和 $(X_{S_2},Y_{S_2},Z_{S_2})$ 为投影中心 S_1 和 S_2 在 WGS84 坐标系下的坐标；$\boldsymbol{R}_{\mathrm{BS}}$ 为相机在卫星本体坐标系下的安装角矩阵；$\boldsymbol{R}_{\mathrm{BJ1}}$ 和 $\boldsymbol{R}_{\mathrm{T1}}$ 分别为 p_1 成像时卫星本体坐标系与 J2000 坐标系、J2000 坐标系与 WGS84 坐标系之间的旋转矩阵；$\boldsymbol{R}_{\mathrm{BJ2}}$ 和 $\boldsymbol{R}_{\mathrm{T2}}$ 则为 p_2 成像时相应的旋转矩阵。

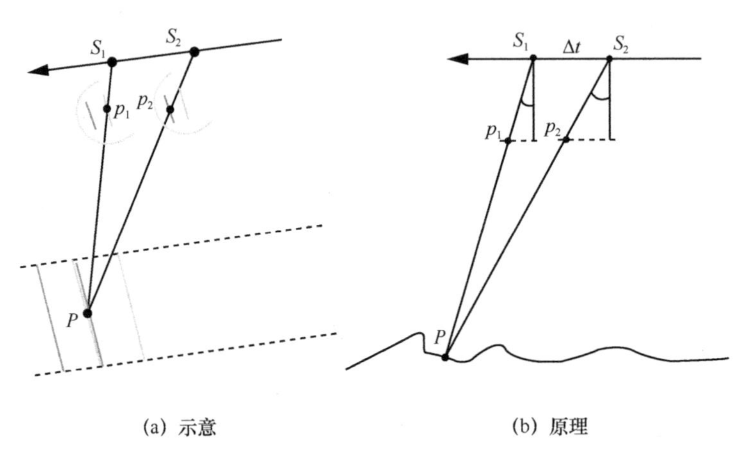

图 2-12 卫星多光谱相机波段间成像几何关系

利用严格几何成像模型以及物方高程信息可以实现像点坐标与地面点大地坐标之间的正反换算，为了便于对方法进行描述，这里不再列出具体的换算式，而采用映射关系式（2-21）和式（2-22）简化表示本方法中涉及的几种坐标换算。符号 f_1 表示基于严格几何成像模型，利用物方高程信息将像点 (x,y) 正投影至物方，获取其对应的物方点坐标 (X,Y,Z)；符号 f_2 表示基于严格几何成像模型将物方点坐标 (X,Y,Z) 反投影至像方，获取其像点坐标 (x,y)。

$$(x,y)\xrightarrow{f_1}(X,Y,Z) \tag{2-21}$$

$$(X,Y,Z)\xrightarrow{f_2}(x,y) \tag{2-22}$$

（2）配准原理

以 B2 波段为参考波段，利用非参考波段 B1（B3 和 B4 类似）的几何成像参数以及物方高程信息，对同名像点 p_1 执行坐标正投影表达式 f_1，解算得到物方点 P 的坐标为 $(X_{p_1},Y_{p_1},Z_{p_1})^{\mathrm{T}}$；利用参考波段 B2 的几何成像参数，将物方点 P 的坐标 $(X_{p_1},Y_{p_1},Z_{p_1})^{\mathrm{T}}$ 代入式（2-22）执行坐标反投影表达式 f_2，获得 B2 波段图像上对应的同名像点 p_2 的坐标为 $(x'_{\mathrm{C2}},y'_{\mathrm{C2}})$；理想情况下，当各波段图像几何成像参数以及物方高程信息均准确无误差时，根据同名像点几何定位一致性的约束关系，上述计算

得到的同名像点 p_2 的坐标 (x'_{C2}, y'_{C2}) 与其真实坐标 (x_{c2}, y_{c2}) 应相等，即满足关系式 $(x'_{C2}, y'_{C2}) = (x_{c2}, y_{c2})$，由此可建立 B1、B2 两波段图像上同名像点之间的映射关系，实现多光谱图像的配准，这就是基于物方定位一致性的多光谱图像配准原理。基于此原理，对于 B1 波段图像上的像点 p_1，执行图 2-13（b）所示的运算流程即可确定其在 B2 波段图像上的同名像点 p_2 的坐标，实现多光谱图像的自动配准。

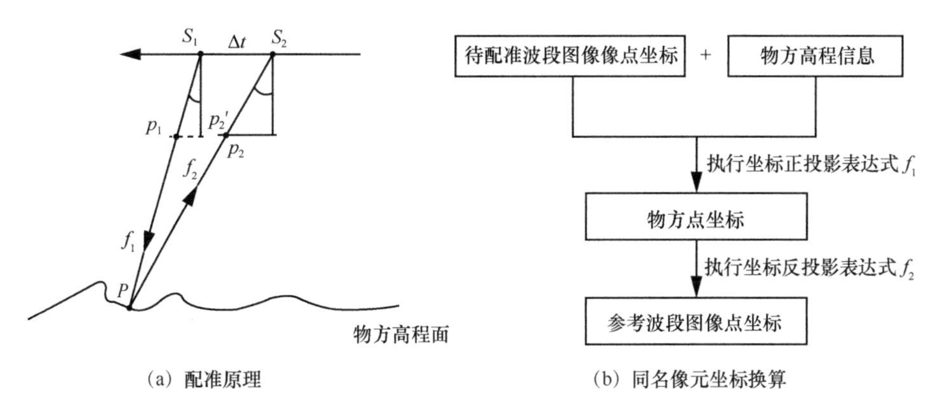

（a）配准原理　　　　（b）同名像元坐标换算

图 2-13　配准原理及同名像元坐标换算

2. 误差分析

在实际情况中，由于各波段图像的几何成像参数以及物方高程信息总存在一定的误差，因此 (x'_{C2}, y'_{C2}) 与 (x_{c2}, y_{c2}) 不可能完全相等，总存在误差 (v_x, v_y)，如式（2-23）所示。这里把 (v_x, v_y) 称为同名像元 p_1 和 p_2 的配准误差，该误差直接反映了同名像元 p_1 和 p_2 的配准精度。

$$\begin{bmatrix} v_x \\ v_y \end{bmatrix} = \begin{bmatrix} x_{c2} \\ y_{c2} \end{bmatrix} - \begin{bmatrix} x'_{C2} \\ y'_{C2} \end{bmatrix} \tag{2-23}$$

基于以上分析，欲实现基于同名像元物方定位一致性的多光谱图像高精度配准，建立同名像元的精确映射关系，必须对影响波段间同名像元配准误差的因素进行分析，并消除其影响，保证波段间同名像元的精确配准。导致波段间同名像元配准误差的因素主要包括外定向参数（姿态、轨道）误差、物方高程误差以及传感器内部几何畸变误差，这 3 类误差都会引起各波段间同名像元几何定位的不一致，产生配准误差。考虑到卫星多光谱相机各波段间同名像点的成像时差很短，卫星在轨运行状态较为平稳，因此，各波段图像同名像元的外定向参数之间的相对误差很小，其引起的配准误差可以忽略不计；下面重点分析物方高程误差、传感器内部几何畸变误差对波段间同名像元配准误差的影响。

（1）物方高程误差

如图 2-14（a）所示，H 代表轨道高度，f 为相机主距，θ_1 和 θ_2 分别代表波段 B1 和波段 B2 沿轨方向视场角。若存在高程误差（或高程起伏）ΔH，由其引起的波段间配准误差 p_2p_2' 主要表现为沿轨方向，计算式为

$$p_2p_2' = f(\tan\theta_2 - \tan\theta_1)\frac{\Delta H}{H+\Delta H} \tag{2-24}$$

以资源三号卫星多光谱相机为例，将绿波段（B2 波段）作为参考波段，利用式（2-24）可以定量分析高程误差对蓝波段、红波段以及近红外波段与绿波段间配准误差的影响，配准误差与高程误差的关系如图 2-14（b）所示。从图中可以看出，高程误差与配准误差之间呈线性关系；当高程误差大于 500 m 时，近红外与绿波段图像的配准误差达到 0.3 个像素以上；当高程误差大于 1 000 m 时，蓝波段、红波段与绿波段图像间的配准误差也达到 0.3 个像素以上；随着高程误差的增大，配准误差也相应增大。因此，对于资源三号卫星多光谱图像进行波段间物方配准时，高程误差对于配准精度的影响不可忽略。利用全球 Aster G-DEM 数据作为物方高程信息可以解决此问题[23]。作为 2009 年公开的全球 DEM 数据，Aster G-DEM 数据的平面采样精度达到 30 m，高程精度约为 10 m，完全能够满足卫星多光谱图像物方配准的精度要求。

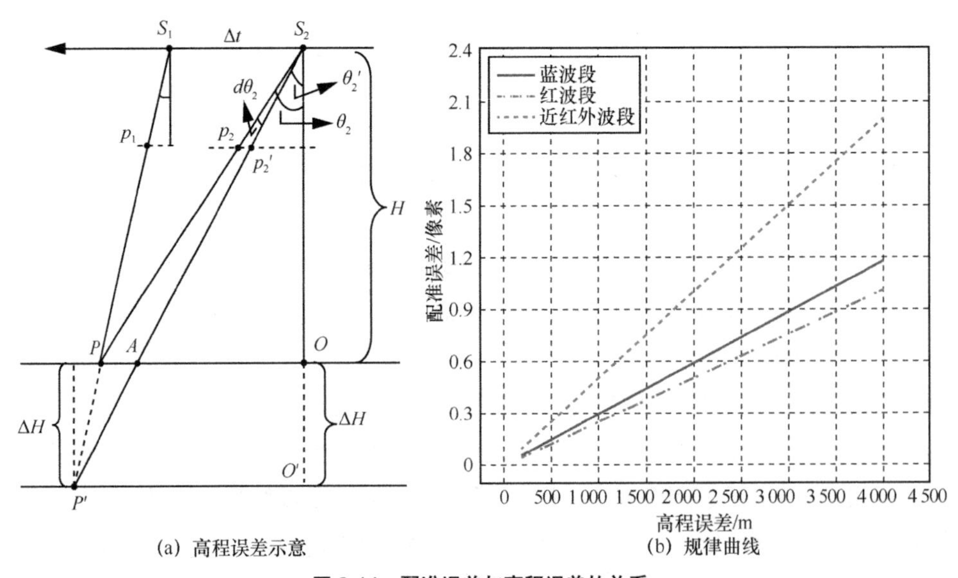

（a）高程误差示意　　（b）规律曲线

图 2-14　配准误差与高程误差的关系

（2）传感器内部几何畸变误差

由于多光谱相机各波段单独成像，卫星在轨运行过程中会受到各种因素的影响，各波段成像单元均会发生不同程度的物理畸变和位置错移，例如旋转、平移、弯曲、缩放以及离焦等。另外，相机的物镜系统也存在着一定程度的径向畸变、偏心畸变等，对于焦平面上不同位置的探元，这类非线性的光学畸变引起的像方偏差是不一致的。若 B1、B2 两波段成像单元在同名像元 p_1、p_2 处分别存在几何畸变误差 (dx_1, dy_1) 、(dx_2, dy_2) ，由此导致的配准误差 (v_x, v_y) 近似满足关系式（2-25）。

$$\begin{cases} v_x = r_x = dx_1 - dx_2 \\ v_y = r_y = dy_1 - dy_2 \end{cases} \tag{2-25}$$

将式（2-25）中的 (r_x, r_y) 称为波段间的相对几何畸变。该式说明，各波段间的相对几何畸变将导致相同大小的配准误差。因此，补偿各波段成像单元之间的相对几何畸变，恢复各波段成像单元之间精确的相对位置关系是满足高精度物方配准的关键环节和必要前提。

3. 波段间相对几何定标

为了对各波段成像单元之间的相对几何畸变进行补偿，可采用基于附加多项式系数的波段间相对几何定标方法，其主要思想是：分别建立各非参考波段与参考波段之间的相对几何定标模型，并对模型参数进行解算，从而恢复非参考波段与参考波段成像单元之间精确的相对几何关系。下面以 B2 波段为参考，以 B1 波段为例对该方法中涉及的关键技术进行阐述（B3 和 B4 波段类似）。

（1）波段间相对几何定标模型

为了对 B1、B2 两波段成像单元之间的相对几何畸变进行补偿，恢复它们在相机焦平面上的相对位置关系，在非参考波段 B1 成像单元的内定向参数模型中引入附加参数项 Δx 和 Δy ，构建基于扩展共线条件方程的自检校平差模型，这是线阵传感器几何定标的常见方法。此时，波段 B1 的严密几何成像模型由式（2-20）转化为式（2-26）。

$$\begin{bmatrix} X_{S_1} \\ Y_{S_1} \\ Z_{S_1} \end{bmatrix}_{\text{WGS84}} + m_1 R_{\text{T1}} R_{\text{BJ1}} R_{\text{BS}} \begin{pmatrix} x_{\text{c1}} + \Delta x_1 \\ y_{\text{c1}} + \Delta y_1 \\ -f \end{pmatrix} = \begin{bmatrix} X_p \\ Y_p \\ Z_p \end{bmatrix}_{\text{WGS84}} \tag{2-26}$$

考虑到卫星多光谱相机各波段均采用线阵 CCD 作为成像单元，共用一个相机镜头系统，并且相机视场角通常较小，因此，对于附加参数项 Δx 和 Δy ，仍采用以探元号为自变量的三次多项式[24-25]，对非参考波段成像单元与参考波段成像单元之间的相对几何畸变进行拟合。

（2）波段间相对几何定标模型参数解算

对各非参考波段建立相对几何定标模型后，进行模型参数的解算。选择一景图像质量较优的多光谱图像，首先在 B1 和 B2 两波段图像上测量一定数量均匀分布的同名点对(p_1^i,p_2^i)（$i=1,\cdots,n$）（p_1^i、p_2^i表示一对同名像点分别在 B1 和 B2 波段图像上的像点）；然后，利用 B2 波段的几何成像参数及物方高程信息，对每对同名像点(p_1^i,p_2^i)（$i=1,\cdots,n$）执行坐标正投影换算，将像点 p_2^i 投影至物方，获取其物方点 P^i 的坐标$(X_{P^i},Y_{P^i},Z_{P^i})_{\mathrm{WGS84}}$；最后，将前面得到的物方点 P^i 的坐标作为控制点，利用空间后方交会的原理，解算 B1 波段成像单元的相对几何定标模型参数，实现 B1、B2 两波段成像单元的相对几何定标。在得到各非参考波段的相对几何定标参数后，按照前述方法进行后续的图像配准。

2.3.4 基于 RPC 模型的多源遥感卫星图像几何配准方法

不同时相、载荷的多源遥感卫星图像几何配准是进行后续图像融合分析等应用的必要步骤。不同于传统基于图像匹配的配准方法，这里以目前遥感卫星常见的全色/多光谱图像为例，介绍一种基于 RPC 模型，利用区域网平差来消除待配准图像之间的几何差异，进而实现多源遥感卫星图像几何配准的方法。

基于 RPC 模型的多源遥感卫星图像几何配准方法的特点在于无控制，区域网在水平方向空间自由，而全色图像和多光谱图像的弱交会几何特征又会造成同名光线的相交条件在高程方向上的不确定（区域网在高程方向的空间自由），这些都会造成平差解算时无法达到最佳的收敛状态。针对该问题，本节所提方法中创新性地引入了虚拟控制条件来约束水平方向的空间自由，并采用参考数字表面模型（Digital Surface Model，DSM）数据在高程方向进行约束，从而实现平差参数的整体最优估计，具体平差流程如图 2-15 所示。

1. 平差模型构建

有理多项式模型（Rational Polynomial Model，RFM）是从数学意义上对严格几何成像模型的高精度拟合，较于严格几何成像模型，其形式简单、使用方便，更适于进行大规模区域网平差处理，如式（2-27）所示。

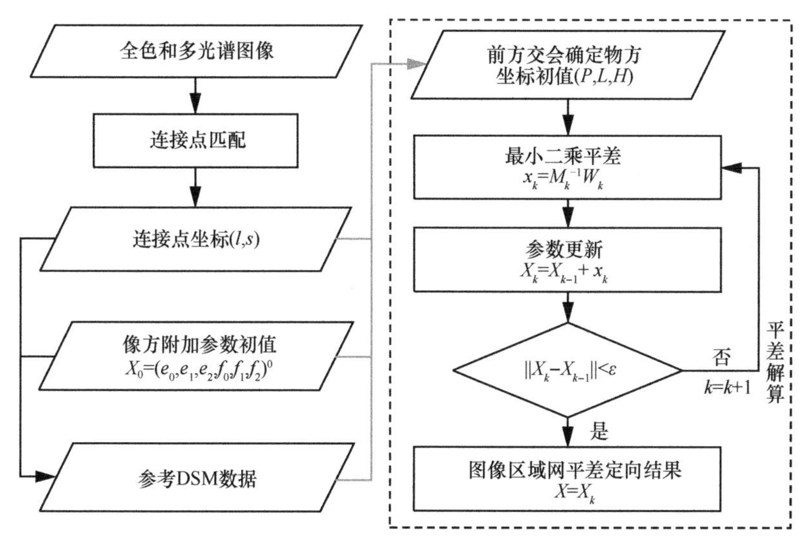

图 2-15　全色与多光谱图像几何配准流程

$$
\begin{cases}
x=\dfrac{\mathrm{Num}_L(U,V,W)}{\mathrm{Den}_L(U,V,W)}=\dfrac{\sum\limits_{i=0}^{3}\sum\limits_{j=0}^{i}\sum\limits_{k=0}^{j}p_{1ijk}U_n^{i-j}V_n^{j-k}W^k}{\sum\limits_{i=0}^{3}\sum\limits_{j=0}^{i}\sum\limits_{k=0}^{j}p_{2ijk}U_n^{i-j}V_n^{j-k}W^k} \\
y=\dfrac{\mathrm{Num}_S(U,V,W)}{\mathrm{Den}_S(U,V,W)}=\dfrac{\sum\limits_{i=0}^{3}\sum\limits_{j=0}^{i}\sum\limits_{k=0}^{j}p_{3ijk}U_n^{i-j}V_n^{j-k}W^k}{\sum\limits_{i=0}^{3}\sum\limits_{j=0}^{i}\sum\limits_{k=0}^{j}p_{4ijk}U_n^{i-j}V_n^{j-k}W^k}
\end{cases}
\tag{2-27}
$$

其中，(U,V,W) 与 (x,y) 分别为正则化的地面点大地坐标与正则化的图像像点坐标；p_{1ijk}、p_{2ijk}、p_{3ijk}、p_{4ijk}（$i=0,1,2,3;j=0,1,2,3;k=0,1,2,3$）表示 RFM 的有理多项式系数。正则化的坐标与非正则化的坐标的关系如式（2-28）所示，其中，(l_0,s_0) 为像点坐标的重心化参数；(P_0,L_0,H_0) 为地面点大地坐标的重心化参数；(l_s,s_s) 为像点坐标的归一化参数；(P_s,L_s,H_s) 为地面点大地坐标的归一化参数。

$$
\begin{cases}
x=\dfrac{l-l_0}{l_s},y=\dfrac{s-s_0}{s_s} \\
U=\dfrac{P-P_0}{P_s},V=\dfrac{L-L_0}{L_s},W=\dfrac{H-H_0}{H_s}
\end{cases}
\tag{2-28}
$$

利用单景图像的 RPC 模型进行区域网平差时，需要根据图像几何误差的特性，

选择合适的数学模型并附加到 RPC 模型的像方[如式（2-29）中 Δl 和 Δs]，在平差过程中对该模型进行求解，以补偿各景图像中存在的几何误差。

$$\begin{cases} l+\Delta l=F_x(P,L,H) \\ s+\Delta s=F_y(P,L,H) \end{cases} \tag{2-29}$$

经过严格的在轨几何定标及传感器校正处理后，其单景图像产品的几何误差主要为低阶线性误差，因此，其像方附加模型 Δl 和 Δs 一般选择仿射变换模型，如式（2-30）所示。

$$\begin{cases} \Delta l=a_0+a_1 l+a_2 s \\ \Delta s=b_0+b_1 s+b_2 s \end{cases} \tag{2-30}$$

在有控制点的条件下，基于上述平差模型可将待平差参数作为自由未知数进行平差求解；然而，在无控制点的条件下，由于缺少控制点的约束，平差模型的自由度较高，直接将待平差参数作为自由未知数求解会导致法方程矩阵的病态，进而造成平差精度不稳定以及误差容易过度累积等问题。对此，传统方法通过将待平差参数根据先验信息处理成带权观测值引入平差模型来改善平差模型的状态，但该方法由于需要对多类不同物理意义且相互之间存在相关性的参数构建误差方程并定权，因此在实际应用中有一定的局限。针对传统方法的不足，本节所提方法通过在模型中引入虚拟控制点来约束区域网的自由度，从而达到改善平差模型状态的目的。下面将对虚拟控制点的生成及其观测方程的构建进行阐述。

对于各景待平差图像，在其像平面上按一定间距均匀划分规则格网，对于每个格网的中心点 $p\,(\text{smp,line})$，利用该图像的初始 RPC 模型，在物方局部任一高程基准面（取为图像初始 RPC 模型中的 H_OFF ）上通过前方交会得到一个物方点 $P(\text{Lat,Lon},H\_\text{OFF})$，此时，像点 p 与物方点 P 构成一组虚拟控制点，如图 2-16 所示。

一般情况下，基于图像间自动匹配获取的连接点信息和人工半自动测量获取的控制点信息构建区域网平差模型时，其原始观测值包括连接点像点坐标和控制点像点坐标两类。对于控制点像点来说，由于其对应的物方点坐标精确已知，因此，所构建的误差方程式中未知参数仅包括该像点所在图像的 RPC 模型像方附加参数，显然，对于 RPC 模型像方附加参数来说，此时式（2-31）为线性方程而不需进行线性化处理。

$$\begin{cases} v_l=F_x(\text{Lat,Lon,Hei})-l-\Delta l \\ v_s=F_y(\text{Lat,Lon,Hei})-s-\Delta s \end{cases} \tag{2-31}$$

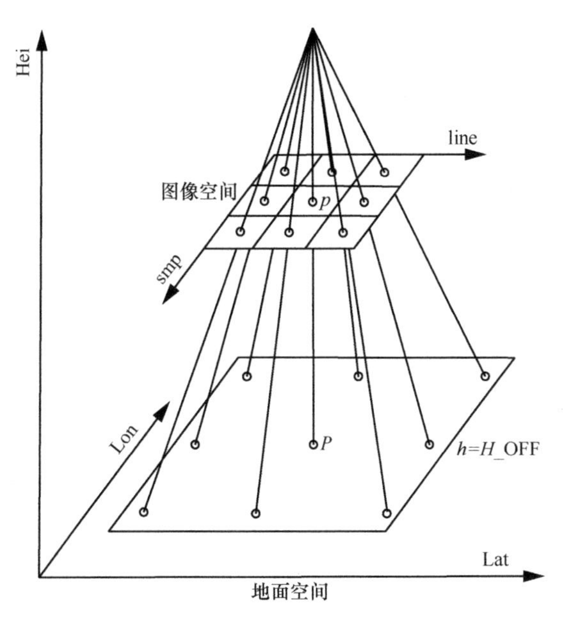

图 2-16　生成虚拟控制点

对于连接点来说，由于其未知参数包括除了该像点所在图像的 RPC 模型像方附加参数外，还有其对应的物方平面坐标 (Lat,Lon)，高程 Hei 在每次迭代中从参考 DSM 中内插得到。由连接点构建的误差方程为一个非线性方程，需要对其赋予合适的初值 $(\text{Lat},\text{Lon})^0$ 并进行线性化处理，如式（2-32）所示。各连接点物方坐标的初值可由相应待平差图像初始 RPC 模型通过前方交会计算得到。

$$\begin{cases} v_l = F_x(\text{Lat},\text{Lon})^0 + \left.\dfrac{\partial F_x}{\partial(\text{Lat},\text{Lon})}\right|_{(\text{Lat},\text{Lon})^0} d(\text{Lat},\text{Lon}) - l - \Delta l \\ v_s = F_y(\text{Lat},\text{Lon})^0 + \left.\dfrac{\partial F_y}{\partial(\text{Lat},\text{Lon})}\right|_{(\text{Lat},\text{Lon})^0} d(\text{Lat},\text{Lon}) - s - \Delta s \end{cases} \tag{2-32}$$

将由所有连接点像点以及虚拟控制点像点构建的观测误差方程组分别写成矩阵形式，如式（2-33）和式（2-34）所示。

$$\boldsymbol{V}_{\text{vc}} = \boldsymbol{A}_{\text{vc}}\boldsymbol{x} - \boldsymbol{L}_{\text{vc}}\boldsymbol{P}_{\text{vc}} \tag{2-33}$$

$$\boldsymbol{V}_{\text{tp}} = \boldsymbol{A}_{\text{tp}}\boldsymbol{x} + \boldsymbol{B}_{\text{tp}}\boldsymbol{t} - \boldsymbol{L}_{\text{tp}}\boldsymbol{P}_{\text{tp}} \tag{2-34}$$

其中，式（2-33）为所有虚拟控制点像点构建的观测误差方程组矩阵，式（2-34）为所有连接点像点构建的观测误差方程组矩阵。其中，$\boldsymbol{x}$ 和 $\boldsymbol{t}$ 为平差待解参数，分别代表待平差图像 RPC 模型的像方附加参数向量和连接点物方平面坐标改正数向量。$\boldsymbol{A}$ 和 $\boldsymbol{B}$ 分别为相应未知数的偏导数系数矩阵，$\boldsymbol{L}$ 和 $\boldsymbol{P}$ 分别为相应的常向量和权矩阵，其中连接点像点的权值可根据连接点匹配精度确定。将两类误差方程矩阵合并，如式（2-35）所示。

$$\boldsymbol{V} = \boldsymbol{A}\boldsymbol{x} + \boldsymbol{B}\boldsymbol{t} - \boldsymbol{L}\boldsymbol{P} \tag{2-35}$$

其中，$\boldsymbol{V} = \begin{bmatrix} \boldsymbol{V}_{\text{vc}} \\ \boldsymbol{V}_{\text{tp}} \end{bmatrix}$，$\boldsymbol{A} = \begin{bmatrix} \boldsymbol{A}_{\text{vc}} \\ \boldsymbol{A}_{\text{tp}} \end{bmatrix}$，$\boldsymbol{B} = \begin{bmatrix} 0 \\ \boldsymbol{B}_{\text{tp}} \end{bmatrix}$，$\boldsymbol{L} = \begin{bmatrix} \boldsymbol{L}_{\text{vc}} \\ \boldsymbol{L}_{\text{tp}} \end{bmatrix}$，$\boldsymbol{P} = \begin{bmatrix} \boldsymbol{P}_{\text{vc}} & 0 \\ 0 & \boldsymbol{P}_{\text{tp}} \end{bmatrix}$。

2. 自适应定权

上述平差模型的观测值仅包含虚拟控制点像点与连接点像点两类，这两类像点相互独立，可分别根据各自的观测精度进行定权，而不需考虑两者之间的相关性。其中，连接点像点观测值的权值可依据同名像点的匹配精度进行设定，对于光学卫星图像而言，采用高精度匹配算法通常可达子像素级的匹配精度。虚拟控制点像点观测值的权值可根据待平差图像无控几何定位精度的先验信息来确定。

为了避免虚拟控制点与连接点之间由于数量比例失衡导致平差模型局部出现“弱”连接、“强”控制的情况，从而给平差后相邻图像之间的相对几何精度带来不利影响，本文方法对各景图像均单独统计其两类点数量的比例因子，即 $\mu = N_{\text{tp}} / N_{\text{vc}}$，其中 N_{tp} 和 N_{vc} 分别代表该景图像上连接点和虚拟控制点的个数，所有虚拟控制点像点观测值的权值 p_{vc} 均乘以该比例因子。

与传统方法相比，本节所提方法通过引入虚拟控制点代替待平差参数作为附加观测值，在改善平差模型状态的同时，避免了对各类复杂的待平差参数构建平差模型并进行定权，具有模型简单、易于定权的优点，具有较强的实用性。

3. 平差参数求解

根据最小二乘平差原理，对误差方程式（2-35）进行法化，可得法方程如式（2-36）所示。

$$\begin{bmatrix} \boldsymbol{A}^{\text{T}}\boldsymbol{P}\boldsymbol{A} & \boldsymbol{A}^{\text{T}}\boldsymbol{P}\boldsymbol{B} \\ \boldsymbol{B}^{\text{T}}\boldsymbol{P}\boldsymbol{A} & \boldsymbol{B}^{\text{T}}\boldsymbol{P}\boldsymbol{A} \end{bmatrix} \begin{bmatrix} \boldsymbol{x} \\ \boldsymbol{t} \end{bmatrix} = \begin{bmatrix} \boldsymbol{A}^{\text{T}}\boldsymbol{P}\boldsymbol{L} \\ \boldsymbol{B}^{\text{T}}\boldsymbol{P}\boldsymbol{L} \end{bmatrix} \tag{2-36}$$

对于一个规模较大的区域网来说，通过自动匹配获取的连接点数量一般情况下高达上万个，同时解算 $\boldsymbol{x}$ 和 $\boldsymbol{t}$ 这两类未知数，所需的内存与时间开销是难以忍受的。考虑到连接点数量一般远大于图像数量，更重要的是法方程系数矩阵 $\boldsymbol{B}_{\text{tp}}^{\text{T}}\boldsymbol{P}_{\text{tp}}\boldsymbol{B}_{\text{tp}}$ 为分块对角矩阵，在矩阵存储、运算等方面具有优良的性质。根据这一特点，在摄影测

量中，首先通过消元法消去连接点物方坐标这一类待解参数，构建出仅包含待解参数的等价方程组来求解 $\boldsymbol{x}$，如式（2-37）所示。

$$\boldsymbol{x} = \boldsymbol{M}^{-1}\boldsymbol{W} \tag{2-37}$$

其中，$\boldsymbol{M} = \boldsymbol{A}^{\mathrm{T}}\boldsymbol{PA} - \boldsymbol{A}^{\mathrm{T}}\boldsymbol{PB}(\boldsymbol{B}^{\mathrm{T}}\boldsymbol{PB})^{-1}\boldsymbol{B}^{\mathrm{T}}\boldsymbol{PA}$，$\boldsymbol{W} = \boldsymbol{A}^{\mathrm{T}}\boldsymbol{PL} - \boldsymbol{A}^{\mathrm{T}}\boldsymbol{PB}(\boldsymbol{B}^{\mathrm{T}}\boldsymbol{PB})^{-1}\boldsymbol{B}^{\mathrm{T}}\boldsymbol{PL}$，区域网平差的解算是一个迭代的过程，当两次平差解算的结果小于限差时，迭代结束，在此基础上，利用各景图像的初始 RPC 模型和已求解的附加模型参数 $\boldsymbol{x}$，通过空间前方交会即可逐个计算各连接点的物方坐标。

2.4　应用案例

2.4.1　GF-1 全色与 GF-5 多光谱图像几何一致化实验

1. 实验数据介绍

以 GF-5 和 GF-1 数据几何配准实验为例，验证基于 RPC 模型的多源遥感图像几何配准方法的有效性及精度。实验测区在雄安新区附近，实验测区图像包括 2019 年 3 月 11 日一景 GF-5 多光谱图像和 2019 年 4 月 17 日三景 GF-1 卫星图像，其中 GF-5 多光谱图像的覆盖面积约为 59 km×57 km，其 B1～B6 波段图像的分辨率为 20 m，图像大小为 2 960×2 806，B7～B12 波段图像分辨率为 40 m，大小为 1 480×1 430 像元。采用的 GF-1 卫星图像为三景幅宽为 60 km、分辨率为 2 m 的全色图像。具体如图 2-17 所示。

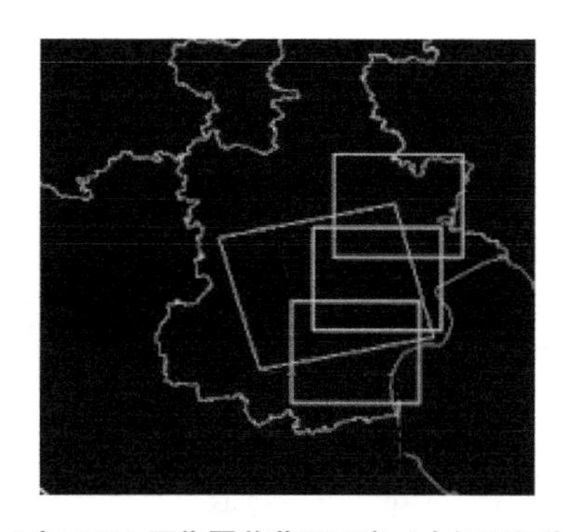

图 2-17　GF-1 与 GF-5 图像覆盖范围示意（大矩形框为 GF-5 图像）

2. 实验流程

（1）连接点匹配

连接点匹配主要是匹配用于多源区域网平差的同名像点。实验采用基于 SIFT 算子的特征匹配及基于频率域的相位匹配相结合的算法，完成了 GF-5 多光谱图像和 GF-1 全色图像之间的连接点匹配，结果如图 2-18 所示。

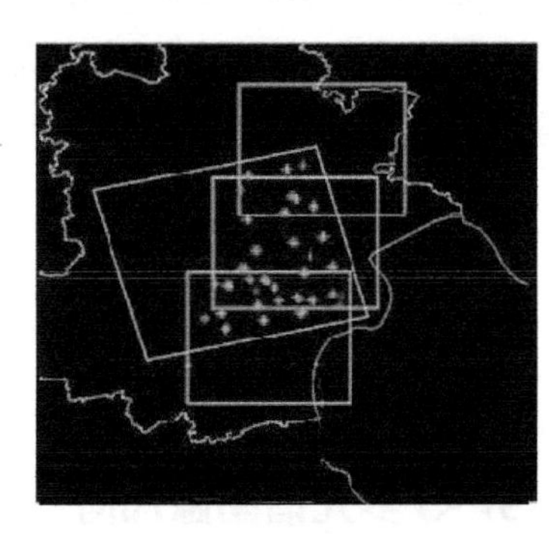

图 2-18　区域网匹配的连接点分布

（2）区域网平差

多源遥感卫星图像区域网平差采用自动平差模型构建、自适应定权及平差参数求解的基于 RPC 模型多源遥感卫星图像几何配准方法，对多源遥感数据进行 RPC 模型改正从而对图像进行高精度几何校正。

3. 实验结果与精度验证

为验证本方法用于多源遥感卫星图像几何校正的有效性，需要对平差前后图像的几何精度进行评价。采用两种方式对本方法的精度进行评价：第一种方法将匹配自 GF-1 卫星图像与 GF-5 卫星图像之间的同名点作为检查点，通过统计三景 GF-1 卫星图像与 GF-5 卫星图像之间的同名点相对几何残差来评价处理前后异源图像之间的相对精度；第二种方法通过检验异源图像在垂直/水平方向的套合情况来评价异源图像的配准精度。基于第一种评价方法的精度统计结果见表 2-1。

表 2-1　平差前后图像对相对精度统计

图像对	检测点数量/个	阶段	均值/像素		中误差/像素		
			mean_x	mean_y	RMS_x	RMS_y	RMS_xy
1	56	配准前	1.59	2.48	1.34	3.086	3.36
		配准后	0.03	0.05	0.43	0.52	0.67

（续表）

图像对	检测点数量/个	阶段	均值/像素		中误差/像素		
			mean_x	mean_y	RMS_x	RMS_y	RMS_xy
2	189	配准前	1.47	−1.24	1.30	2.05	2.43
		配准后	0.09	−0.04	0.46	0.48	0.66
3	75	配准前	−2.55	0.98	1.98	2.76	3.40
		配准后	−0.11	0.03	0.39	0.58	0.70

然后，进一步检验了平差前后 GF-1 图像与 GF-5 图像之间的几何套合情况，如图 2-19 所示。

(a) 平差前几何套合情况

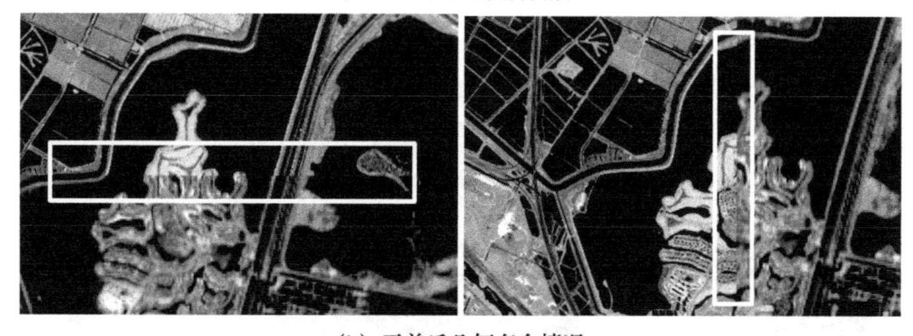

(b) 平差后几何套合情况

图 2-19　几何校正结果质量检查情况

根据精度统计结果，利用基于 RPC 模型的多源遥感卫星图像几何配准方法进行处理后，GF-5 卫星图像与 GF-1 卫星图像之间的相对几何精度，在垂轨方向从 1.5 个像素左右提高到了优于 0.5 个像素（中误差），在沿轨方向从 3.0 个像素左右提高到了 0.5 个像素左右（中误差），配准处理后异源图像间整体几何套合情况良好，图像之间的相对几何误差得到了明显的改善。

2.4.2 GF-1/6 全色与 GF-5 多光谱/高光谱图像几何一致化实验

1. 实验数据介绍

以 GF-1 全色图像、GF-5 多光谱图像及其高光谱图像、GF-6 全色图像及其多光谱图像为实验数据，进一步验证基于本方法的异源遥感卫星图像几何配准方法的精度和有效性，实验测区在雄安新区，具体实验数据信息见表 2-2。

表 2-2 实验数据信息

图像类型	成像时间	空间分辨率/m	图像幅宽
GF-1 全色图像	2018 年 4 月 9 日 2018 年 4 月 17 日	2	25 km×40 km
GF-5 多光谱图像	2019 年 4 月 1 日	20/40	70 km×40 km
GF-5 高光谱图像	2019 年 4 月 1 日	30	70 km×40 km
GF-6 全色图像	2019 年 4 月 3 日	2	70 km×107 km
GF-6 多光谱图像	2019 年 4 月 3 日	8	70 km×107 km

2. 实验流程

（1）连接点匹配

连接点匹配主要用于多源区域网平差的同名像点。实验采用基于 SIFT 算子的特征匹配及基于频率域的相位匹配相结合的算法，完成了多源遥感卫星图像之间的连接点匹配，实验测区图像分布及连接点分布情况如图 2-20 所示。

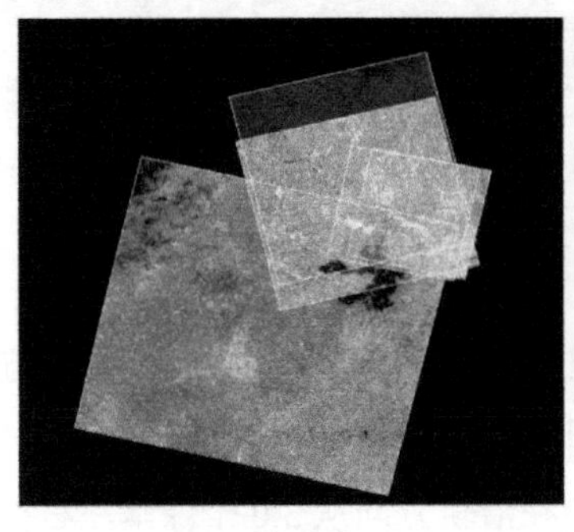

(a) 图像分布

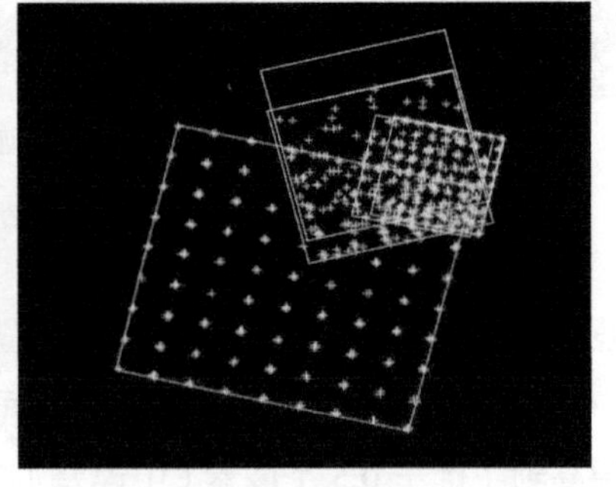

(b) 连接点分布

图 2-20 实验测区图像分布及连接点分布情况

（2）区域网平差

多源遥感卫星图像区域网平差采用自动平差模型构建、自适应定权及平差参数求解的基于 RPC 模型多源遥感卫星图像几何配准方法，对多源遥感数据进行 RPC 模型改正从而对图像进行高精度几何校正。

3. 实验结果与精度验证

为验证本方法用于多源遥感卫星图像几何校正的有效性，需要对平差前后图像的几何精度进行评价，仍采用上述实验的检查点精度验证与相邻图像套合检验的方法来评价处理后异源图像之间的配准精度。第一种方法分别对比统计了处理前后 GF-1 全色图像与 GF-5 多光谱图像（图像对 1）、GF-1 全色图像与 GF-5 高光谱图像（图像对 2）、GF-1 全色图像与 GF-6 全色图像（图像对 3）以及 GF-1 全色图像与 GF-6 多光谱图像（图像对 4）之间的配准精度，统计方法与多光谱实验相同，这里不再赘述。最后得到的图像对之间的相对精度统计结果见表 2-3。

表 2-3　平差前后异源图像对相对精度统计

图像对	检测点数量/个	阶段	均值/像素		中误差/像素		
			mean_x	mean_y	RMS_x	RMS_y	RMS_xy
1	54	配准前	−1.28	2.17	1.42	2.78	3.12
		配准后	0.08	0.11	0.42	0.55	0.69
2	55	配准前	0.26	0.88	0.79	0.98	1.26
		配准后	0.04	0.12	0.39	0.38	0.54
3	61	配准前	−10.48	14.49	0.82	0.96	1.26
		配准后	0.19	0.17	0.61	0.58	0.84
4	74	配准前	−2.38	3.62	1.47	0.83	1.69
		配准后	−0.12	0.16	0.45	0.48	0.66

在优化后的图像成像参数的基础上，通过检验异源图像在垂直/水平方向的套合情况来进一步评价异源图像的配准精度，这里对比验证了 GF-1 全色图像与 GF-5 多光谱图像（1 波段）、GF-1 全色图像与 GF-5 高光谱图像、GF-1 全色图像与 GF-6 全色图像及 GF-1 全色图像与 GF-6 多光谱图像之间的套合精度，如图 2-21 所示。

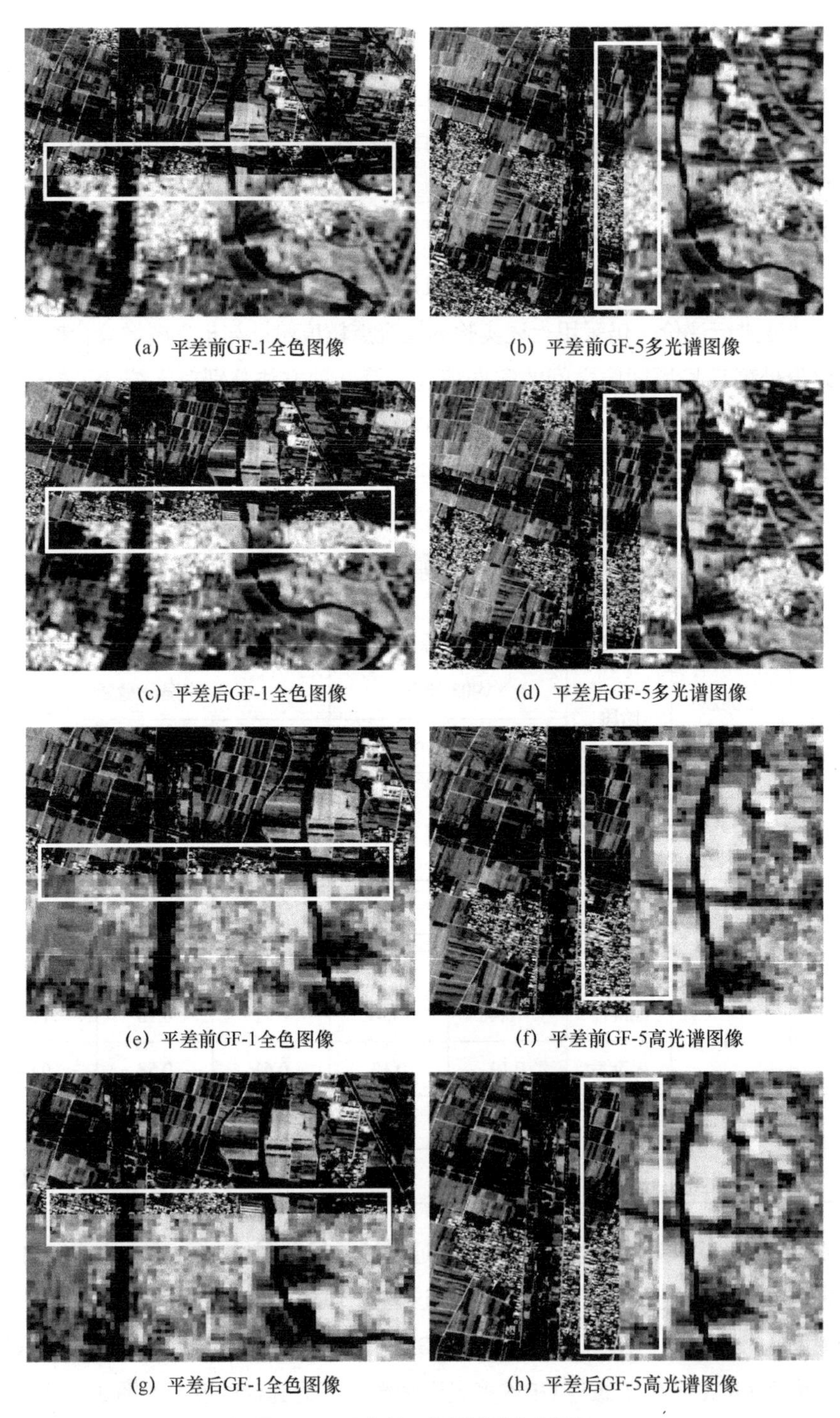

图 2-21 几何校正结果质量检查情况

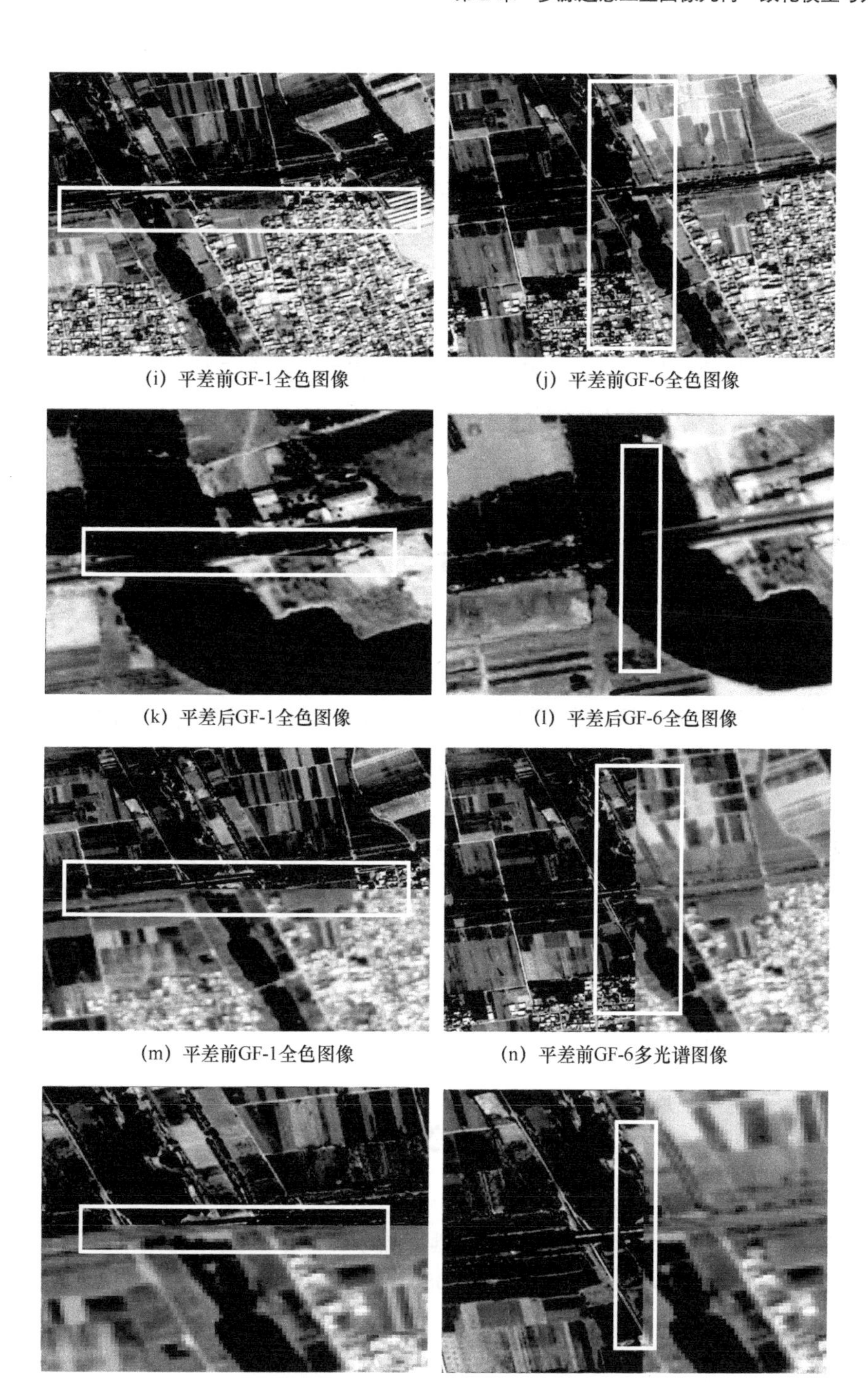

(i) 平差前GF-1全色图像

(j) 平差前GF-6全色图像

(k) 平差后GF-1全色图像

(l) 平差后GF-6全色图像

(m) 平差前GF-1全色图像

(n) 平差前GF-6多光谱图像

(p) 平差后GF-1全色图像

(q) 平差后GF-6多光谱图像

图 2-21　几何校正结果质量检查情况（续）

从实验精度分析可知，对于上述图像，利用基于 RPC 模型的多源遥感卫星图像几何配准方法处理后，异源图像之间的相对几何精度得到显著改善，相邻图像在两个方向的综合精度均优于一个像素，配准处理后异源图像间套合情况良好，实验结果精度与上述多光谱图像配准实验结果大致相当，图像之间的相对几何误差得到了明显的改善。

以上试验表明，利用基于 RPC 模型的多源遥感卫星图像几何配准方法能够有效消除不同载荷的多源遥感卫星图像之间的几何误差，提高图像间的几何精度，进而实现多源遥感卫星图像的几何配准，为后续图像融合分析等应用提供高精度的数据保障。

2.5 本章小结

空间几何信息是遥感卫星图像数据的重要信息，几何校正则是获取该信息的必要环节。从基本流程看，遥感卫星图像几何校正主要包括严格几何成像模型构建、有理多项式模型生成、正射纠正以及几何配准等重要环节。本章通过 3 节对相关内容分别进行重点介绍，其中，第 1 节主要介绍遥感卫星图像成像过程中各类空间坐标系、时间基准以及严密几何成像模型，第 2 节围绕遥感卫星图像几何处理及通用 RPC 模型的生成方法展开，第 3 节重点对多源遥感卫星图像几何配准方法进行介绍，包括基于图像匹配和基于几何一致性的两种方法。此外，基于前 3 节介绍的理论和方法，第 4 节展示了利用我国高分遥感卫星图像数据进行几何处理的实际应用案例。

参考文献

[1] SEEBER G. 卫星大地测量学[M]. 北京: 地震出版社, 1998.

[2] 魏子卿. 2000 中国大地坐标系及其与 WGS84 的比较[J]. 大地测量与地球动力学, 2008, 28(5): 1-5.

[3] 杨秉新. TDICCD 在航天遥感器中的应用[J]. 航天返回与遥感, 1997, 18(3): 15-18.

[4] 陈梁, 刘春霞, 龚惠兴. 极轨星载 TDICCD 相机的像移及恢复算法研究[J]. 遥感学报, 2002, 6(1): 35-39.

[5] 李征航, 黄劲松. GPS 测量与数据处理[M]. 武汉: 武汉大学出版社, 2005.

[6] 周忠谟. GPS 卫星测量原理与应用[M]. 北京: 测绘出版社, 1992.

[7] 曹海翊, 刘希刚, 李少辉, 等. “资源三号”卫星遥感技术[J]. 航天返回与遥感, 2012, 33(3): 7-15.

[8] 周山, 王战军, 孙艳华. 陀螺/星敏感器组合在卫星姿态确定系统中的应用[J]. 情报指挥控制系统与仿真技术, 2005, 27(2): 93-96.

[9] 陈雪芹, 耿云海. 一种利用星敏感器对陀螺进行在轨标定的算法[J]. 系统工程与电子技术, 2005, 27(12): 2111-2116.

[10] BURDEN R L, FAIRE J D. Numerical analysis[M]. Pacific Grove: Brooks/Cole Publishing Company, 1997.

[11] 张过. 缺少控制点的高分辨率卫星遥感图像几何纠正[D]. 武汉: 武汉大学, 2010.

[12] 龚辉. 基于四元数的高分辨率卫星遥感图像定位理论与方法研究[D]. 郑州: 信息工程大学, 2011.

[13] 龚辉, 姜挺, 江刚武, 等. 四元数微分方程的高分辨率卫星遥感图像外方位元素求解[J]. 测绘学报, 2012, 41(3): 409-416.

[14] GRODECKI J, DIAL G. Block adjustment of high-resolution satellite images described by rational polynomials[J]. Photogrammetric Engineering and Remote Sensing, 2003, 69(1): 59-68.

[15] FRASE C S, HANLE H B. Bias-compensated RPCs for sensor orientation of high-resolution satellite imagery[J]. Photogrammetric Engineering and Remote Sensing, 2005, 71(8): 909-915.

[16] FRASER C S, DIAL G, GRODECKI J. Sensor orientation via RPCs[J]. ISPRS Journal of Photogrammetry and Remote Sensing, 2006, 60(3): 181-194.

[17] 余先川, 吕中华, 胡丹. 遥感图像配准技术综述[J]. 光学精密工程, 2013, 21(11): 2960-2972.

[18] 张剑清, 潘励, 王树根. 摄影测量学[M]. 武汉: 武汉大学出版社, 2009.

[19] DAVID G L. Distinctive image features from scale-invariant keypoints[J]. International Journal of Computer Vision, 2004, 60(2): 91-110.

[20] HERBERT B, ANDREAS E, TINNE T, et al. Speeded-up robust features (SURF)[J]. Computer Vision and Image Understanding, 2008, 110(3): 346-359.

[21] FISCHLER M A . Random sample consensus: a paradigm for model fitting with applications to image analysis and automated cartgraphy[J]. Communications of the ACM, 1981: 24.

[22] 袁修孝, 余俊鹏. 高分辨率卫星遥感图像的姿态角常差检校[J]. 测绘学报, 2008, 37(1): 36-41.

[23] NIKOLAKOPOULOS K G, KAMARATAKIS E K, CHRYSOULAKIS N, et al. SRTM vs ASTER elevation products. Comparison for two regions in Crete, Greece[J]. International

Journal of Remote Sensing, 2006, 27(21): 4819-4838.

[24] 胡芬. 三片非共线 TDI CCD 成像数据内视场拼接理论与算法研究[D]. 武汉: 武汉大学, 2010.

[25] 郝雪涛, 徐建艳, 王海燕, 等. 基于角度不变的线阵推扫式 CCD 相机几何畸变在轨检校方法[J]. 中国科学: 信息科学, 2011, 41(增刊): 10-18.

第3章
多源中高分辨率卫星图像辐射归一化模型与方法

随着中高分辨率卫星数量的增多，利用多源中高分辨率卫星图像开展区域和全球高频次、周期性监测逐渐成为可能，但由于数据获取的成像条件以及遥感器特性存在差异，综合利用多源中高分辨率卫星图像面临很大挑战，如何消除多源卫星图像之间的辐射差异是关键问题。本章针对多源中高分辨率卫星图像，首先介绍辐射归一化的基本原理与技术流程，然后详细阐述地表反射率反演和基于地表反射率图像的辐射归一化两个关键环节，最后结合国内外典型卫星图像介绍两个典型案例，包括 Landsat-8 陆地成像仪（Operational Land Imager，OLI）与 Sentinel-2 的归一化，以及借助 GF-5 高光谱数据进行的 GF-1 与 GF-6 多光谱数据归一化。

3.1 辐射归一化的基本原理与技术流程

经典辐射归一化方法主要采用“伪不点”地面特征对不同遥感器图像进行处理，将成像角度差异、地物反射差异、遥感器性能差异等作为整体统一计算，每个波段得到一套统一转换系数，忽略了不同像元地物的反射特征差异[1-3]。

HLS（Harmonized Landsat Sentinel-2）计划[4]是美国国家航空航天局（NASA）专门针对 Landsat-8 与 Sentinel-2 图像综合协同使用而设立的研究项目。HLS 产品是基于一系列算法，从两个传感器[OLI 和多光谱成像仪（Multispectral Imager，MSI）]获得无缝衔接的产品，处理过程包括大气校正、云和云阴影掩膜、空间配准以及网格化、双向反射分布函数校正和光谱通道校正等。其中，光谱通道差异的调整也是采用了固定的校正系数，以 OLI 为参考，对 MSI 进行辐射值的调整。具体做法是：从全球 160 景 Hyperion 高光谱图像中采集 500 个地物样点的光谱，通过与两者对应波段的光谱响应函数进行等效计算以获取模拟的等效反射率，然后经线性拟合便可得各波段的光谱通道校正系数（见表 3-1）。

表 3-1　Sentinel-2A/2B MSI 转换到 Landsat-8 OLI 的光谱通道校正系数

HLS 波段	OLI 波段	MSI 波段	Sentinel-2A		Sentinel-2B	
			斜率	截距	斜率	截距
深蓝	1	1	0.995 9	−0.000 2	0.995 9	−0.000 2
蓝	2	2	0.977 8	−0.004 0	0.977 8	−0.004 0
绿	3	3	1.005 3	−0.000 9	1.007 5	−0.000 8
红	4	4	0.976 5	0.000 9	0.976 1	0.001 0
近红外	5	8A	0.998 3	−0.000 1	0.996 6	0
短波红外 1	6	11	0.998 7	−0.001 1	1.000 0	−0.000 3
短波红外 2	7	12	1.003 0	−0.001 2	0.986 7	0.000 4

这里在现有辐射归一化研究的基础上，考虑不同传感器光谱响应函数差异以及不同地物类型反射率光谱的差异，介绍一种基于混合像元分解的地表反射率辐射归一化思路，具体流程如图 3-1 所示，首先，建立包含多种类型地物的光谱库，根据传感器光谱响应函数计算地物等效光谱，从待归一化图像中选取典型地物经光谱匹配模型匹配后得到同类地物的等效光谱，通过光谱匹配从光谱库中选出相似光谱来表示待归一化图像光谱；然后，基于混合像元光谱解混的原理计算得到每种典型地物的丰度图像；最后经待归一化图像传感器与参考图像传感器相似波段的光谱匹配因子调整，以及根据图像与等效光谱之间的多元线性转换实现逐像元辐射归一化。该方法充分考虑了待归一化图像中各像元地物的组成以及传感器光谱响应函数对不同地物反射率图像的差异，并利用光谱匹配因子来减弱这种差异。

图 3-1 左半部分涉及地表反射率反演和空间分辨率归一化两个核心过程，右半部分属于基于地表反射率图像的辐射归一化的整个过程。空间分辨率归一化过程主要是利用两个图像遥感器的调制传递函数（Modular Transfer Function，MTF）进行空间分辨率归一化处理，避免采用传统最近邻算法扭曲待处理图像的辐射信号[5]，该方法相对成熟，本书不再赘述。本节重点介绍上述流程中涉及的地表反射率反演和地表反射率图像辐射归一化的内容。

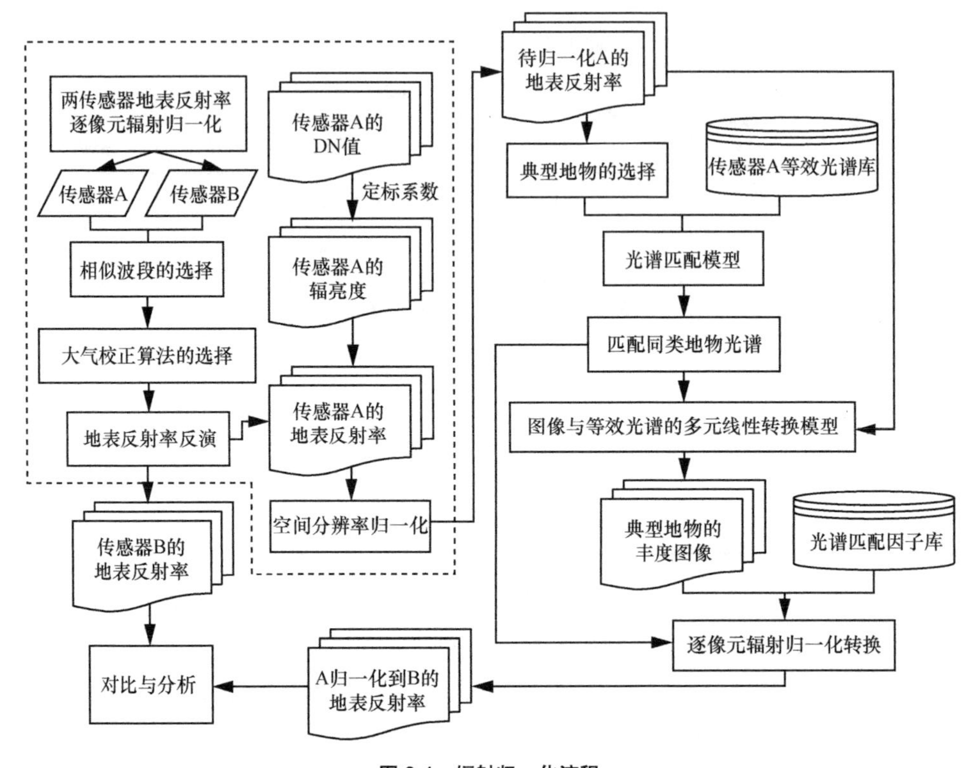

图 3-1　辐射归一化流程

3.2　地表反射率反演

3.2.1　地表反射率反演的基本原理

大气校正是地表反射率反演的核心步骤，其关键在于利用大气辐射传输模型估算大气散射和吸收等效应，提高地表反射率反演的精度。为了进行大气校正，首先需要将原始图像转换为辐亮度图像。

$$L_\lambda = \mathrm{DN}A_\lambda + L_\lambda^0 \tag{3-1}$$

其中，L_λ是表观辐亮度，A_λ和L_λ^0是辐射定标系数，DN 是指光学传感器接收到的入瞳能量经过光电转换和采样量化的数值。辐射定标后，采用式（3-2）将辐亮度转

换为表观反射率 ρ^{TOA}。

$$\rho^{\text{TOA}}=\frac{\pi LD^2}{\text{ESUN}\cos\theta} \tag{3-2}$$

其中，L 是大气表观辐亮度，D 是天文单位的日地距离，ESUN 是大气层外日地平均距离处的太阳光谱辐照度，θ 是太阳天顶角。

假设地面为均一、朗伯体地表，则大气层外传感器接收到的反射率可以表示为[6]

$$\rho^{\text{TOA}}=\left[\rho_{\text{atm}}+\frac{T_{\text{d}}T_{\text{u}}\rho^{\text{s}}}{1-s_{\text{atm}}\rho^{\text{s}}}\right]T_{\text{g}} \tag{3-3}$$

其中，ρ_{atm} 是大气路径反射率，T_{d} 和 T_{u} 分别是大气下行和大气上行透过率，s_{atm} 是半球反照率，ρ^{s} 是地表反射率，T_{g} 是大气总透过率。当 ρ_{atm}、T_{d}、T_{u} 和 s_{atm} 已知时，地表反射率便可由式（3-4）计算得到。

$$\rho^{\text{s}}=\frac{\rho^{\text{TOA}}/T_{\text{g}}-\rho_{\text{atm}}}{T_{\text{d}}T_{\text{u}}+s_{\text{atm}}(\rho^{\text{TOA}}/T_{\text{g}}-\rho_{\text{atm}})} \tag{3-4}$$

大气校正算法从 20 世纪 80 年代开始发展，至今已经形成一批以浓密植被算法[6-7]、深蓝算法[8-9]等为代表的大气校正算法。以下介绍几种经典大气校正算法的原理和计算过程。

1. 浓密植被算法

浓密植被算法是基于浓密植被区的暗像元（Dense Dark Vegetation，DDV）算法，其基本假设是浓密植被区域数据的蓝、红波段具有较小的地表反射率，且这两个波段与短波红外波段的地表反射率之间有经验线性关系。该算法利用短波红外通道基本不受大气气溶胶散射影响的特性，在不考虑大气散射的情况下，短波红外通道的大气表观反射率即为地表反射率。同时，通过设定阈值范围提取暗像元，并利用暗像元区域的短波红外通道与蓝、红通道的地表反射率之间的经验线性关系反演获得蓝、红波段的地表反射率。该算法在浓密植被区具有较好的效果，主要过程如下。

① 在浓密植被区识别暗像元，并在暗像元区域反演气溶胶光学厚度。根据以下阈值进行判断。

$$\rho_{\text{SWIR}_{2.1\,\mu\text{m}}}<0.15 \tag{3-5}$$

如果没有 2.1 μm 短波红外通道，则采用 1.6 μm 短波红外通道。根据 RICHTER 等[10]给出的 1.6 μm 和 2.1 μm 短波红外通道地表反射率之间的 2 倍关系，忽略微弱

的程辐射效应，此时将阈值设置为

$$\rho_{SWIR_{1.6\,\mu m}} < 0.30 \tag{3-6}$$

② 根据经验线性统计关系计算暗像元区域蓝、红波段的地表反射率。

• 若只有蓝波段，则采用式（3-7）。

$$\rho_{蓝} = \frac{\rho_{SWIR_{2.1\,\mu m}}}{4} \text{ 或 } \rho_{蓝} = \frac{\rho_{SWIR_{1.6\,\mu m}}}{2} \tag{3-7}$$

• 若无蓝波段，但有红波段，则采用式（3-8）。

$$\rho_{红} = \frac{\rho_{SWIR_{2.1\,\mu m}}}{2} \text{ 或 } \rho_{红} = \rho_{SWIR_{1.6\,\mu m}} \tag{3-8}$$

③ 根据已经建立的大气校正查找表，计算得到不同气溶胶光学厚度条件下的蓝、红波段的模拟表观反射率。

④ 与原始图像中的蓝、红波段的真实表观反射率进行比较，筛选最相近情况下所对应的气溶胶光学厚度。

⑤ 利用暗像元区域的气溶胶光学厚度进行整个图像区域的空间插值，得到每个像元处的气溶胶光学厚度。

2. 深蓝算法

对于高亮下垫面区域（如城市、沙漠等区域），蓝、红通道的地表反射率通常不满足经验线性关系，此时基于暗像元的大气校正算法无法适用。因此，HSU 等[8-9]提出深蓝算法对非暗像元区下垫面区域进行气溶胶光学厚度反演，主要原理是通过构建蓝通道地表反射率先验知识数据库来实现地气辐射过程解耦，该算法在高亮地区具有良好的反演效果。具体过程如下。

① 构建蓝波段地表反射率先验知识数据库。利用经过校正系数转换之后的 MODIS 的地表反射率产品（MOD09）构建蓝波段地表反射率先验数据库。

② 基于 6SV 大气辐射传输模型建立包含太阳–地面–卫星观测参数以及大气参数的查找表。

③ 根据高亮目标区域像元的经纬度坐标，从蓝波段地表反射率先验数据库中查找对应地理位置上的地表反射率，将其作为已知的地表反射率代入式（3-3）得到蓝波段模拟表观反射率，然后与真实的蓝波段大气表观反射率相比较，根据事先建立的查找表选择绝对差值最小的一组所对应的气溶胶光学厚度作为反演结果。

④ 利用图像高亮区域的气溶胶光学厚度进行全图空间插值，得到每个像元的

反演结果。

3. 可见光-近红外迭代算法

目前，相当多的卫星传感器数据只有 3～4 个处于可见光-近红外（Visible and Near Infrared，VNIR）范围的波段，如国产卫星 HJ 系列和 GF 系列以及 Spot 系列卫星等，经典的浓密植被算法无法应用。为此，RICHTER 等[10]构建了可见光-近红外迭代算法以解决这类数据的大气校正问题，主要思路是通过能见度（Visibility，VIS）为 10 km、23 km、60 km 3 种情况下的大气校正以及红波段阈值的调节，使得暗像元区域略大于 5%，从而实现反演过程。主要原理如下。

① 通过 3 种能见度条件迭代计算确定图像暗像元，判断策略采用红和近红外波段比值植被指数（Ratio Vegetation Index，RVI），以及两个波段反射率综合判断，如下。

$$\overset{1}{\mathrm{RVI}=\rho_t(\mathrm{nir})/\rho_t(\mathrm{red})\geqslant 3}\ \text{和}\ \overset{2}{0.10\leqslant\rho_t(\mathrm{nir})\leqslant 0.25}\ \text{和}\ \overset{3}{\rho_t(\mathrm{red})\leqslant 0.04} \tag{3-9}$$

其中，第 1 个条件主要是用于选择植被区，第 2 个条件用于排除清洁及浑浊水体以及植被土壤混合像元等较暗的像元以及高亮植被区域（如草场、落叶林），第 3 个条件是迭代判据初始值。

② 利用近红外和红通道地表反射率之间的经验关系，确定暗像元区域的能见度。

$$\rho_t(\mathrm{red})=0.1\rho_t(\mathrm{nir}) \tag{3-10}$$

然后通过计算不同能见度条件下的地表反射率，使得近红外和红波段地表反射率达到最佳线性关系。

③ 利用空间插值得到全图的能见度，并进一步计算得到地表反射率。

3.2.2　地表反射率业务化反演算法

近年来随着大气校正方法的不断发展和数据处理需求的增加，出现了一批以 Landsat、MODIS、Sentinel-2 等卫星为代表的地表反射率业务化反演算法，下面详细介绍。

1. USGS Landsat-4/5/7 反射率产品算法

MASEK 等[11]基于 LEDAPS 项目构建了 USGS Landsat 地表反射率生产系统，用于生产北美地区 1999—2000 年之间的 Landsat TM 和 ETM+地表反射率产品。该地表反射率数据集可以用于十年间环境和土地覆盖变化的评估，以及更高级卫星数据产品生产等应用。该业务化算法的核心是基于 DDV 算法进行气溶胶光学厚度反演，其主要算法包括两部分内容。

① 利用 DDV 算法反演气溶胶光学厚度，并假定暗像元区域蓝波段与短波红外波段的地表反射率有如下关系。

$$\rho_{蓝} = 0.33 \times \rho_{SWIR_{2.1\,\mu m}} \tag{3-11}$$

② 其他大气参数借助于同化数据，如臭氧数据来自臭氧总量绘图系统（Total Ozone Mapping Spectrometer，TOMS）和泰罗斯业务垂直探空器（Tiros Operational Vertical Sounder，TOVS），水汽含量数据来自国家环境预测中心（National Centers for Environmental Prediction，NCEP）。

2. WELD 反射率产品算法

ROY 等[12]利用基于准同步 MODIS 大气产品的大气方法构建了 WELD Landsat 地表反射率生产系统，实现了标准化和大规模的 Landsat ETM+地表反射率产品的生产。WELD 反射率产品算法根据观测几何参数和准同步的 MODIS 大气产品，利用大气参数图像进行逐像元的大气校正计算，获得地表反射率图像。该算法的主要过程如下。

① MODIS 大气产品筛选及预处理：选择与卫星数据过境时间同步或者准同步的 MODIS 大气产品，然后对筛选的气溶胶产品、水汽产品以及臭氧产品进行投影转换，将 MODIS 投影到与待校正的辐亮度图像一致的坐标系下；同时对 MODIS 大气产品进行空间范围裁剪，与待校正图像空间范围保持一致。

② 从预处理后的 MODIS 大气产品中提取得到每个像元的气溶胶光学厚度、水汽含量以及臭氧含量，然后利用建立好的大气校正查找表，得到图像每个像元处的大气校正系数。

③ 利用大气校正系数进行计算，得到地表反射率图像。

3. Sentinel-2 反射率产品算法

目前，欧洲 Sentinel-2 卫星数据的预处理主要借助欧洲航天局官方提供的 Snap 软件。其中反射率反演主要使用 Sen2cor 算法[13-14]，基本原理是借助大气辐射传输模型 libRadtran 构建大气参数查找表进行大气校正，主要过程包括气溶胶光学厚度反演、水汽反演、云掩膜以及地形校正等。

（1）气溶胶光学厚度反演

利用暗像元区域短波红外通道与蓝、红通道地表反射率之间的线性关系（即

DDV 算法）进行气溶胶光学厚度反演。暗像元参考区域可分为浓密植被、暗土壤以及水体。若图像上没有浓密植被或者暗土壤，将会不断迭代 Sentinel-2 数据 12 通道，以获得一定数量的中等亮度参考像元；同时，若图像上没有暗像元参考区域，即不包括浓密植被区、暗土壤以及水体，图像则采用默认能见度（20 km）。

（2）水汽反演

陆地上空水汽反演使用大气预处理微分吸收算法（Atmospheric Pre-Corrected Differential Absorption Algorithm，APDA），即利用 Sentinel-2 数据中第 8a 通道和第 9 通道进行水汽反演，其中第 8a 通道为大气窗口通道，第 9 通道为水汽吸收通道。

（3）云掩膜

利用图像中第 10 通道的卷云反射率与近红外、短波红外通道对应区域的关联，消除辐射信号中卷云的贡献。

（4）地形校正

当图像中有超过 5%的像元坡度大于 8°（尤其对于山区），需要利用精确的数字高程模型（DEM）以及双向反射分布函数（Bidirectional Reflectance Distribution Function，BRDF）模型进行地形校正。

3.2.3　地表反射率反演实例

1. 数据及研究区域

本实验研究区域主要为京津冀地区（36°01′～42°31′N，113°04′～119°53′E）以及长江中下游地区（29°41′～34°38′N，114°54′～119°37′E）。所使用的数据包括 Level-1A 级 GF-1/GF-2 全色多光谱（Panchromatic and Multispectral，PMS）数据、地基实测数据、同化数据以及 DEM 数据等配套辅助数据，主要覆盖 2014 年 5—10 月以及 2017 年 2—12 月两个时间段。本研究对这些数据进行了正射纠正、几何校正等预处理操作。

2. 地表反射率反演与验证

（1）地表反射率反演方法构建

基于 GF-1/GF-2 卫星数据的波段特点，利用可见光–近红外迭代大气校正方法进行地表反射率反演。结合大气校正查找表、同化数据以及 DEM 数据，构建适合

GF-1/GF-2 PMS 数据的地表反射率业务化反演方法。

（2）地基标准反射率数据集

基于地基太阳光度计观测的大气数据，利用 6SV 大气辐射传输模型进行大气校正得到地表反射率数据集，以此来评价 GF-1/GF-2 地表反射率产品的精度。本研究中所使用的地基实测大气数据的主要来源为地基 AERONET 站点以及安徽某农场地基实测站点，前者包括 3 个地基 AERONET 站点，利用 Level-2.0 气溶胶光学厚度以及 Level-1.5 气溶胶粒子尺度谱和复折射率数据；后者是在安徽某农场安置的 CE318 太阳光度计获取的大气数据。

（3）地表反射率产品验证

以 AERONET 站点为中心、半径为 5 km 裁剪得到圆形研究区子集。对于每一个圆形研究区子集，随机选择 300 个像元来比较反演的地表反射率产品精度。根据研究区域 2014 年 4—10 月以及 2017 年 2—12 月间的数据，选取 18 景数据用于验证地表反射率产品精度。图 3-2 所示为可见光–近红外迭代大气校正方法反演的 GF-1 和 GF-2 数据地表反射率与地基实测标准地表反射率的验证结果，其中每个波段均有 5 400 个有效像元参与精度验证。

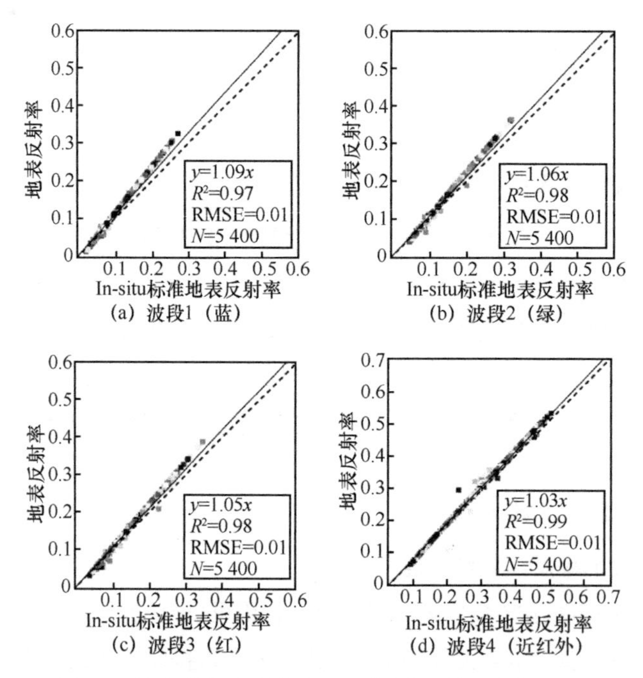

图 3-2　地表反射率与地基实测标准地表反射率的验证结果

图 3-2 横坐标表示地基实测（In-situ）标准地表反射率，纵坐标表示可见光–近红外迭代大气校正算法反演的 GF-1 和 GF-2 数据地表反射率。可见光–近红外迭代大气校正算法得到的GF-1/GF-2 PMS数据地表反射率与地基实测标准地表反射率表现出良好的线性拟合关系，例如，蓝、绿、红以及近红外波段的地表反射率与地基实测标准地表反射率的线性回归直线斜率分别为 1.09、1.06、1.05 和 1.03，R^2（确定性系数）值分别为 0.97、0.98、0.98 和 0.99，均方根误差（Root Mean Squared Error，RMSE）的值为 0.01。尽管如此，算法反演的地表反射率均高于参考的地表反射率（线性拟合直线斜率均大于 1）。

3.3　地表反射率图像辐射归一化

3.3.1　地物光谱库的建立

光谱库是在实验室或者野外由光谱仪对不同地物按照严格规范的流程测量的各类地物反射光谱数据的集合，具有多样性、稳定性的特点，光谱库对遥感卫星图像的解译、图像地物的匹配识别具有重要作用。ENVI 中内嵌的光谱库包含了国际上常用的 5 种光谱库：ASTER、USGS、JPL、JHU、IGCP-264。光谱库中有近 5 000 条光谱，但并不是所有的地物光谱都涵盖 VNIR-SWIR 波长范围的反射率值，而且每个光谱库文件的采样间隔也不一致，对其中 9 个光谱库的 115 个光谱文件按照波长范围进行筛选，共有 4 605 条光谱，具体情况如下。

1. ASTER 光谱库

美国加利福尼亚技术研究所建立的 ASTER 光谱库综合了 USGS、JHU、JPL 3 个光谱库，种类齐全，该光谱库（见表 3-2）还具备查询功能以及测量相关辅助信息。

表 3-2　ASTER 光谱库

光谱库文件	地物种类	波长范围/μm	条数/条
manmade_jhu_becknic_491.sli	人造地物	0.42～14.00	14
manmade_jhu_becknic_536.sli	人造地物	0.30～12.50	22
manmade_jhu_becknic_551.sli	人造地物	0.30～14.00	6

（续表）

光谱库文件	地物种类	波长范围/μm	条数/条
manmade_jhu_becknic_561.sli	人造地物	0.30～15.00	3
mineral_jpl_beckman_826.sli	矿物	0.40～2.50	430
mineral_jpl_perkin_2101.sli	矿物	0.40～2.50	406
mineral_usgs_perknic_2231.sli	矿物	0.40～14.05	4
mineral_usgs_perknic_2756.sli	矿物	0.40～14.05	22
rock_jhu_becknic_2844.sli	岩石	0.40～14.01	93
rock_jhu_becknic_2868.sli	岩石	0.40～14.98	99
rock_jpl_perkin_2101.sli	岩石	0.40～2.50	85
rock_usgs_perknic_2231.sli	岩石	0.40～14.05	38
rock_usgs_perknic_2530.sli	岩石	0.40～14.05	30
rock_usgs_perknic_2826.sli	岩石	0.40～14.01	36
soil_jhu_becknic_2844.sli	土壤	0.40～14.01	27
soil_jhu_becknic_2868.sli	土壤	0.40～14.98	14
vegetation_jhu_becknic_550.sli	植被	0.30～14.00	3
vegetation_jhu_becknic_2559.sli	植被	0.38～14.01	1
water_jhu_becknic_561.sli	水	0.30～15.00	1
water_jhu_becknic_2052.sli	水	0.30～14.01	4
water_jhu_becknic_2844.sli	水	0.40～14.01	1

2. USGS 光谱库

美国地质勘探局建立的 USGS 光谱库的种类也较多，包含了涂料、涂层、人造地物、矿物、混合物、植被以及特殊水体等，从光谱条数看，矿物居多，具体见表 3-3。

表 3-3　USGS 光谱库

光谱库文件	地物种类	波长范围/μm	条数/条
coatings_beckman_2240.sli	涂料、涂层	0.350～1.700	1
coatings_beckman_3228.sli	涂料、涂层	0.350～2.680	7
coatings_beckman_3516.sli	涂料、涂层	0.350～2.970	4
coatings_beckman_358.sli	涂料、涂层	0.350～1.700	1
coatings_beckman_440.sli	涂料、涂层	0.350～2.680	7
coatings_beckman_449.sli	涂料、涂层	0.350～2.970	4
manmade_asd_2151.sli	人造地物	0.350～2.500	93
manmade_beckman_479.sli	人造地物	0.210～2.970	2
manmade_beckman_3228.sli	人造地物	0.350～2.680	7

（续表）

光谱库文件	地物种类	波长范围/μm	条数/条
manmade_beckman_3960.sli	人造地物	0.200～2.970	2
manmade_beckman_440.sli	人造地物	0.350～2.680	7
minerals_asd_2151.sli	矿物	0.350～2.500	14
minerals_beckman_3088.sli	矿物	0.400～2.680	36
minerals_beckman_3375.sli	矿物	0.400～2.970	428
minerals_beckman_421.sli	矿物	0.400～2.680	36
minerals_beckman_430.sli	矿物	0.400～2.970	428
mixtures_asd_2100.sli	混合物	0.350～2.440	3
mixtures_asd_2151.sli	混合物	0.350～2.500	43
mixtures_beckman_3088.sli	混合物	0.400～2.680	22
mixtures_beckman_3375.sli	混合物	0.400～2.970	46
mixtures_beckman_421.sli	混合物	0.400～2.680	22
mixtures_beckman_430.sli	混合物	0.400～2.970	46
vegetation_asd_2034.sli	植被	0.415～2.440	19
vegetation_asd_2035.sli	植被	0.414～2.440	11
vegetation_asd_2104.sli	植被	0.356～2.450	90
vegetation_asd_2151.sli	植被	0.350～2.500	11
vegetation_aviris_2138.sli	植被	0.370～2.500	39
vegetation_aviris_213.sli	植被	0.370～2.390	1
vegetation_aviris_217.sli	植被	0.410～2.470	38
vegetation_beckman_3132.sli	植被	0.350～2.590	15
vegetation_beckman_3785.sli	植被	0.260～2.970	15
vegetation_beckman_438.sli	植被	0.350～2.590	15
vegetation_beckman_469.sli	植被	0.270～2.970	15
volatiles_asd_1148.sli	红藻水	0.350～1.490	1
volatiles_asd_2151.sli	冰水混合	0.350～2.500	20
volatiles_beckman_480.sli	海水	0.210～2.970	2
volatiles_beckman_3961.sli	海水	0.210～2.970	2

3. JPL 光谱库

美国喷气推进实验室建立的 JPL 光谱库是纯矿物库，为了反映矿物颗粒大小对光谱反射率的影响，按照矿物粒径范围大小分设 3 个光谱库文件，波长范围均为 0.40～2.5 μm，具体见表 3-4。

表 3-4　JPL 光谱库

光谱库文件	地物种类	粒径/μm	波长范围/μm	条数/条
Jpl1.sli	矿物	<45	0.40～2.50	160
Jpl2.sli	矿物	45～125	0.40～2.50	135
Jpl3.sli	矿物	125～500	0.40～2.50	135

4. JHU 光谱库

约翰斯·霍普金斯大学建立的 JHU 光谱库中有 15 个光谱库文件，包含了常用的植被、岩石、土壤、人造地物、水体等地物，所有地物中矿物居多，具体见表 3-5。

表 3-5　JHU 光谱库

光谱库文件	地物种类	波长范围/μm	条数/条
ign_crs.sli	粗糙火成岩	0.40～14.00	34
ign_fn.sli	精细火成岩	0.40～14.00	33
lunar.sli	月球物质	2.08～14.00	17
manmade1.sli	人造地物	0.42～14.00	14
manmade2.sli	人造地物	0.30～12.50	19
meta_crs.sli	粗糙变质岩	0.40～14.98	25
meta_fn.sli	精细变质岩	0.40～14.98	29
meteor.sli	陨星	2.08～25.04	59
minerals.sli	矿物	2.08～25.04	324
sed_crs.sli	粗糙沉积岩	0.40～14.01	15
sed_fn.sli	精细沉积岩	0.40～14.98	13
snow.sli	雪	0.30～14.00	4
soils.sli	土壤	0.42～14.00	25
veg.sli	植被	0.30～14.00	3
water.sli	水体	2.08～14.00	3

5. IGCP-264 光谱库

由美国科罗拉多大学 CSES 中心、布朗大学、USGS 合作建立的 IGCP-264 光谱库，是利用 5 种光谱仪、采用不同的采样间隔对 27 种地物样本测量得到的（见表 3-6），该光谱库侧重于比较不同光谱分辨率和不同采样间隔对地物光谱特征的影响。

表 3-6　IGCP-264 光谱库

光谱库文件	波长范围/μm	采样间隔/nm	条数/条	波谱仪
igcp-1.sli	0.717～2.506	1.0	27	Beckman 5270 双分光谱仪
igcp-2.sli	0.300～2.600	5.0	27	RELAB 光谱仪
igcp-3.sli	0.400～2.500	2.5	27	单分光可见光/红外线智能光谱仪
igcp-4.sli	0.400～2.500	0.5/0.2	29	Beckman 光谱仪
igcp-5.sli	1.300～2.500	2.5	27	PIMAII 型光谱仪量测获取

6. 其他光谱库

除以上 5 个较大的光谱库之外，还有专门针对一类地物建立的光谱库，比如 Chris Elvidge 植被库、USGS 矿物库和 USGS 植被库，具体见表 3-7。

表 3-7　其他光谱库

来源	光谱库文件	地物种类	波长范围/μm	条数/条
Chris Elvidge 植被库	veg_1dry.sli	干植被	0.4～2.5	74
	veg_2grn.sli	绿色植被	0.4～2.5	25
USGS 矿物库	usgs_min.sli	矿物	0.395 1～2.56	481
USGS 植被库	usgs_veg.sli	植被	0.395 1～2.56	17

另外，典型地物的光谱还可以从高光谱图像中采取样点获取，例如历史高光谱卫星数据以及目前在轨运行的 GF-5 卫星数据，基于这些数据提供的地表反射率更接近实际地物情况，随着 GF-5 卫星积累的数据越来越多，这种地表反射率数据库将为构建真实地表反射率提供极大的支持。实际应用中，也可以根据需求采用地物光谱仪对地物光谱进行测量，提供更为准确的地物反射率。对上述所有经过筛选的地物光谱进行整合、重采样、分类，建立新的光谱库文件，以备后续使用。

3.3.2　光谱匹配因子计算

光谱库中存储的地物光谱是以 1 nm 为间隔在 400～2 500 nm 光谱范围内具有连续反射率值的曲线，而传感器的每个波段在 400～2 500 nm 的光谱范围内的响应情况各不相同，通过每个波段响应区间内的响应值与相应区间内地物反射率值的积分即可获取该区间的等效反射率，反映在图像中就是每个波段范围只有一个反射率，具体如图 3-3 所示。将多源传感器每个波段的光谱响应函数分别按照式（3-12）与光谱库中 4 605 条光谱进行等效计算，获取每个传感器不同地物类别的等效反射率光谱库，也就是说，每个传感器的等效光谱库中均含有 4 605 条等效光谱。

$$\rho_j = \frac{\int_{\lambda_2}^{\lambda_1} R_j(\lambda)\rho(\lambda)\mathrm{d}\lambda}{\int_{\lambda_2}^{\lambda_1} R_j(\lambda)\mathrm{d}\lambda} \tag{3-12}$$

其中，ρ_j 为某一地物波段 j 的等效反射率，λ_1、λ_2 分别为该波段的起止波长，$R_j(\lambda)$ 是波段 j 的响应函数，$\rho(\lambda)$ 对应该波段光谱库的实际反射率值，$R_j(\lambda)$ 和 $\rho(\lambda)$ 是以 1 nm 为间隔的不连续值，其积分通常用累加值替代。

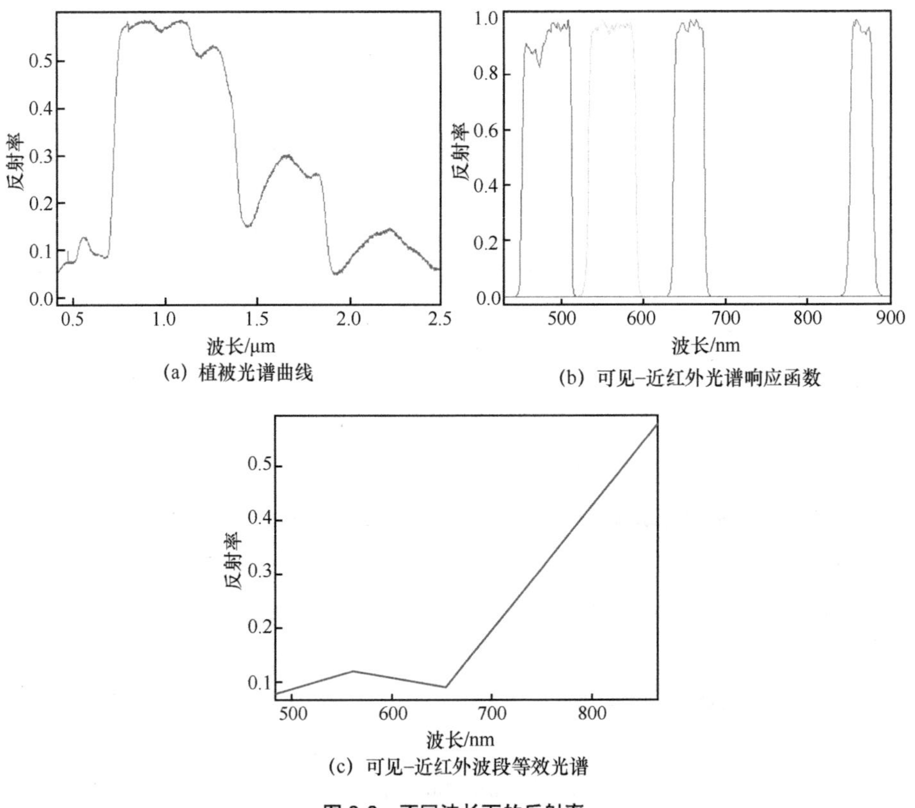

图 3-3　不同波长下的反射率

因传感器光谱响应不同，同一地物反映出的波段等效值也不同，这些不同的等效值之间的比值就组成了光谱匹配因子库，基于此可以实现多源传感器的辐射归一化。

3.3.3 图像与光谱库的匹配转换

不同类别的地物具有不同特征的光谱反射曲线，即便是相同类别的不同地物，其光谱反射曲线也各具特点，所以地物光谱是识别地物、判断地物类型的重要“标签”。光谱匹配是通过计算图像中地物光谱与光谱库参考光谱的相似程度，判断该地物属于哪种类型、同该类型下的哪种地物光谱最为相似的过程。光谱匹配是遥感卫星图像识别地物的一种方法，主要通过对地物光谱与参考光谱的匹配，求算两个光谱反射曲线的相似度来判断地物的归属类别。本节围绕图像光谱和光谱库的匹配问题，介绍最小距离匹配和最小光谱角匹配两种方法。

（1）最小距离匹配

最小距离匹配的原理是：若两种地物的光谱只有细小的差别，则认为这两种地物相似，通过计算待匹配光谱与参考光谱对应波段差值的平方，设置阈值或直接取最小值，选出与待匹配光谱最为相似的参考光谱。最小距离匹配实际上综合考虑了所有波段差值的累加，是差值最小的一种匹配策略。

$$d=\sum_{i=1}^{n}(t_i-r_i)^2 \tag{3-13}$$

其中，t_i 为待匹配光谱，r_i 为参考光谱，n 为波段数。

（2）最小光谱角匹配

最小光谱角匹配的原理是将图像中待匹配地物 n 个波段的反射率看作 n 维空间矢量，将参考光谱对应波段的等效反射率看作另一个 n 维空间矢量，按照式（3-14）计算两个矢量的角度。得到的夹角越小，说明两者光谱曲线的线型越相似，匹配程度越高，但光谱角最小时所有波段差值的累加却不一定最小。在实际应用过程中，常常综合考虑最小距离匹配与最小光谱角匹配两种方法来选择地物。

$$\alpha=\cos^{-1}\left\{\sum_{i=1}^{n}t_i r_i \Big/ \left[\sqrt{\left(\sum_{i=1}^{n}t_i^2\right)}\sqrt{\left(\sum_{i=1}^{n}r_i^2\right)}\right]\right\} \tag{3-14}$$

其中，t_i 为待匹配光谱，r_i 为参考光谱，n 为波段数。

3.3.4 逐像元辐射归一化模型

在传感器成像过程中，每个像元空间范围内对应的实际地物往往是由一种或多种地物混合而成的，每个波段反映出的地物光谱反射率也是一种或多种地物光谱的组合。为了实现基于光谱库的图像与图像之间的转换，需要逐像元地考虑图像光谱与从光谱库中匹配筛选的多条典型地物光谱之间的关系，通过多元线性分析将光谱库中的光谱与图像光谱联系起来，建立光谱库典型地物光谱与图像光谱之间的转换模型。

为了得到典型地物的丰度图像，采用完全约束最小二乘约束对待归一化的图像进行线性分解。每种典型地物丰度图像的像元值表示该典型地物在每个像元中所占的比例，而每个混合像元的光谱则是几种典型光谱与丰度的线性组合[15-18]。最小二乘约束的原则是像元内每种端元的取值为 0～1，总和为 1，即

$$\sum w_i = 1,\ w_i \in [0,1] \tag{3-15}$$

参照光谱解混原理，利用光谱库中匹配得到的典型地物的标准光谱表示图像像元的地物光谱，通过统计分析和多元线性回归分析可实现图像实际光谱到光谱库典型地物光谱的转换。假设 $\rho_n(\rho_{n1},\rho_{n2},\cdots,\rho_{ni})$ 为待归一化图像各波段各像元的光谱集合，i 代表图像中像元的位置序号，n 为波段号，$s_n(s_{1n},s_{2n},\cdots,s_{kn})$ 表示从光谱库中经匹配分析获取的代表光谱在波段 n 处等效值的集合，k 表示典型代表光谱的数量，那么待归一化图像中每个波段每个像元的多元线性回归表达式为

$$\rho_{ni} = a_{0i} + w_{1i}s_{1ni} + w_{2i}s_{2ni} + \cdots + w_{ki}s_{kni} \tag{3-16}$$

其中，w_{ki} 表示第 k 种典型地物光谱在像元 i 处所占的权重，表示光谱库中某一匹配光谱占目标图像实际像元光谱的比重；s_{kni} 表示第 k 条光谱在波段 n 处像元 i 的等效值。各典型光谱经匹配因子 g_{kn} 按式（3-17）调整。

$$l_{kNi} = g_{kn}s_{kni} \tag{3-17}$$

然后按像元顺序组合，得到归一化之后各波段各像元点的光谱集合 $\rho_N(\rho_{N1},\rho_{N2},\cdots,\rho_{Ni})$，即

$$\rho_{Ni} = b_{0i} + w_{1i}l_{1Ni} + w_{2i}l_{2Ni} + \cdots + w_{ki}l_{kNi} \tag{3-18}$$

3.4　应用案例

3.4.1　Landast-8 OLI 与 Sentinel-2A MSI 辐射归一化

1. 研究区与数据预处理

本节所采用的数据源是内蒙古中东部达里诺尔湖附近区域准同步过境的 Sentinel-2A（S2）MSI 以及 Landsat-8（L8） OLI，成像时间分别是在 2017 年 7 月 17 日 3:05:41 和 2:58:44，相差约 7 min，研究区地理位置如图 3-4 所示。

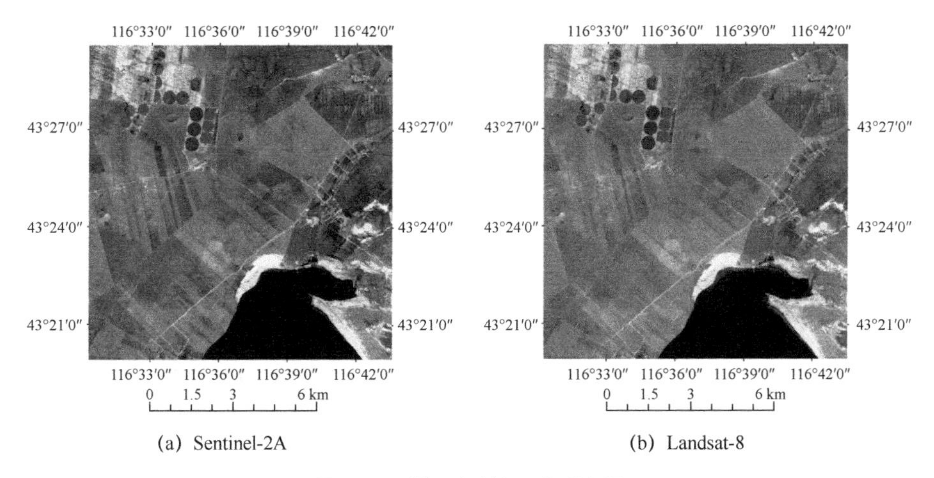

(a) Sentinel-2A　(b) Landsat-8

图 3-4　逐像元辐射归一化研究区

两个遥感器具有相似波段，图 3-5 显示了二者在相似波段的光谱响应函数曲线。从总体上看，Landsat-8 的光谱响应函数曲线相对平缓、形状接近方波或者高斯函数，而 Sentinel-2A 的光谱响应函数曲线平滑性较差，特别是蓝波段、绿波段、红波段波动较大，Sentinel-2A 在 447 nm、553 nm、662 nm 附近还存在谷峰；两者的光谱响应范围具有小幅度偏差，比如蓝、红波段的响应范围有些错位，绿波段 Landsat-8 响应波段范围比 Sentinel-2A 宽，Sentinel-2A 有两个近红外波段，波宽较窄的 8a 波段与 Landsat-8 相似。

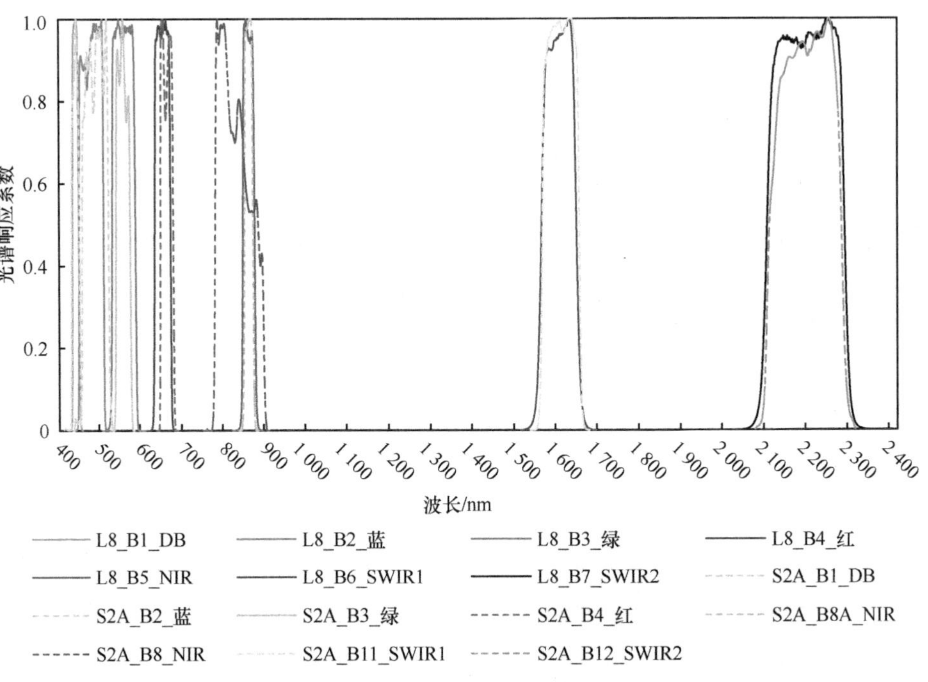

图 3-5　Landsat-8 OLI 与 Sentinel-2A MSI 的光谱响应函数曲线（彩色图见附录图 3-5）

数据预处理主要包括大气校正、无效值掩膜、空间重采样、裁剪等。采用欧洲航天局官方提供的 L2A_AtmCorr 算法反演得到 Sentinel-2A MSI 地表反射率图像，其中气溶胶和水汽的反演分别基于改进的 DDV 算法以及 APDA 算法，校正得到的地表反射率产品以整型存储，放大系数为 10 000，有效值范围为 0～10 000。Landsat-8 OLI 图像采用美国国家航空航天局官方提供的 LaSRC 大气校正算法进行大气校正，该算法基于 MODIS 大气产品提供的参数辅助实现地表反射率计算，地表反射率数值放大系数为 10 000，有效值范围为 0～10 000。无效值对图像归一化以及后续分析并无意义，对 S2 与 L8 图像上无效反射率值进行掩膜处理。然后将 S2 的蓝、绿、红波段 10 m 与近红外 20 m 的空间分辨率采用像素聚合方法重采样到与 L8 相同的空间分辨率，根据二者的图像重叠情况，从配准好的两图像中裁剪出 600×600 像元大小的图像作为研究区，包含浓密植被、草地、高亮白沙地、水体等主要地物。

2. 典型地物解混

根据图像中的地物类别，选取植被、草地、高亮白沙地、水体 4 种典型地物作为端元，光谱曲线如图 3-6 所示。

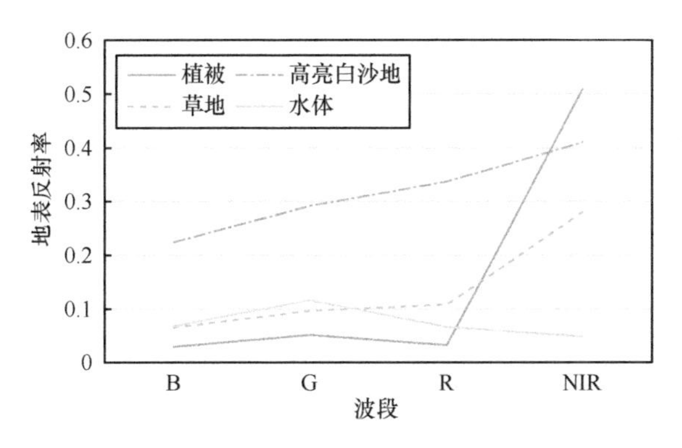

图 3-6　典型地物作为端元的光谱曲线

综合采用最小距离及光谱角法在等效光谱库中进行匹配，得到与典型地物光谱最相似的标准地物光谱，并将其等效值作为输入对 Sentinel-2A MSI 图像进行解混，得到的丰度图像如图 3-7 所示，可以看出，各典型地物的代表性可以较好地体现出来。

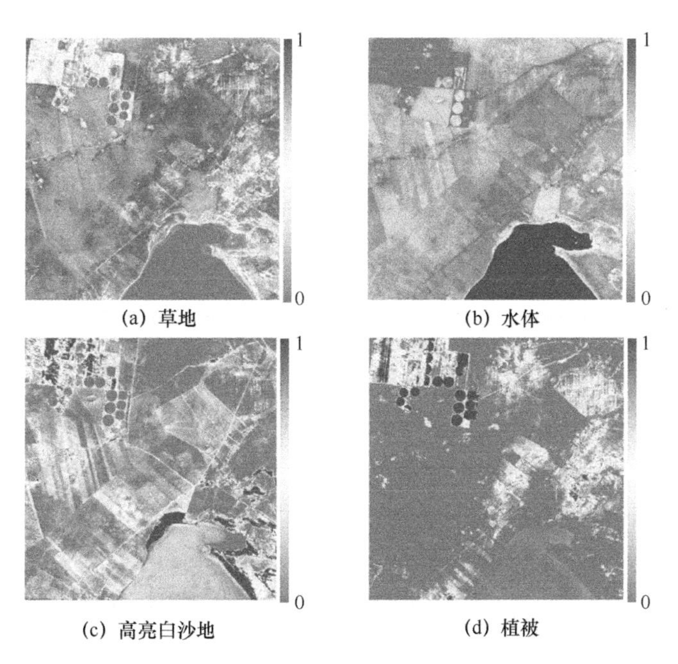

图 3-7　典型地物的丰度图像

3. 结果与分析

基于 4 种典型地物的丰度图像以及依据光谱库计算的匹配因子库，按照式（3-18）逐像元校正组合之后计算得到归一化之后的 Sentinel-2A 图像。为了进行对比，以 Landsat-8 为参考基准，分别与上述辐射归一化结果、原始 S2 图像和利用 HLS 系数校正归一化后的结果进行散点回归分析，如图 3-8 所示。散点图中实线为线性拟合线，虚线为 $y=x$，拟合方程、R^2、RMSE 统计见表 3-8。

可以看出，虽然 Sentinel-2A MSI 与 Landsat-8 OLI 的波段设置相似，选取的图像对成像时间仅相差 7 min，大气条件接近，地物类型也相同，但是经过各自官方的大气校正算法反演的地表反射率图像却具有差异。对比原始的 Sentinel-2A 地表反射率图像，发现未归一化的 Sentinel-2A VNIR 波段地表反射率比 Landsat-8 偏高，蓝波段最为明显，且从蓝波段到近红外波段，这种偏高的趋势依次递减，相关性逐渐增加，各波段的 R^2 依次为 0.805 9、0.935 2、0.961 1、0.991 2。可见，随着波长的增加，两传感器图像反演得到的地表反射率更加相近，受大气校正方法差异以及辐射响应差异的影响越来越小。但将图像中各地物类型分开来看，并不是所有地物所有波段的 Sentinel-2A 地表反射率均比 Landsat-8 高，比如植被区红波段 Sentinel-2A 的地表反射率比 Landsat-8 低，而其余 3 个波段则相反，不同类型地物在 4 个波段表现出了不同的情况。

表 3-8　各波段相关性分析

波段	L8 与 HLS 系数校正后的 S2			L8 与归一化 S2		
	回归方程	R^2	RMSE	回归方程	R^2	RMSE
蓝	y=1.105 1x−0.010 8	0.806 0	0.009 2	y=1.040 0x−0.004 7	0.813 2	0.008 4
绿	y=1.188 5x−0.015 8	0.935 1	0.006 6	y=1.178 9x−0.015 3	0.936 8	0.006 5
红	y=1.160 2x−0.011 7	0.961 1	0.007 1	y=1.149 0x−0.006 7	0.959 5	0.007 2
VNIR	y=1.056 2x−0.000 7	0.991 2	0.007 5	y=1.054 1x	0.991 2	0.007 5

HLS 计划下的光谱通道归一化系数是通过拟合模拟的 Landsat-8 和 Sentinel-2 地表反射率得到的。从中间的散点图可以看出，同原始图像一样，经 HLS 系数校正归一化的图像的 R^2 随波长的增加而增大，相比于原始图像，蓝波段相关性有细微的提高，红、近红外波段保持不变，绿波段降低。其次，与原始图像相比，归一化后两幅图像 RMSE 数值几乎没有变化。综合来看，经 HLS 系数校正归一化之后，蓝、红波段效果有所改善，但并不明显，近红外波段无变化，绿波段引入了额外误差，这可能是因为 HLS 系数校正针对的是相对一致的大气校正方法。

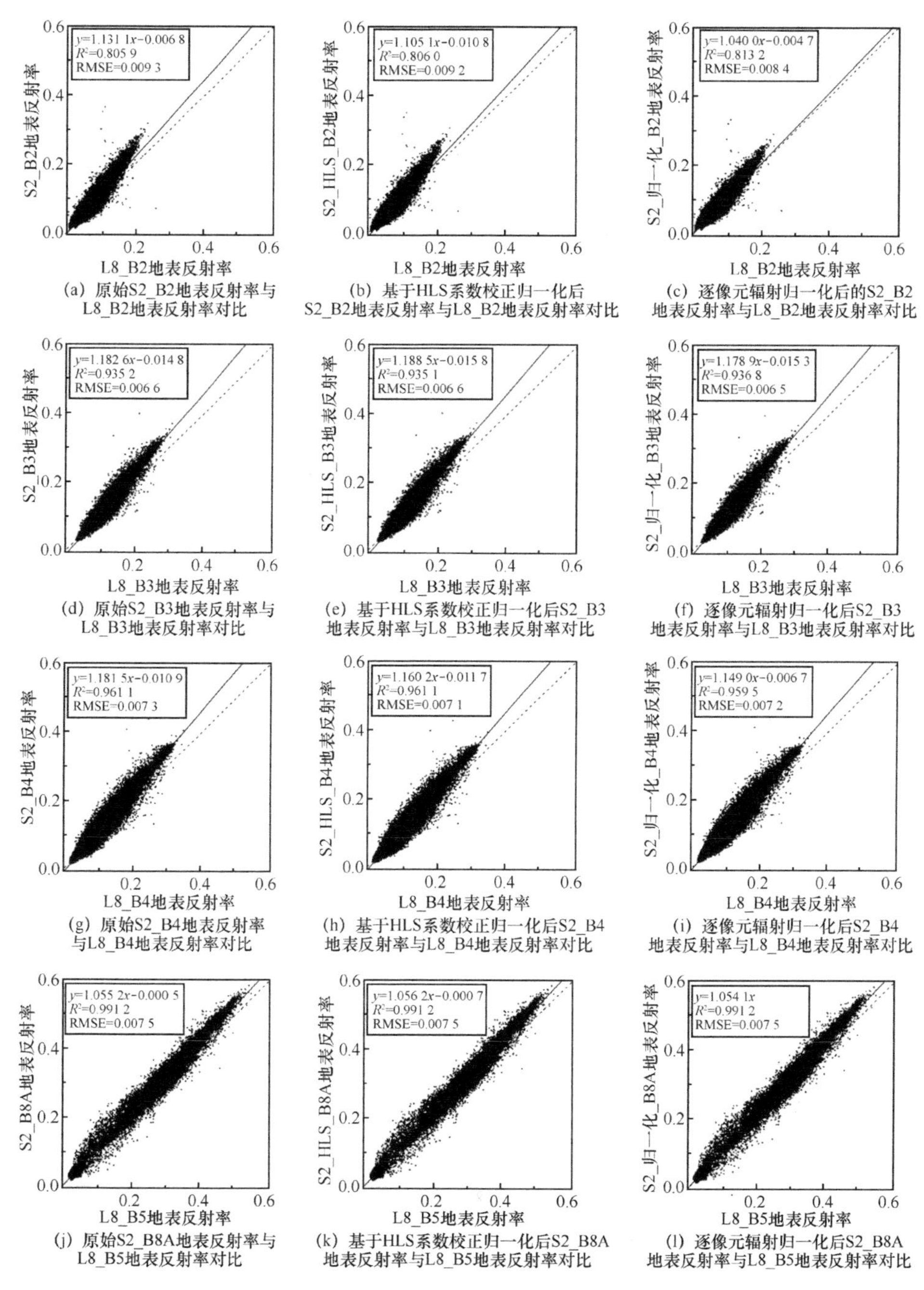

图 3-8　S2 和 L8 对应波段地表反射率散点图

逐像元辐射归一化后的 Sentinel-2A VNIR 4 个波段从 R^2、RMSE、拟合系数 3 个方面看，都更接近于参考图像，辐射一致性明显增强。与原始图像相比，蓝、绿波段的 R^2 均有所提高，蓝波段的提高最为明显，红波段降低，近红外波段不变。两幅图像在各个波段 RMSE 在归一化前后的数值几乎没有变化。从拟合方程上看，经逐像元辐射归一化后各波段的斜率更接近于 1，蓝、绿、红、近红外波段的斜率分别由原来的 1.131 1、1.182 6、1.181 5、1.055 2 降低到 1.040 0、1.178 9、1.149 0、1.054 1。相对于一个波段所有像元均采用同样的归一化系数校正的方法，本文提出的通过匹配因子调整的逐像元辐射归一化方法可以在一定程度上减少传感器之间的差异，增强多源传感器之间的辐射一致性，有利于遥感图像的综合利用。

3.4.2 基于 GF-5 地物光谱的 GF-1 与 GF-6 辐射归一化

1. 数据

基于前述光谱响应归一化原理，以经过大气校正和正射纠正的 GF-5 高光谱反射率图像为基础，采集地物光谱作为真实的地物光谱库，将图像中的地物大致分为植被、土壤、建筑物 3 类，每种地物分别采集 80 个样本点，获取每个样本点的连续光谱。裁剪雄安新区附近 GF-1 与 GF-6 相同区域作为研究区，将 GF-6 归一化至 GF-1，数据源详情见表 3-9。

表 3-9 数据源参数

卫星	传感器	分辨率/m	波段数/个	波长范围	成像时间
GF-5	AHSI	30	320	VNIR/SWIR	2019 年 4 月 1 日
GF-1	PMS2	2	5	VNIR	2018 年 4 月 9 日
GF-6	PMS2	2	5	VNIR	2019 年 4 月 3 日

2. GF-5 图像大气校正

GF-5 的 VNIR 的 150 个波段与 SWIR 的 180 个波段以两个文件存储，而大气校正时需要进行水汽反演，将两者合并、剔除无效值波段以及波长重合波段后，剩余 302 个波段，这些波段包含了可见光到短波红外的波长范围。采用 ENVI 中的大气校正模块 FLAASH 对经过正射纠正的 GF-5 图像的 302 个波段进行大气校正，获取地物的反射率数据，FLAASH 校正过程参数设置示意如图 3-9 所示，校正结果如图 3-10 所示。

图 3-9　FLAASH 校正过程的参数设置示意

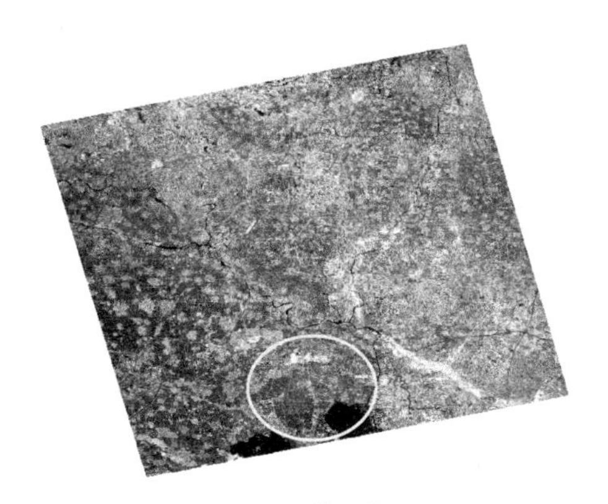

图 3-10　校正结果

3. GF-1 与 GF-6 辐射归一化

GF-1 与 GF-6 归一化研究区如图 3-11 所示，依据第 3.1～3.3 节归一化过程对 GF-6 进行归一化。GF-1 与 GF-6 的 PMS2 的光谱响应函数如图 3-12 所示，为减少光谱响应函数带来的差异，将两者的光谱响应函数分别与 GF-5 中 240 个样本地物光谱进行卷积计算得到等效光谱，经过线性拟合计算得到对应地物的光谱匹配因子，用于两者地表反射率归一化。

典型地物植被和建筑的地表反射率对比如图 3-13 所示。归一化前 GF-1 和 GF-6 两者植被区的光谱曲线存在较大差异，经光谱归一化后的 GF-1 和 GF-6 的植被光谱在蓝波段和近红波段明显改善、形状更加接近，绿波段和红波段出现略微的过校正现象。从建筑区的光谱曲线看，建筑区各波段之间的辐射差异明显减小，归一化效果较好。从整体效果来看，归一化后的 GF-6 图像与 GF-1 图像之间的辐射一致性明显提高。

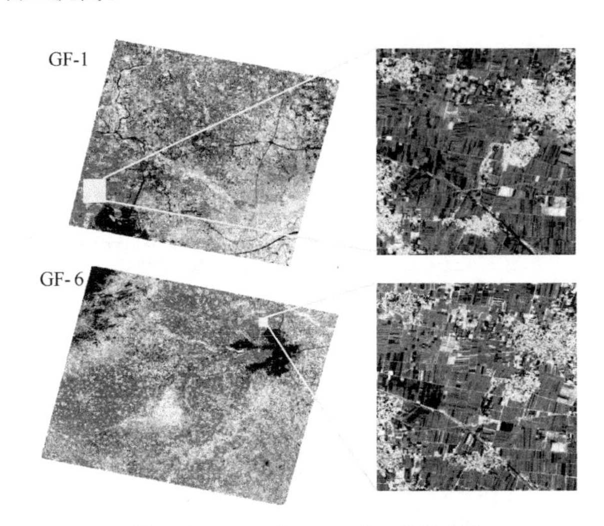

图 3-11　GF-1 与 GF- 6 归一化研究区

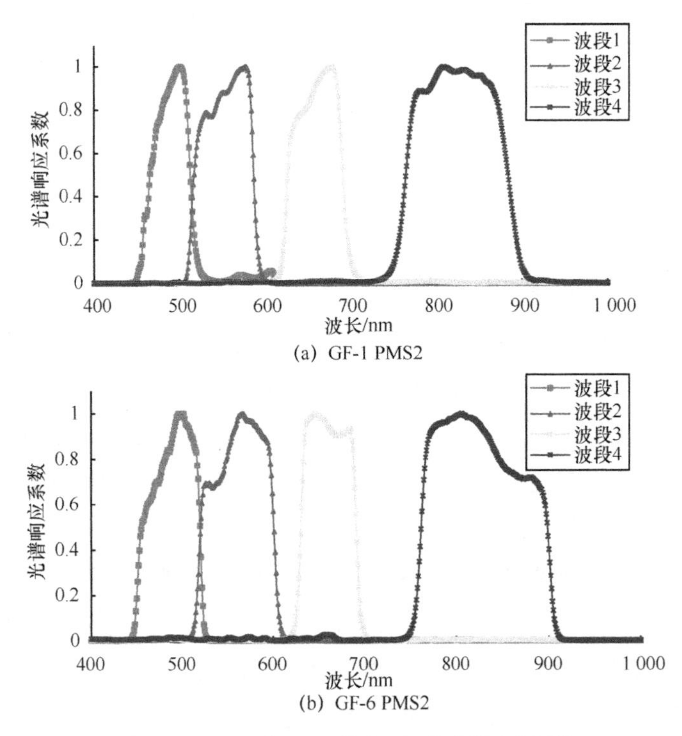

图 3-12　GF-1 与 GF-6 的 PMS2 的光谱响应函数

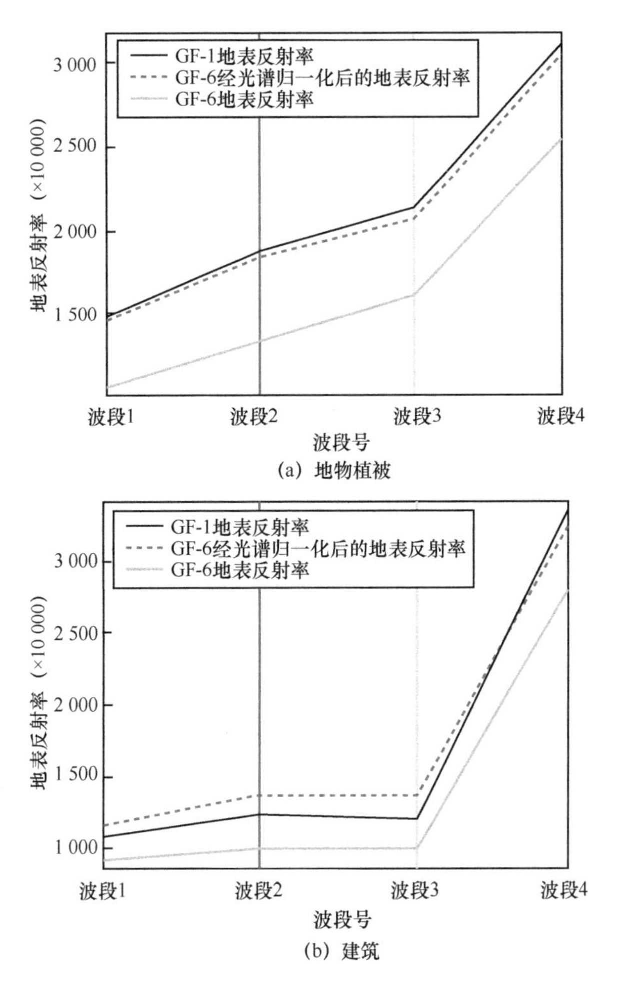

(a) 地物植被

(b) 建筑

图 3-13　典型地物植被和建筑的地表反射率对比

3.5　本章小结

由于设计用途及指标不同，不同传感器在空间分辨率、光谱分辨率、时间分辨率等方面均有较大差异，受多种因素影响，不同传感器获得的遥感卫星图像数据经过大气校正得到的地表反射率也不尽相同。随着中高分辨率卫星在轨运行数量和种类的增加，多源中高分辨率卫星数据的综合定量应用对数据的辐射一致性提出了更高要求，解决中高分辨率遥感数据辐射归一化的特殊性及关键问题也成为辐射归一化的研究重点。本章针对多源中高分辨率数据辐射归一化进行了系统介绍，包括大气校正和基于地表反射率图像进行辐射归一化的计算过程，并以采用 Sentinel-2A 与 Landast-8 OLI 辐射归一化、基于 GF-5 地物光谱的 GF-1 与 GF-6 辐射归一化为例展示了归一化效果。

参考文献

[1] HONG G, ZHANG Y. A comparative study on radiometric normalization using high resolution satellite images[J]. International Journal of Remote Sensing, 2008, 29(2): 425-438.

[2] CANTY M J, NIELSEN A A, SCHMIDT M. Automatic radiometric normalization of multitemporal satellite imagery[J]. Remote Sensing of Environment, 2004, 91(3/4): 441-451.

[3] CANTY M J, NIELSEN A A. Automatic radiometric normalization of multitemporal satellite imagery with the iteratively re-weighted MAD transformation[J]. Remote Sensing of Environment, 2008, 112(3): 1025-1036.

[4] CLAVERIE M, JU J, MASEK J G, et al. The harmonized Landsat and Sentinel-2 surface reflectance data set[J]. Remote Sensing of Environment, 2018, 219: 145-161.

[5] 李海巍. 中高分辨率多源遥感图像辐射归一化方法研究[D]. 长沙: 中南大学, 2015.

[6] GAO B C, HEIDEBRECHT K B, GOETZ A F H. Derivation of scaled surface reflectances from AVIRIS data[J]. Remote Sensing of Environment, 1993, 44(2/3): 165-178.

[7] KAUFMAN Y J, WALD A, REMER L, et al. The MODIS 2.1 μm channel-correlation with visible reflectance for use in remote sensing of aerosol[J]. IEEE Transactions on Geoscience and Remote Sensing, 1997, 35: 1-13.

[8] HSU N C, TSAY S C, KING M D, et al. Aerosol properties over bright-reflecting source regions[J]. IEEE Transactions on Geoscience and Remote Sensing, 2004, 42(3): 557-569.

[9] HSU N C, TSAY S C, KING M D, et al. Deep blue retrievals of Asian aerosol properties during ACE-Asia[J]. IEEE Transactions on Geoscience and Remote Sensing, 2006, 44(11): 3180-3195.

[10] RICHTER R, SCHLAPFER D, MULLER A. An automatic atmospheric correction algorithm for visible/NIR imagery[J]. International Journal of Remote Sensing, 2006, 27(10): 2077-2085.

[11] MASEK J G, VERMOTE E F, SALEOUS N E, et al. A Landsat surface reflectance dataset for north America[J]. IEEE Geoscience and Remote Sensing Letters, 2006, 3(1): 68-72.

[12] ROY D P, QIN Y, KOVALSKYY V, et al. Conterminous United States demonstration and characterization of MODIS-based Landsat ETM + atmospheric correction[J]. Remote Sensing of Environment, 2014, 140: 433-449.

[13] 苏伟, 张明政, 蒋坤萍, 等. Sentinel-2 卫星图像的大气校正方法[J]. 光学学报, 2018, 38(1): 322-331.

[14] LOUIS J. S2-PDGS-MPC-L2A-PDD-V14. 2[EB]. 2018.

[15] VERMOTE E, JUSTICE C, CLAVERIE M, et al. Preliminary analysis of the performance of the Landsat-8/OLI land surface reflectance product[J]. Remote Sensing of Environment, 2016, 185: 46-56.

[16] ADAMS J B, SMITH M O, JOHNSON P E. Spectral mixture modeling: a new analysis of rock and soil types at the viking lander 1 site[J]. Journal of Geophysical Research: Solid Earth, 1986, 91(B8): 8098-8112.

[17] KESHAVA N, MUSTARD J F. Spectral unmixing[J]. IEEE Signal Processing Magazine, 2002, 19(1): 44-57.

[18] 陈晋, 马磊, 陈学泓, 等. 混像元分解技术及其进展[J]. 遥感学报, 2016, 20(5): 1102-1109.

第 4 章 空谱信息协同的高光谱图像降维理论与方法

高光谱图像中含有丰富的空间光谱（空谱）信息，并且由于入射光与地物复杂作用的影响，图像中还包含明显的非线性特征。传统的核最小噪声分数（Kernel Minimum Noise Fraction，KMNF）变换方法虽然取得了一定的数据降维效果，但是由于在噪声估计时仅利用了空间信息，并不能为KMNF 变换方法提供稳定和精确的噪声估计结果，从而影响了其数据降维的性能。本章立足于高光谱图像的空谱相关性，分别从基于空间分块的空谱去相关、基于 *K*-means 聚类的图像空间分割与光谱去相关以及基于超像元的空间分割与光谱去相关 3 个方面，为 KMNF 变换提供更为可靠的噪声估计结果，并在此基础上提出基于超像元分割及核最小噪声分数的降维分类一体化算法，实现数据降维与分类的高效同步处理。

4.1 基于空谱去相关分析的核最小噪声分数变换方法

4.1.1 主成分分析算法原理

高光谱图像在展现其重要应用价值的同时，也为图像处理和信息提取带来了新的挑战[1]。高光谱数据波段多，相邻波段之间存在很强的相关性，这使得高光谱数据在一定程度上存在数据冗余现象，而且高光谱图像通常数据量较大，这为图像处理和信息提取带来了压力，数据的膨胀也使计算机处理载荷大幅增加[2]。另外，由于传感器仪器的误差和其他环境因素的影响,高光谱图像获取的信息不可避免地会包含部分噪声，使得获取的高光谱图像信息存在一定程度的“失真”[3]。为了解决上述问题，需要进行高光谱图像的数据降维，以压缩数据量，减小计算机处理负担，提高运算效率，同时简化和优化高光谱图像特征，抑制噪声，最大限度地保留图像有效信息[4-5]。因此，研究数据降维对于高效利用高光谱图像具有重要意义[6-9]。

数据降维以简化和优化图像特征为目的，利用低维数据来有效地表达高维数据的信息，同时也压缩了数据量，更有利于目标信息的高精度快速提取[8-9]。在高光谱图像（诸如像元解混、地物分类[10-12]、目标探测等）的信息提取中，为了提高运算效率或者减少误差，一般也需要先进行数据降维[13-16]。因此，数据降维是高光谱处

理领域的一个研究热点[3,17]。

主成分分析（Principal Component Analysis，PCA）算法是高光谱图像最基础的数据降维方法，该方法以信息量为变换指标，将原始数据利用线性映射变换到新的特征空间，变换后的各成分之间彼此不相关，并且随着成分编号的增大信息量逐渐降低[3,18]。

可将包含 n 个像元 b 个波段的高光谱图像 $\boldsymbol{X}$ 表示为 $\boldsymbol{X}=[\boldsymbol{x}_1,\boldsymbol{x}_2,\cdots,\boldsymbol{x}_b]^{\mathrm{T}}$ 的 b 行 n 列的矩阵，为了后期运算方便，通过运算 $\boldsymbol{X}-\boldsymbol{E}(\boldsymbol{X})$ 使得 $\boldsymbol{X}$ 的行向量组的均值向量为 $\boldsymbol{0}$[3]。则利用变换矩阵 $\boldsymbol{A}=[\boldsymbol{a}_1,\boldsymbol{a}_2,\cdots,\boldsymbol{a}_b]$ 对 $\boldsymbol{X}$ 进行线性变换可得

$$\boldsymbol{Y}=\boldsymbol{AX}=\begin{bmatrix}\boldsymbol{y}_1\\\boldsymbol{y}_2\\\vdots\\\boldsymbol{y}_b\end{bmatrix}=\begin{bmatrix}\boldsymbol{a}_1^{\mathrm{T}}\boldsymbol{X}\\\boldsymbol{a}_2^{\mathrm{T}}\boldsymbol{X}\\\vdots\\\boldsymbol{a}_b^{\mathrm{T}}\boldsymbol{X}\end{bmatrix}=\begin{bmatrix}a_{11}x_1+a_{21}x_2+\cdots+a_{b1}x_b\\a_{12}x_1+a_{22}x_2+\cdots+a_{b2}x_b\\\vdots\\a_{1b}x_1+a_{2b}x_2+\cdots+a_{bb}x_b\end{bmatrix} \tag{4-1}$$

其中，$\boldsymbol{Y}=[\boldsymbol{y}_1,\boldsymbol{y}_2,\cdots,\boldsymbol{y}_b]^{\mathrm{T}}$ 为 $\boldsymbol{X}$ 经线性变换后的矩阵，令高光谱图像 $\boldsymbol{X}$ 的协方差矩阵 $\boldsymbol{D}(\boldsymbol{X})=\boldsymbol{\Sigma}$，则各向量的方差为

$$\mathrm{Var}\{\boldsymbol{y}_i\}=\boldsymbol{a}_i^{\mathrm{T}}\boldsymbol{\Sigma}\boldsymbol{a}_i,\ \ i=1,2,\cdots,b \tag{4-2}$$

各向量之间的协方差为

$$\mathrm{Cov}\{\boldsymbol{y}_i,\boldsymbol{y}_j\}=\boldsymbol{a}_i^{\mathrm{T}}\boldsymbol{\Sigma}\boldsymbol{a}_j,\ \ i=1,2,\cdots,b \tag{4-3}$$

PCA 降维后要求图像的信息量按照主成分编号的增加而降低，因此，降维后的第一主成分 $\boldsymbol{y}_1$ 应包含最大的信息量，即 $\mathrm{Var}\{\boldsymbol{y}_1\}$ 最大，同时 $\boldsymbol{a}_1^{\mathrm{T}}\boldsymbol{a}_1=1$[3]。第二主成分信息与第一主成分信息不相关，且在剩余主成分中信息量最大，即，此时 $\mathrm{Var}\{\boldsymbol{y}_2\}$ 最大，且 $\mathrm{Cov}\{\boldsymbol{y}_2,\boldsymbol{y}_1\}=\boldsymbol{a}_2^{\mathrm{T}}\boldsymbol{\Sigma}\boldsymbol{a}_1=0$。同理可得到剩余主成分。主成分变换示意如图 4-1 所示。

PCA 第一主成分 $\boldsymbol{y}_1=\boldsymbol{a}_1^{\mathrm{T}}\boldsymbol{X}$ 的求解问题，实质是条件极值问题[3]，即在 $\boldsymbol{a}_1^{\mathrm{T}}\boldsymbol{a}_1=1$ 的条件下，$\mathrm{Var}\{\boldsymbol{y}_1\}$ 达到最大值，求解 $\boldsymbol{a}_1=[a_{11},a_{21},\cdots,a_{b1}]^{\mathrm{T}}$。

利用拉格朗日乘数法，构造函数

$$\boldsymbol{\varphi}(\boldsymbol{a}_1)=\mathrm{Var}\{\boldsymbol{a}_1^{\mathrm{T}}\boldsymbol{X}\}-\lambda(\boldsymbol{a}_1^{\mathrm{T}}\boldsymbol{a}_1-1)=\boldsymbol{a}_1^{\mathrm{T}}\boldsymbol{\Sigma}\boldsymbol{a}_1-\lambda(\boldsymbol{a}_1^{\mathrm{T}}\boldsymbol{a}_1-1) \tag{4-4}$$

求解

$$\begin{cases}\dfrac{\partial\boldsymbol{\varphi}}{\partial\boldsymbol{a}_1}=2(\boldsymbol{\Sigma}-\lambda\boldsymbol{I})\boldsymbol{a}_1=0\\[2ex]\dfrac{\partial\boldsymbol{\varphi}}{\partial\lambda}=\boldsymbol{a}_1^{\mathrm{T}}\boldsymbol{a}_1-1=0\end{cases} \tag{4-5}$$

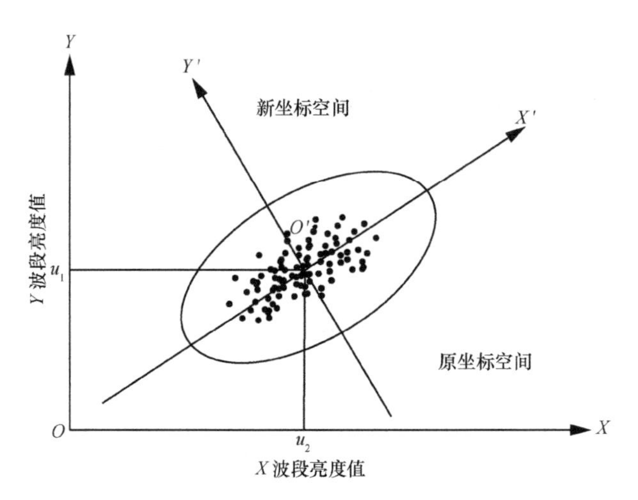

图 4-1　主成分分析变换示意

由于$\boldsymbol{a}_1 \neq \boldsymbol{0}$，所以$\left|\boldsymbol{\Sigma} - \lambda \boldsymbol{I}\right| = 0$，因此可以得出，求解式（4-5）等价于求解$\boldsymbol{\Sigma}$的特征值和特征向量。通常情况下认为$\lambda = \lambda_1$为$\boldsymbol{\Sigma}$的最大特征值，$\boldsymbol{a}_1$为$\lambda_1$对应的特征向量，则高光谱图像$\boldsymbol{X}$经 PCA 变换后的第一主成分为$\boldsymbol{y}_1 = \boldsymbol{a}_1^{\mathrm{T}} \boldsymbol{X}$。同理，通过求解$\boldsymbol{\Sigma}$对应的第 i 大的特征值λ_i对应的单位特征向量$\boldsymbol{a}_i$，可以得到高光谱图像$\boldsymbol{X}$经 PCA 变换后的第 i 主成分$\boldsymbol{y}_i = \boldsymbol{a}_i^{\mathrm{T}} \boldsymbol{X}$。

PCA 变换可以有效地降低数据维度，最大限度地保存原有图像信息，并且变换后的信息主要集中在前几个主成分中；但是 PCA 降维后并不能保证图像成分按质量排序[3]，PCA 变换后的主成分图像如图 4-2 所示。

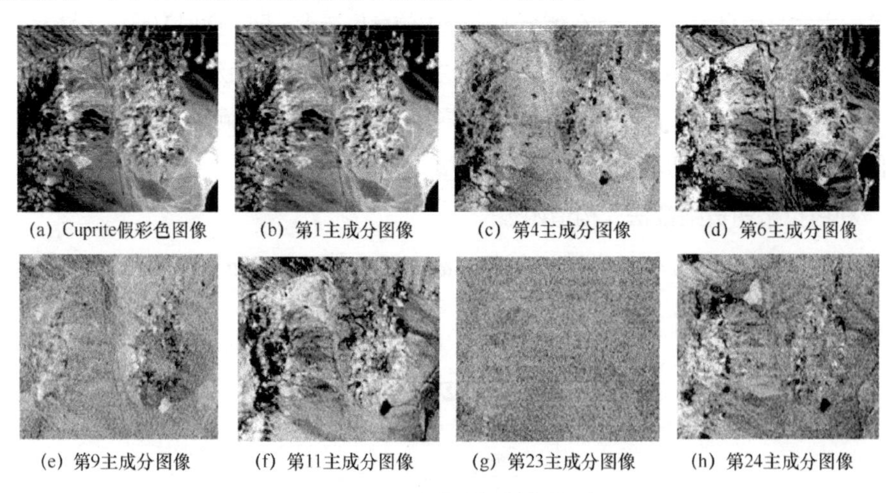

(a) Cuprite假彩色图像　(b) 第1主成分图像　(c) 第4主成分图像　(d) 第6主成分图像

(e) 第9主成分图像　(f) 第11主成分图像　(g) 第23主成分图像　(h) 第24主成分图像

图 4-2　PCA 变换后的主成分图像

以 ENVI 光谱库自带的 Cuprite 数据（$350\times400\times50$）为例，由图 4-2 可知，虽然 PCA 降维后的第 6 主成分、第 11 主成分和第 24 主成分的图像质量高于第 4 主成分、第 9 主成分和第 23 主成分，但是第 6 主成分、第 11 主成分和第 24 主成分的信息量分别小于第 4 主成分、第 9 主成分和第 23 主成分，所以第 6 主成分、第 11 主成分和第 24 主成分的编号分别排在后面。

4.1.2　最小噪声分数变换算法原理

最小噪声分数（Minimum Noise Fraction，MNF）变换是一种较为成熟的，在高光谱数据降维中应用较为广泛的线性降维方法。MNF 变换是以噪声分数（Noise Fraction，NF）为特征变换的评价指标，变换后的成分按照图像质量排序，并且不受噪声分布的影响[4,19]。

在获取高光谱图像的过程中，由于传感器仪器误差以及其他环境因素的影响，得到的高光谱图像数据不可避免地存在一定的噪声。因此，包含 n 个像元 b 个波段的高光谱图像 $\boldsymbol{X}$ 可以表示为 $\boldsymbol{X}=[\boldsymbol{x}_1,\boldsymbol{x}_2,\cdots,\boldsymbol{x}_b]^{\mathrm{T}}$ 的 b 行 n 列的矩阵，同时可以理解为高光谱图像由信号和噪声两部分组成[20-23]，即

$$\boldsymbol{x}(p)=\boldsymbol{x}_{\mathrm{S}}(p)+\boldsymbol{x}_{\mathrm{N}}(p) \tag{4-6}$$

其中，$\boldsymbol{x}(p)$ 指位于 p 处的像元向量，$\boldsymbol{x}_{\mathrm{S}}(p)$ 和 $\boldsymbol{x}_{\mathrm{N}}(p)$ 分别表示包含在 $\boldsymbol{x}(p)$ 中的信号和噪声。对于光学图像，通常认为其信号和噪声是相互独立的[20]。因此，图像 $\boldsymbol{X}$ 的协方差矩阵 $\boldsymbol{S}$ 可以表示为噪声协方差矩阵 $\boldsymbol{S}_{\mathrm{N}}$ 与信号协方差矩阵 $\boldsymbol{S}_{\mathrm{S}}$ 之和：$\boldsymbol{S}=\boldsymbol{S}_{\mathrm{N}}+\boldsymbol{S}_{\mathrm{S}}$。

MNF 变换同 PCA 变换一样，都是一种线性变换，因此，有

$$\boldsymbol{Y}=\boldsymbol{a}_i^{\mathrm{T}}\boldsymbol{X},\quad i=1,\cdots,b \tag{4-7}$$

经线性变换后的各成分相互不相关，即

$$\mathrm{Cov}\{\boldsymbol{y}_i,\boldsymbol{y}_j\}=\boldsymbol{a}_i^{\mathrm{T}}\boldsymbol{\Sigma}\boldsymbol{a}_j=0,\quad i,j=1,2,\cdots,b,\text{且}i\neq j \tag{4-8}$$

对于标准化 $\boldsymbol{a}_i$，有

$$\boldsymbol{a}_i^{\mathrm{T}}\boldsymbol{\Sigma}\boldsymbol{a}_i=1 \tag{4-9}$$

噪声分数定义为噪声协方差矩阵与图像 $\boldsymbol{X}$ 的总协方差矩阵之比，即

$$\boldsymbol{NF}=\boldsymbol{a}^{\mathrm{T}}\boldsymbol{S}_{\mathrm{N}}\boldsymbol{a}/\boldsymbol{a}^{\mathrm{T}}\boldsymbol{S}\boldsymbol{a} \tag{4-10}$$

因此可以得到 MNF 变换为

$$Y = A^{\mathrm{T}} X \tag{4-11}$$

其中，线性变换 $A = [a_1, a_2, \cdots, a_b]$ 为 $S^{-1}S_{\mathrm{N}}$ 的特征向量矩阵，因此

$$S^{-1}S_{\mathrm{N}}A = \Lambda A \tag{4-12}$$

其中，Λ 为特征值对角线矩阵。因此，求解变换向量 a_i 的问题就转变为求解广义特征值特征向量的问题，即广义瑞利熵问题[3]。

$$\det(S_{\mathrm{N}} - \lambda S) = 0 \tag{4-13}$$

由上述表达式可得，变换后第 i 个成分 y_i 的信噪比（Signal to Noise Ratio，SNR）为

$$\mathrm{SNR} = \frac{1}{\lambda_i} - 1 \tag{4-14}$$

经 MNF 降维后，变换后的成分按图像质量排序。对于在图像各波段中噪声分布均匀的图像，MNF 变换后的结果与 PCA 一致；而对于噪声在各波段分布不均匀的高光谱图像，PCA 降维后并不能保证图像成分按质量排序，MNF 变换后的图像成分按质量排序，并且不受噪声分布的影响，MNF 变换后的主成分图像如图 4-3 所示[3]。但是 MNF 变换中均设定数据之间线性相关，这种设定在某些情况下会加入人为噪声，不利于高光谱图像信息的有效提取[3]。

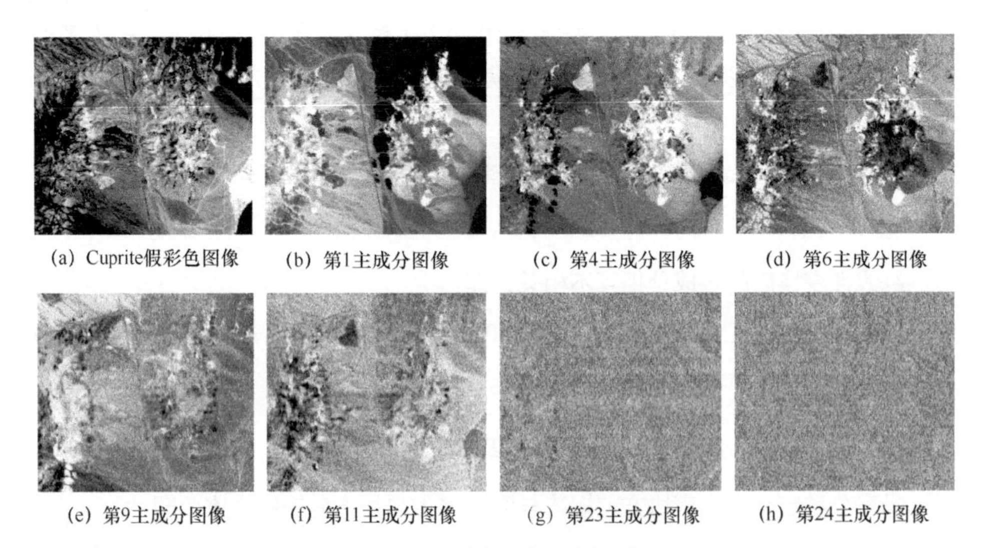

图 4-3 MNF 变换后的主成分图像

4.1.3　核最小噪声分数变换算法原理

核最小噪声分数变换是一种非线性的数据降维方法，该方法在 MNF 基础上，将核方法引入数据降维过程中，利用核函数将数据从原始空间映射到高维特征空间，使得在原始空间内线性不可分的数据，在高维特征空间内实现线性可分[24-26]。

对于包含 n 个像元 b 个波段的高光谱图像 $\boldsymbol{X}$，可以将其表示为 n 行 b 列的矩阵 $\boldsymbol{X}=[\boldsymbol{x}_1,\boldsymbol{x}_2,\cdots,\boldsymbol{x}_b]$。由上一节 MNF 算法原理可知，噪声分数为噪声协方差矩阵与图像 $\boldsymbol{X}$ 的总协方差矩阵之比。即

$$\boldsymbol{NF}=\boldsymbol{a}^{\mathrm{T}}\boldsymbol{S}_{\mathrm{N}}\boldsymbol{a}/\boldsymbol{a}^{\mathrm{T}}\boldsymbol{S}\boldsymbol{a}=\boldsymbol{a}^{\mathrm{T}}\boldsymbol{X}_{\mathrm{N}}^{\mathrm{T}}\boldsymbol{X}_{\mathrm{N}}\boldsymbol{a}/\boldsymbol{a}^{\mathrm{T}}\boldsymbol{X}^{\mathrm{T}}\boldsymbol{X}\boldsymbol{a} \tag{4-15}$$

其中，高光谱数据 $\boldsymbol{X}$ 已通过 $\boldsymbol{X}-\boldsymbol{E}(\boldsymbol{X})$ 运算使得 $\boldsymbol{X}$ 的列向量组的均值向量为 $\boldsymbol{0}$。

最小化 $\boldsymbol{NF}$ 等价于最大化 $1/\boldsymbol{NF}$，即

$$1/\boldsymbol{NF}=\boldsymbol{a}^{\mathrm{T}}\boldsymbol{S}\boldsymbol{a}/\boldsymbol{a}^{\mathrm{T}}\boldsymbol{S}_{\mathrm{N}}\boldsymbol{a}=\boldsymbol{a}^{\mathrm{T}}\boldsymbol{X}^{\mathrm{T}}\boldsymbol{X}\boldsymbol{a}/\boldsymbol{a}^{\mathrm{T}}\boldsymbol{X}_{\mathrm{N}}^{\mathrm{T}}\boldsymbol{X}_{\mathrm{N}}\boldsymbol{a} \tag{4-16}$$

经对偶变换和 $\boldsymbol{a}\propto\boldsymbol{X}^{\mathrm{T}}\boldsymbol{b}$ 参数重置[20,24]，有

$$1/\boldsymbol{NF}=\boldsymbol{b}^{\mathrm{T}}\boldsymbol{X}\boldsymbol{X}^{\mathrm{T}}\boldsymbol{X}\boldsymbol{X}^{\mathrm{T}}\boldsymbol{b}/\boldsymbol{b}^{\mathrm{T}}\boldsymbol{X}\boldsymbol{X}_{\mathrm{N}}^{\mathrm{T}}\boldsymbol{X}_{\mathrm{N}}\boldsymbol{X}^{\mathrm{T}}\boldsymbol{b} \tag{4-17}$$

对 $1/\boldsymbol{NF}$ 进行核化，通过引入非线性投影 $\varPhi:x\rightarrow\varPhi(x)$，有

$$\begin{aligned}1/\boldsymbol{NF}=\ &\boldsymbol{b}^{\mathrm{T}}\varPhi(\boldsymbol{X})\varPhi(\boldsymbol{X})^{\mathrm{T}}\varPhi(\boldsymbol{X})\varPhi(\boldsymbol{X})^{\mathrm{T}}\boldsymbol{b}/\\&\boldsymbol{b}^{\mathrm{T}}\varPhi(\boldsymbol{X})\varPhi(\boldsymbol{X}_{\mathrm{N}})^{\mathrm{T}}\varPhi(\boldsymbol{X}_{\mathrm{N}})\varPhi(\boldsymbol{X})^{\mathrm{T}}\boldsymbol{b}\end{aligned} \tag{4-18}$$

由核函数表达式 $\kappa(x,y)=\langle\varPhi(x),\varPhi(y)\rangle$，可得

$$1/\boldsymbol{NF}=\boldsymbol{b}^{\mathrm{T}}\boldsymbol{\kappa}^2\boldsymbol{b}/\boldsymbol{b}^{\mathrm{T}}\boldsymbol{\kappa}_{\mathrm{N}}\boldsymbol{\kappa}_{\mathrm{N}}^{\mathrm{T}}\boldsymbol{b} \tag{4-19}$$

其中，$\boldsymbol{\kappa}=\varPhi(\boldsymbol{X})\varPhi(\boldsymbol{X})^{\mathrm{T}}$，对应元素为 $\kappa(x_i,x_j)$；$\boldsymbol{\kappa}_{\mathrm{N}}=\varPhi(\boldsymbol{X})\varPhi(\boldsymbol{X}_{\mathrm{N}})^{\mathrm{T}}$，对应元素为 $\kappa(x_i,x_{\mathrm{N}j})$。最大噪声分数求解问题是一种对称广义特征值问题，可以通过求解最大瑞利熵解决。

$$\boldsymbol{\kappa}^2\boldsymbol{b}=\lambda\boldsymbol{\kappa}_{\mathrm{N}}\boldsymbol{\kappa}_{\mathrm{N}}^{\mathrm{T}}\boldsymbol{b} \tag{4-20}$$

$$\boldsymbol{\kappa}^2\boldsymbol{b}=\lambda(\boldsymbol{\kappa}_{\mathrm{N}}\boldsymbol{\kappa}_{\mathrm{N}}^{\mathrm{T}})^{1/2}(\boldsymbol{\kappa}_{\mathrm{N}}\boldsymbol{\kappa}_{\mathrm{N}}^{\mathrm{T}})^{1/2}\boldsymbol{b} \tag{4-21}$$

$$(\boldsymbol{\kappa}_{\mathrm{N}}\boldsymbol{\kappa}_{\mathrm{N}}^{\mathrm{T}})^{-1/2}\boldsymbol{\kappa}^2(\boldsymbol{\kappa}_{\mathrm{N}}\boldsymbol{\kappa}_{\mathrm{N}}^{\mathrm{T}})^{-1/2}[(\boldsymbol{\kappa}_{\mathrm{N}}\boldsymbol{\kappa}_{\mathrm{N}}^{\mathrm{T}})^{1/2}\boldsymbol{b}]=\lambda[(\boldsymbol{\kappa}_{\mathrm{N}}\boldsymbol{\kappa}_{\mathrm{N}}^{\mathrm{T}})^{1/2}\boldsymbol{b}] \tag{4-22}$$

在实际应用中，为了确保变换矩阵的唯一性，通常对噪声分数表达式做正则化处理，引入正则化参数 r，如：$1/\boldsymbol{NF}=\boldsymbol{b}^{\mathrm{T}}[(1-r)\boldsymbol{\kappa}^2+r\boldsymbol{\kappa}]\boldsymbol{b}/\boldsymbol{b}^{\mathrm{T}}\boldsymbol{\kappa}_{\mathrm{N}}\boldsymbol{\kappa}_{\mathrm{N}}^{\mathrm{T}}\boldsymbol{b}$，此处不再

详述。对于包含 n 个像元的高光谱图像，$\boldsymbol{\kappa}$ 和 $\boldsymbol{\kappa}_{\mathrm{N}}$ 的大小为 $n\times n$，核矩阵非常大，通常先在原始图像中随机选取一定比例的像元作为样本，进行核特征值分析，之后将全部像元映射到原始特征向量上。将 $\boldsymbol{x}$ 投影到原始特征向量 $\boldsymbol{a}_i$，则有

$$\boldsymbol{\Phi}(\boldsymbol{x})^{\mathrm{T}}\boldsymbol{a}_i=\boldsymbol{\Phi}(\boldsymbol{x})^{\mathrm{T}}\boldsymbol{\Phi}(\boldsymbol{X})^{\mathrm{T}}\boldsymbol{b}_i=[k(x,x_1),k(x,x_2),\cdots,k(x,x_n)]\boldsymbol{b}_i \tag{4-23}$$

由 KMNF 算法原理可以看出，KMNF 算法可以利用非线性映射 $\boldsymbol{\Phi}(\boldsymbol{x})$ 将输入空间映射到高维特征空间，而且不需要知道 $\boldsymbol{\Phi}(\boldsymbol{x})$ 映射的具体形式，只需给定具体的核函数即可。通过引入核函数，将原始线性 MNF 算法转变为非线性的 KMNF 算法，可以有效提取高光谱图像的非线性特征。

4.1.4 基于空谱去相关分析的核最小噪声分数变换算法原理

基于空谱去相关分析的核最小噪声分数变换方法，也称为优化的核最小噪声分数（Optimal KMNF，OKMNF）变换算法，它在原始 KMNF 变换算法的基础上，通过提高 KMNF 变换算法中噪声分数的计算精度，进而改善 KMNF 变换算法的数据降维效果。KMNF 变换算法的关键是噪声分数的计算，对于给定的高光谱图像，图像的信息量是确定的，因此，噪声估计的准确性直接决定噪声分数的计算精度。遥感图像由信号和噪声两个相互独立的部分组成，而且图像 $\boldsymbol{X}$ 的协方差矩阵 $\boldsymbol{S}$ 可以表示为噪声协方差矩阵 $\boldsymbol{S}_{\mathrm{N}}$ 与信号协方差矩阵 $\boldsymbol{S}_{\mathrm{S}}$ 的和。基于高光谱图像 $\boldsymbol{X}$，利用 $\tilde{x}_k$ 表示图像第 k 个波段所有像元的平均值，可以得到 n 行 b 列的均值矩阵 $\boldsymbol{X}_{\mathrm{mean}}$ 为

$$\boldsymbol{X}_{\mathrm{mean}}=\begin{bmatrix}\tilde{x}_1 & \tilde{x}_2 & \cdots & \tilde{x}_b\\ \tilde{x}_1 & \tilde{x}_2 & \cdots & \tilde{x}_b\\ \vdots & \vdots & & \vdots\\ \tilde{x}_1 & \tilde{x}_2 & \cdots & \tilde{x}_b\end{bmatrix} \tag{4-24}$$

则 $\boldsymbol{X}$ 的中心化矩阵 $\boldsymbol{Z}$ 可以表示为

$$\boldsymbol{Z}=\boldsymbol{X}-\boldsymbol{X}_{\mathrm{mean}} \tag{4-25}$$

图像 $\boldsymbol{X}$ 的协方差矩阵可以表示为

$$\boldsymbol{S}=\boldsymbol{Z}^{\mathrm{T}}\boldsymbol{Z}/(n-1) \tag{4-26}$$

同理，若指定 $\tilde{x}_{\mathrm{N}k}$ 为噪声第 k 波段的均值，那么同样可以得到 n 行 b 列噪声的均值矩阵 $\boldsymbol{X}_{\mathrm{Nmean}}$ 为

$$X_{\text{Nmean}} = \begin{bmatrix} \tilde{x}_{\text{N1}} & \tilde{x}_{\text{N2}} & \cdots & \tilde{x}_{\text{N}b} \\ \tilde{x}_{\text{N1}} & \tilde{x}_{\text{N2}} & \cdots & \tilde{x}_{\text{N}b} \\ \vdots & \vdots & & \vdots \\ \tilde{x}_{\text{N1}} & \tilde{x}_{\text{N2}} & \cdots & \tilde{x}_{\text{N}b} \end{bmatrix} \tag{4-27}$$

则噪声矩阵 $\boldsymbol{X}_{\text{N}}$ 的中心化矩阵 $\boldsymbol{Z}_{\text{N}}$ 可以表示为

$$\boldsymbol{Z}_{\text{N}} = \boldsymbol{X}_{\text{N}} - \boldsymbol{X}_{\text{Nmean}} \tag{4-28}$$

噪声矩阵 $\boldsymbol{X}_{\text{N}}$ 的协方差矩阵 $\boldsymbol{S}_{\text{N}}$ 可以表示成

$$\boldsymbol{S}_{\text{N}} = \boldsymbol{Z}_{\text{N}}^{\text{T}} \boldsymbol{Z}_{\text{N}} / (n-1) \tag{4-29}$$

由噪声分数的定义可知，对于线性组合 $\boldsymbol{a}^{\text{T}} \boldsymbol{z}(p)$，有

$$\boldsymbol{NF} = \boldsymbol{a}^{\text{T}} \boldsymbol{S}_{\text{N}} \boldsymbol{a} / \boldsymbol{a}^{\text{T}} \boldsymbol{S} \boldsymbol{a} = \boldsymbol{a}^{\text{T}} \boldsymbol{Z}_{\text{N}}^{\text{T}} \boldsymbol{Z}_{\text{N}} \boldsymbol{a} / \boldsymbol{a}^{\text{T}} \boldsymbol{Z}^{\text{T}} \boldsymbol{Z} \boldsymbol{a} \tag{4-30}$$

其中，$\boldsymbol{a}$ 表示 $\boldsymbol{NF}$ 的特征向量，$\boldsymbol{NF}$ 的精确计算主要依赖噪声估计结果的准确性。

1. 空谱信息协同的噪声评估

在高光谱数据的实际应用中，原始 KMNF 变换算法并不能得到理想的降维和特征提取效果。通过对原始 KMNF 变换算法原理进行研究，发现该方法仅采用空间邻域信息对噪声进行估计，存在噪声分数计算不准确的问题。KMNF 变换算法主要采用 3×3 像元窗口的空间邻域信息对高光谱图像进行噪声 $\boldsymbol{Z}_{\text{N}}$ 估计。

$$\begin{aligned} n_{i,j,k} &= z_{i,j,k} - \hat{z}_{i,j,k} = \\ &z_{i,j,k} - (-z_{i-1,j-1,k} + 2z_{i,j-1,k} - z_{i+1,j-1,k} + 2z_{i-1,j,k} + \\ &5z_{i,j,k} + 2z_{i+1,j,k} - z_{i-1,j+1,k} + 2z_{i,j+1,k} - z_{i+1,j+1,k}) / 9 \end{aligned} \tag{4-31}$$

其中，$z_{i,j,k}$ 表示位于高光谱图像 $\boldsymbol{Z}$ 第 i 行、j 列、k 波段的像元值，$\hat{z}_{i,j,k}$ 是该像元的估计值，$n_{i,j,k}$ 表示 $z_{i,j,k}$ 的噪声估计值。

仅基于空间信息进行噪声估计，噪声的计算结果不稳定且具有数据选择性[18,27-28]。因为，通常情况下，高光谱图像空间分辨率不高，像元之间的差值除了包含噪声之外，可能还包含图像的信号信息。然而，在高光谱图像中，光谱之间具有较高的相关性。因此，可以在空间信息的基础上加入光谱之间的相关性信息来估计噪声。空间光谱维去相关（Spatial Spectral Dimension Decorrelation，SSDC）算法是一种非常有效的高光谱图像噪声估计算法，该算法利用多元线性回归去除图像空间光谱维相关信息，得到的残差即为噪声估计值[29-31]。研究证明，对于具有不同覆盖类型的高光谱图像，SSDC 算法可以得到真实的噪声估计结果[30]。

在噪声估计过程中，为了降低地面覆盖类型的差异对噪声估计结果的影响，通常将高光谱图像分割成多个不重叠的包含 $w\times h$ 个像元的子块 $\boldsymbol{X}_{\text{sub}}$。在 SSDC 算法中，基于每个像元的多元线性回归表达式如下[29-30]。

$$x_{i,j,k}=a+bx_{i,j,k-1}+cx_{i,j,k+1}+dx_{p,k} \tag{4-32}$$

$$x_{p,k}=\begin{cases}x_{i-1,j,k}, & i>1, j=1\\ x_{i,j-1,k}, & j>1\end{cases} \tag{4-33}$$

其中，$1\leqslant i\leqslant w$，$1\leqslant j\leqslant h$，且 $(i,j)\neq(1,1)$，a、b、c、d 为待求参数，$x_{i,j,k-1}$、$x_{i,j,k+1}$ 分别为 $x_{i,j,k}$ 的光谱维邻域值，$x_{p,k}$ 为 $x_{i,j,k}$ 的空间维邻域值。对于每一个图像子块 $\boldsymbol{X}_{\text{sub}}$ 来说，其多元线性回归模型可以表示为

$$\boldsymbol{X}_{\text{sub}}=\boldsymbol{B\mu}+\boldsymbol{\varepsilon} \tag{4-34}$$

其中，$\boldsymbol{B}$ 为空间光谱邻域矩阵，$\boldsymbol{\mu}$ 为系数矩阵，$\boldsymbol{\varepsilon}$ 为残差值。

$$\boldsymbol{X}_{\text{sub}}=\begin{bmatrix}x_{1,2,k}\\ x_{1,3,k}\\ \vdots\\ x_{w,h,k}\end{bmatrix},\quad \boldsymbol{B}=\begin{bmatrix}1 & x_{1,2,k-1} & x_{1,2,k+1} & x_{1,1,k}\\ 1 & x_{1,3,k-1} & x_{1,3,k+1} & x_{1,2,k}\\ \vdots & \vdots & \vdots & \vdots\\ 1 & x_{w,h,k-1} & x_{w,h,k+1} & x_{w,h-1,k}\end{bmatrix},\quad \boldsymbol{\mu}=\begin{bmatrix}a\\ b\\ c\\ d\end{bmatrix} \tag{4-35}$$

系数矩阵估计值可以通过式（4-36）计算。

$$\hat{\boldsymbol{\mu}}=(\boldsymbol{B}^{\mathrm{T}}\boldsymbol{B})^{-1}\boldsymbol{B}^{\mathrm{T}}\boldsymbol{X}_{\text{sub}} \tag{4-36}$$

信号估计值为

$$\hat{\boldsymbol{X}}_{\text{sub}}=\boldsymbol{B}\hat{\boldsymbol{\mu}} \tag{4-37}$$

最终，可以得到噪声值 $\boldsymbol{N}_{\text{sub}}$ 为

$$\boldsymbol{N}_{\text{sub}}=\boldsymbol{X}_{\text{sub}}-\hat{\boldsymbol{X}}_{\text{sub}} \tag{4-38}$$

噪声估计流程如算法 4.1 所示。

算法 4.1 噪声估计

输入：高光谱图像 $\boldsymbol{X}$，子块大小为 $w\times h$；

步骤 1：利用式（4-32）计算多元线性回归模型的系数 a、b、c、d，$x_{i,j,k}=a+bx_{i,j,k-1}+cx_{i,j,k+1}+dx_{p,k}$；

步骤 2：估计噪声：$n_{i,j,k}=x_{i,j,k}-\hat{x}_{i,j,k}$；

输出：噪声值 $\boldsymbol{N}$。

在实验中，将 SSDC 算法的子块大小设定为 6×6，即 w=6，h=6[32]。

在 SSDC 算法中，多元线性回归模型在考虑相邻光谱维信息的同时只考虑了一个方向的空间邻域信息进行噪声估计，这种计算噪声的方式，未能充分利用空间维信息。为了解决该问题，本节基于 SSDC 算法，介绍两种改进的噪声估计方法：SSDC_1 算法和 SSDC_2 算法。这两种噪声估计方法在多元线性回归模型中充分考虑了空间维信息用于噪声估计。

在 SSDC_1 算法中，多元线性回归模型框架和式（4-32）一致，但是对空间邻域部分 $x_{p,k}$ 进行了改进。

$$x_{p,k}=\begin{cases}(x_{i-1,j,k}+x_{i+1,j,k})/2, & i>1, j=1\\(x_{i,j-1,k}+x_{i,j+1,k})/2, & j>1\end{cases}\tag{4-39}$$

$\boldsymbol{X}_{\mathrm{sub}}$ 和 $\boldsymbol{\mu}$ 与 SSDC 算法中的一致，但是空间光谱邻域矩阵 $\boldsymbol{B}$ 发生了改变，计算式为

$$\boldsymbol{B}=\begin{bmatrix}1 & x_{1,2,k-1} & x_{1,2,k+1} & (x_{1,1,k}+x_{1,3,k})/2\\1 & x_{1,3,k-1} & x_{1,3,k+1} & (x_{1,2,k}+x_{1,4,k})/2\\\vdots & \vdots & \vdots & \vdots\\1 & x_{w,h,k-1} & x_{w,h,k+1} & (x_{w,h-1,k}+x_{w,h+1,k})/2\end{bmatrix}\tag{4-40}$$

在 SSDC_2 算法中，多元线性回归模型如下。

$$x_{i,j,k}=a+bx_{i,j,k-1}+cx_{i,j,k+1}+dx_{i,j-1,k}+ex_{i,j+1,k}\tag{4-41}$$

$\boldsymbol{X}_{\mathrm{sub}}$ 与 SSDC 算法中的一致，但是，$\boldsymbol{\mu}$ 与 $\boldsymbol{B}$ 发生了变化，计算式如下。

$$\boldsymbol{B}=\begin{bmatrix}1 & x_{1,2,k-1} & x_{1,2,k+1} & x_{1,1,k} & x_{1,3,k}\\1 & x_{1,3,k-1} & x_{1,3,k+1} & x_{1,2,k} & x_{1,4,k}\\\vdots & \vdots & \vdots & \vdots & \vdots\\1 & x_{w,h,k-1} & x_{w,h,k+1} & x_{w,h-1,k} & x_{w,h+1,k}\end{bmatrix},\quad \boldsymbol{\mu}=\begin{bmatrix}a\\b\\c\\d\\e\end{bmatrix}\tag{4-42}$$

在 SSDC_1 算法和 SSDC_2 算法中，系数矩阵 $\boldsymbol{\mu}$ 的计算以及噪声值的估计过程和 SSDC 算法一致，此处不再详述。

SSDC_1 算法和 SSDC_2 算法噪声估计流程如算法 4.2 所示。

算法 4.2 SSDC$_1$ 算法和 SSDC$_2$ 算法噪声估计

输入： 高光谱图像 $\boldsymbol{X}$，子块大小 $w \times h$；

步骤 1： 利用式（4-32）和式（4-41）计算多元线性回归模型的系数 a、b、c、d、e，$x_{i,j,k} = a + bx_{i,j,k-1} + cx_{i,j,k+1} + dx_{p,k}$ 或 $x_{i,j,k} = a + bx_{i,j,k-1} + cx_{i,j,k+1} + dx_{i,j-1,k} + ex_{i,j+1,k}$；

步骤 2： 估计噪声：$n_{i,j,k} = x_{i,j,k} - \hat{x}_{i,j,k}$；

输出： 噪声值 $\boldsymbol{N}$。

实验分析了子块大小对于噪声估计结果的影响发现，当子块大小为 4×4 或 5×5 时，部分同质的子块在特定波段具有相似的 DN 值，这使得多元线性回归模型的矩阵求逆是无效的。当子块非常大（例如 15×15 或 30×30）时，部分子块将包含多种不同的地面类型特征，此时，噪声的估计结果变得不精确且不稳定。当子块大小为 6×6 时，可以得到更加真实且稳定的噪声估计结果。因此，在实验中，将 SSDC 算法、SSDC$_1$ 算法和 SSDC$_2$ 算法的子块大小全部设定为 6×6，即 w=6，h=6。

2. 核化和正则化

将 SSDC 算法、SSDC$_1$ 算法和 SSDC$_2$ 算法的噪声估计结果引入 KMNF 中。为了使降维后的图像主成分按图像质量排序，对 $\boldsymbol{NF}$ 进行最小化处理。为了便于数学运算，可对 $\boldsymbol{NF}$ 做等价处理，最大化 $1/\boldsymbol{NF}$，则 $1/\boldsymbol{NF}$ 可表示为

$$1/\boldsymbol{NF} = \boldsymbol{a}^{\mathrm{T}}\boldsymbol{S}\boldsymbol{a} / \boldsymbol{a}^{\mathrm{T}}\boldsymbol{S}_{\mathrm{N}}\boldsymbol{a} = \boldsymbol{a}^{\mathrm{T}}\boldsymbol{Z}^{\mathrm{T}}\boldsymbol{Z}\boldsymbol{a} / \boldsymbol{a}^{\mathrm{T}}\boldsymbol{Z}_{\mathrm{N}}^{\mathrm{T}}\boldsymbol{Z}_{\mathrm{N}}\boldsymbol{a} \tag{4-43}$$

经对偶变换和 $\boldsymbol{a} \propto \boldsymbol{Z}^{\mathrm{T}}\boldsymbol{b}$ 参数重置[24]，有

$$1/\boldsymbol{NF} = \boldsymbol{b}^{\mathrm{T}}\boldsymbol{Z}\boldsymbol{Z}^{\mathrm{T}}\boldsymbol{Z}\boldsymbol{Z}^{\mathrm{T}}\boldsymbol{b} / \boldsymbol{b}^{\mathrm{T}}\boldsymbol{Z}\boldsymbol{Z}_{\mathrm{N}}^{\mathrm{T}}\boldsymbol{Z}_{\mathrm{N}}\boldsymbol{Z}^{\mathrm{T}}\boldsymbol{b} \tag{4-44}$$

通过引入非线性投影对 $1/\boldsymbol{NF}$ 进行核化。

$$\varPhi : x \rightarrow \varPhi(x) \tag{4-45}$$

其中，$x \in \mathbf{R}^n$，$\varPhi(x) \in \mathbf{R}^N$，$N > n$。非线性投影 $\varPhi(x)$ 可以将原始数据 x 映射到高维特征空间 $\boldsymbol{F}$。经 $\varPhi(x)$ 变换后，核化的 $1/\boldsymbol{NF}$ 可以表示为

$$\begin{aligned} 1/\boldsymbol{NF} = \boldsymbol{b}^{\mathrm{T}}\varPhi(\boldsymbol{Z})\varPhi(\boldsymbol{Z})^{\mathrm{T}}\varPhi(\boldsymbol{Z})\varPhi(\boldsymbol{Z})^{\mathrm{T}}\boldsymbol{b} / \\ \boldsymbol{b}^{\mathrm{T}}\varPhi(\boldsymbol{Z})\varPhi(\boldsymbol{Z}_{\mathrm{N}})^{\mathrm{T}}\varPhi(\boldsymbol{Z}_{\mathrm{N}})\varPhi(\boldsymbol{Z})^{\mathrm{T}}\boldsymbol{b} \end{aligned} \tag{4-46}$$

通常情况下，不需要精确地计算映射值 $\varPhi(x)$，而是换成另一种更加高效的计

算方式，将内积$\langle \Phi(x),\Phi(y)\rangle$（$x,y\in\mathbf{R}^n$）作为函数的一种输入特征进行计算，该函数称为核函数，可以表示为

$$\kappa(x,y)=\langle \Phi(x),\Phi(y)\rangle \tag{4-47}$$

因此，式（4-46）可以表示为

$$1/\boldsymbol{NF}=\boldsymbol{b}^{\mathrm{T}}\boldsymbol{\kappa}^2\boldsymbol{b}/\boldsymbol{b}^{\mathrm{T}}\boldsymbol{\kappa}_{\mathrm{N}}\boldsymbol{\kappa}_{\mathrm{N}}^{\mathrm{T}}\boldsymbol{b} \tag{4-48}$$

其中，$\boldsymbol{\kappa}=\Phi(\boldsymbol{Z})\Phi(\boldsymbol{Z})^{\mathrm{T}}$，对应元素为$\kappa(z_i,z_j)$；$\boldsymbol{\kappa}_{\mathrm{N}}=\Phi(\boldsymbol{Z})\Phi(\boldsymbol{Z}_{\mathrm{N}})^{\mathrm{T}}$，对应元素为$\kappa(z_i,z_{\mathrm{N}j})$。为了确保式（4-48）解的唯一性，本文类比于其他核方法[例如 KMNF 和核主成分分析（Kernel Principal Component Analysis，KPCA）[24]]所做处理，引入正则化参数 r，则正则化处理后有

$$1/\boldsymbol{NF}=\boldsymbol{b}^{\mathrm{T}}[(1-r)\boldsymbol{\kappa}^2+r\boldsymbol{\kappa}]\boldsymbol{b}/\boldsymbol{b}^{\mathrm{T}}\boldsymbol{\kappa}_{\mathrm{N}}\boldsymbol{\kappa}_{\mathrm{N}}^{\mathrm{T}}\boldsymbol{b} \tag{4-49}$$

3. OKMNF 变换

式（4-49）最大正则化噪声分数求解问题是一种对称广义特征值问题，可以通过求解最大瑞利熵解决。因此该问题可以表示为

$$[(1-r)\boldsymbol{\kappa}^2+r\boldsymbol{\kappa}]\boldsymbol{b}=\lambda\boldsymbol{\kappa}_{\mathrm{N}}\boldsymbol{\kappa}_{\mathrm{N}}^{\mathrm{T}}\boldsymbol{b} \tag{4-50}$$

$$[(1-r)\boldsymbol{\kappa}^2+r\boldsymbol{\kappa}]\boldsymbol{b}=\lambda(\boldsymbol{\kappa}_{\mathrm{N}}\boldsymbol{\kappa}_{\mathrm{N}}^{\mathrm{T}})^{1/2}(\boldsymbol{\kappa}_{\mathrm{N}}\boldsymbol{\kappa}_{\mathrm{N}}^{\mathrm{T}})^{1/2}\boldsymbol{b} \tag{4-51}$$

$$(\boldsymbol{\kappa}_{\mathrm{N}}\boldsymbol{\kappa}_{\mathrm{N}}^{\mathrm{T}})^{-1/2}[(1-r)\boldsymbol{\kappa}^2+r\boldsymbol{\kappa}](\boldsymbol{\kappa}_{\mathrm{N}}\boldsymbol{\kappa}_{\mathrm{N}}^{\mathrm{T}})^{-1/2}[(\boldsymbol{\kappa}_{\mathrm{N}}\boldsymbol{\kappa}_{\mathrm{N}}^{\mathrm{T}})^{1/2}\boldsymbol{b}]=\lambda[(\boldsymbol{\kappa}_{\mathrm{N}}\boldsymbol{\kappa}_{\mathrm{N}}^{\mathrm{T}})^{1/2}\boldsymbol{b}] \tag{4-52}$$

其中，λ 和$(\boldsymbol{\kappa}_{\mathrm{N}}\boldsymbol{\kappa}_{\mathrm{N}}^{\mathrm{T}})^{1/2}\boldsymbol{b}$分别为$(\boldsymbol{\kappa}_{\mathrm{N}}\boldsymbol{\kappa}_{\mathrm{N}}^{\mathrm{T}})^{-1/2}[(1-r)\boldsymbol{\kappa}^2+r\boldsymbol{\kappa}](\boldsymbol{\kappa}_{\mathrm{N}}\boldsymbol{\kappa}_{\mathrm{N}}^{\mathrm{T}})^{-1/2}$的特征值和特征向量。$\boldsymbol{a}\propto\boldsymbol{Z}^{\mathrm{T}}\boldsymbol{b}$，经$\Phi(x)$投影后，$\boldsymbol{Z}^{\mathrm{T}}\boldsymbol{b}$变换为$\Phi(\boldsymbol{Z})^{\mathrm{T}}\boldsymbol{b}$。因此，可求得 $\boldsymbol{b}$，进而求得最终的特征提取结果 $\boldsymbol{Y}$。

$$\boldsymbol{Y}=\Phi(\boldsymbol{Z})\boldsymbol{a}=\Phi(\boldsymbol{Z})\Phi(\boldsymbol{Z})^{\mathrm{T}}\boldsymbol{b}=\boldsymbol{\kappa}\boldsymbol{b} \tag{4-53}$$

从以上分析可以看出，在 OKMNF 变换算法中，噪声结果的精确估计非常重要。首先，在原始数据空间中，基于原始高光谱数据 $\boldsymbol{Z}$，通过多元线性回归模型，可以计算原始数据的估计值$\hat{\boldsymbol{Z}}$。然后，通过核变换，将原始数据 $\boldsymbol{Z}$ 和原始数据的估计值$\hat{\boldsymbol{Z}}$变换到核空间。经过计算核化的 $\boldsymbol{Z}$ 和核化的$\hat{\boldsymbol{Z}}$之间的差值，得到噪声估计结果。也就是说，噪声的估计是在核空间进行的。最终，通过计算最大正则化 $1/\boldsymbol{NF}$ 求得变换矩阵，进而完成数据降维。因此，精确的噪声估计结果对高光谱数据降维的高效性至关重要。

在许多真实的应用中，由于高光谱图像通常包含非常多的像元，因此，核矩阵会变得非常大（例如对于包含 n 个像元的高光谱图像，$\boldsymbol{\kappa}$ 和$\boldsymbol{\kappa}_{\mathrm{N}}$的大小为$n\times n$）。

在这种情况下，对于传统的高光谱遥感图像，核矩阵的大小会超出普通的个人计算机存储空间。例如：对于包含 n=512×512 个像元的高光谱图像，核矩阵的大小为 $n \times n$=（512×512)×(512×512)。为了降低存储代价和计算复杂度，从原始图像中，随机选取一定数量的像元（假设像元个数为 m）作为训练样本，用于核特征值分析。基于该训练样本，利用求取的变换矩阵对全部像元进行映射变换，进而实现高光谱图像的数据降维。OKMNF 变换算法流程如算法 4.3 所示。

算法 4.3 OKMNF 变换算法流程

输入：高光谱图像 $\boldsymbol{X}$，训练样本数 $\boldsymbol{m}$；

步骤 1：利用式 $n_{i,j,k} = x_{i,j,k} - \hat{x}_{i,j,k}$ 计算训练样本的残差（噪声）值；

步骤 2：对 1/***NF*** 表达式（4-43）进行对偶变换、核化及正则化处理；

步骤 3：计算 $(\boldsymbol{\kappa}_{\mathrm{N}}\boldsymbol{\kappa}_{\mathrm{N}}^{\mathrm{T}})^{-1/2}[(1-r)\boldsymbol{\kappa}^2 + r\boldsymbol{\kappa}](\boldsymbol{\kappa}_{\mathrm{N}}\boldsymbol{\kappa}_{\mathrm{N}}^{\mathrm{T}})^{-1/2}$ 的特征向量；

步骤 4：基于特征变换矩阵，对全部像元进行变换；

输出：数据降维结果 $\boldsymbol{Y}$。

4.1.5 实验结果和分析

本节共设计了 3 个实验用于评估噪声估计算法和数据降维算法的性能。实验一利用具有不同地面覆盖类型的真实高光谱图像评估 OKMNF 变换算法中采用的噪声估计算法的稳健性，另外两个实验基于两幅真实的高光谱图像，利用最大似然（Maximum Likelihood，ML）分类结果评估数据降维算法的性能。

1. 参数设置

在式（4-49）中，引入参数 r 用于保障特征向量的唯一性。图 4-4（a）和图 4-5（a）展示了基于核的不同数据降维方法：KPCA 算法、KMNF 变换算法、OKMNF 变换算法，对参数 r 的敏感性。从图中可以看出，参数 r 对数据降维方法的降维性能影响较小。相比于 KPCA 算法和 KMNF 变换算法，OKMNF 变换算法可以获得相当的或更好的降维效果。为了公平地比较不同数据降维方法的性能，所有算法 r 值的选择都是经该算法获得最佳降维效果时的最优值。根据实验分析，在基于 Indian Pines 数据的实验中，OKMNF 变换算法、KMNF 变换算法

和 KPCA 算法中 r=0.002 5；在基于 Minamimaki 数据的实验中，KMNF 变换算法的 r=0.1，OKMNF 变换算法和 KPCA 算法的 r=0.005。

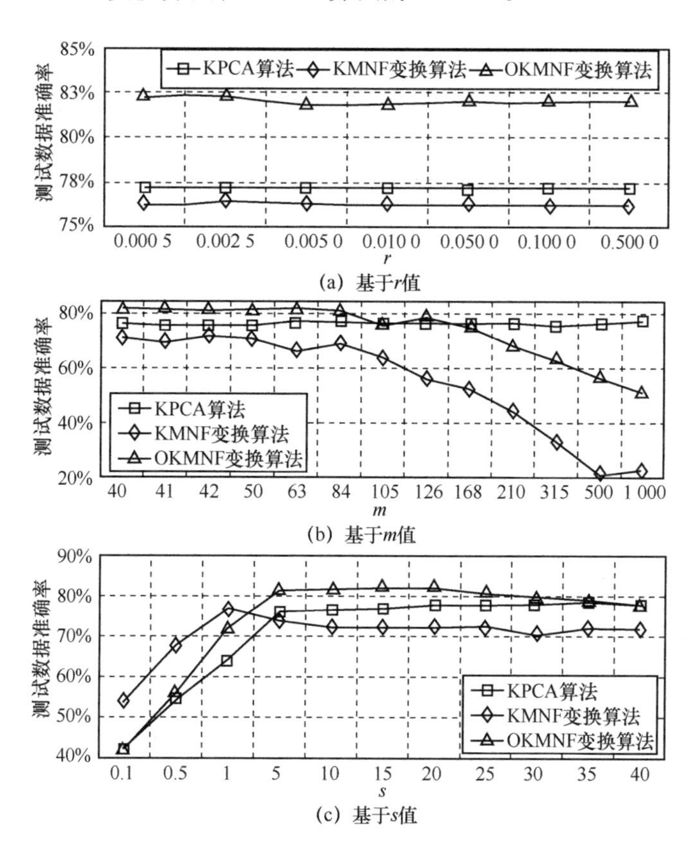

图 4-4　基于 Indian Pines 数据的数据降维方法参数敏感性分析

另一个重要的参数是用于核特征值分析的训练样本数 m。图 4-4（b）和图 4-5（b）展示了基于核的不同数据降维方法对 m 的敏感性。从图中可以看出，m 对 KPCA 算法的影响较小；当 m>100 时，在两幅真实高光谱图像的实验中，OKMNF 变换算法和 KMNF 变换算法分类精度明显下降；然而，相比于 KMNF 变换算法，OKMNF 变换算法对参数 m 的稳健性更强；当 m<80 时，相比于 KPCA 算法，OKMNF 变换算法基本上可以获得相当的或更好的分类精度。同时，通过固定特征提取的维数，可以分析样本数量对于分类精度的影响。从图 4-4（b）和图 4-5（b）中可以看出，在特征维数较小且固定的情况下，随着样本数量的增大，分类精度逐渐下降（KMNF 变换算法和 OKMNF 变换算法）。出现该现象的原因是，由于随着样本数量 m 的增

大，想要达到更高的分类精度，需要提高用于分类的特征维数。因此，为了减少计算时间和降低计算所需内存，通常选取较小的样本数量。该实验规律对于 OKMNF 变换算法的有效应用非常重要。在实验中，对于不同的数据降维算法，同样采用各自最优的 m 值用于降维。实验分析发现，在基于 Indian Pines 数据的实验中，OKMNF 变换算法和 KPCA 算法的 m=63，KMNF 变换算法的 m=42；在基于 Minamimaki 数据的实验中，KMNF 变换算法和 KPCA 算法的 m=30，OKMNF 变换算法的 m=25。

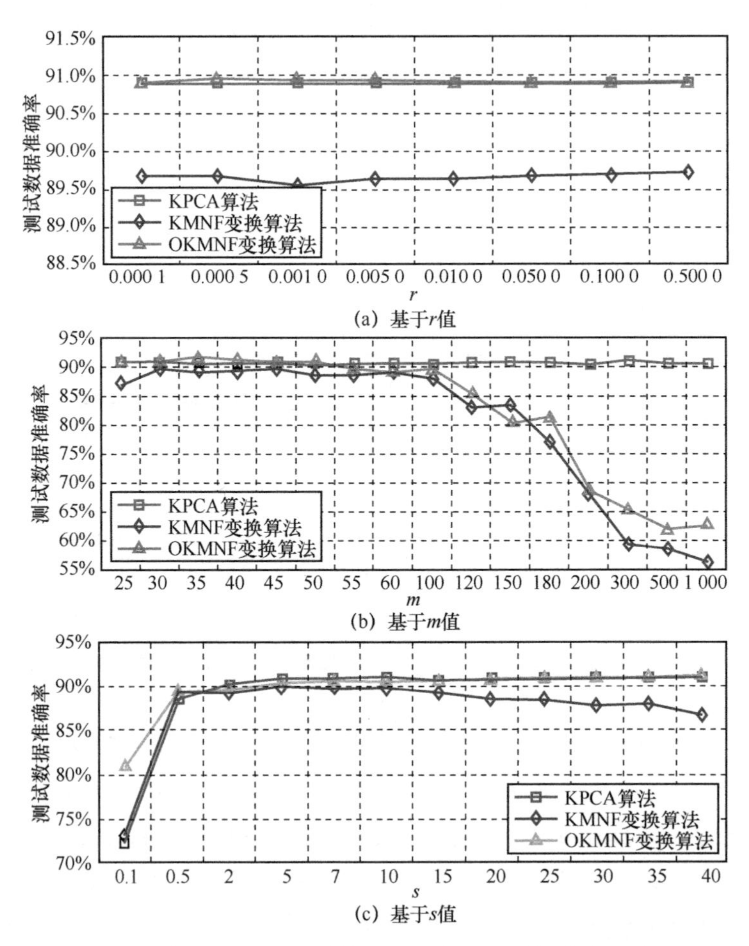

图 4-5　基于 Minamimaki 数据的数据降维方法参数敏感性分析

这里，所有基于核的数据降维方法（KPCA 算法、KMNF 变换算法和 OKMNF 变换算法）中的核函数都使用了高斯径向基核函数[33]。高斯径向基核函数定义为

$$\kappa(\boldsymbol{x}_i,\boldsymbol{x}_j)=\exp\left[-\left\|\boldsymbol{x}_i-\boldsymbol{x}_j\right\|^2/(2\sigma^2)\right] \tag{4-54}$$

其中，$\boldsymbol{x}_i$ 和 $\boldsymbol{x}_j$ 为观测向量，$\sigma=s\sigma_0$，σ_0 表示在特征空间中观测值之间的平均距离，s 是比例参数[26,34]。图 4-4（c）和图 4-5（c）展示了基于核的不同数据降维方法对 s 的敏感性。从图中可以看出，OKMNF 变换算法和 KPCA 算法的性能优于 KMNF 变换算法；在基于 Indian Pines 数据的实验中，OKMNF 变换算法的性能优于 KPCA 算法。在实验中，和之前参数一样，对于不同的数据降维算法，同样采用各自最优的 s 值用于降维。实验分析发现，在基于 Indian Pines 数据的实验中，KMNF 变换算法、OKMNF 变换算法和 KPCA 算法的 s 值分别为 1、15 和 35；在基于 Minamimaki 数据的实验中，KMNF 变换算法和 KPCA 算法的 s=10，OKMNF 变换算法的 s=25。

2．噪声估计算法的评价实验

为了评价不同噪声估计算法的性能，以 6 幅具有不同地面覆盖类型的真实机载可见光/红外成像光谱仪（Airborne Visible Infrared Imaging Spectrometer，AVIRIS）获取的高光谱图像作为实验数据，如图 4-6 所示。每幅图像包含 300×300 个像元，波谱范围为 400～2 500 nm。通常情况下，AVIRIS 获取的高光谱图像的噪声为加性噪声，并且噪声与信号不相关[35]。实验数据的详细信息见表 4-1。

（a）Jasper Ridge地区获取的第一幅图像

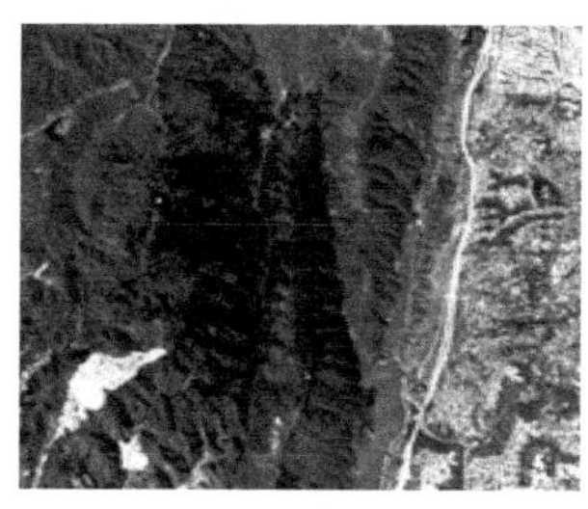

（b）Jasper Ridge地区获取的第二幅图像

（c）Low Altitude地区获取的第一幅图像

（d）Low Altitude地区获取的第二幅图像

（e）Moffett Field地区获取的第一幅图像

（f）Moffett Field地区获取的第二幅图像

图 4-6　用于噪声评估的 6 幅 AVIRIS 图像

表 4-1　Indian Pines 数据的训练样本数和测试样本数

地物类别	训练样本数/个	测试样本数/个
玉米未耕种	359	1 075
玉米略耕种	209	625
草地/牧场	124	373
草地/树木	187	560
干草堆	122	367
大豆未耕种	242	726
大豆略耕种	617	1 851
收割后大豆	154	460
森林	324	970
总数	2 338	7 007

在利用算法 4.1 得到噪声估计结果后，将噪声标准差作为评估噪声及估计性能的指标。每一个图像子块的局部标准差计算如下。

$$\mathrm{LSD}=\left[\frac{1}{w\times h-4}\sum_{i=1}^{w}\sum_{j=1}^{h}n_{i,j,k}^{2}\right]^{\frac{1}{2}} \tag{4-55}$$

其中，$w\times h-4$ 表示在多元线性回归模型中共有 4 个参数，并且自由度为 $w\times h-4$。将图像同一波段所有子块的局部标准差的平均值作为该波段的噪声估计结果。图 4-6 中所有图像均从同一幅图像裁剪而得，因此，各自的噪声水平一致[30]。

以图 4-6 展示的 6 幅真实高光谱图像为实验数据，以噪声标准差为评估噪声估计性能的指标。

从图 4-7～图 4-9 中可以看出，KMNF 变换算法中的空间邻域差值（DSN）噪声估计结果不稳定，受地面类型的影响较大，并且对于同一幅图像的两幅子图的噪声估计结果不一致。SSDC、$\mathrm{SSDC_1}$ 和 $\mathrm{SSDC_2}$ 3 种算法的噪声估计结果非常相似，而且不存在上述问题。与 DSN 噪声估计方法相比，$\mathrm{SSDC_1}$ 和 $\mathrm{SSDC_2}$ 算法可以得到更加真实的噪声估计结果。因此，SSDC、$\mathrm{SSDC_1}$ 和 $\mathrm{SSDC_2}$ 算法可以用于 KMNF 变换算法进行噪声估计。

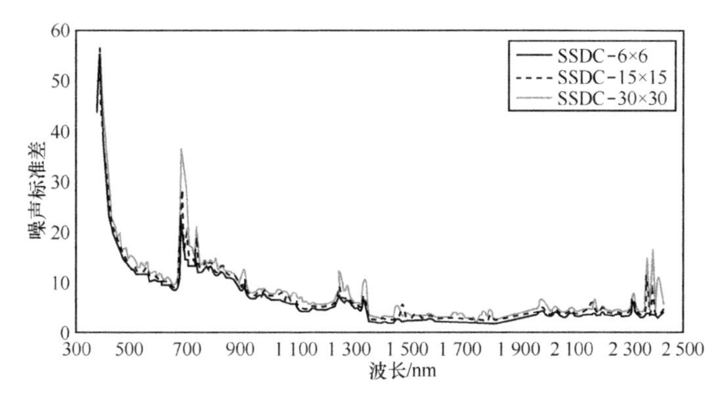

图 4-7　基于图 4-6（a）高光谱图像不同子块大小的 SSDC 算法噪声估计结果

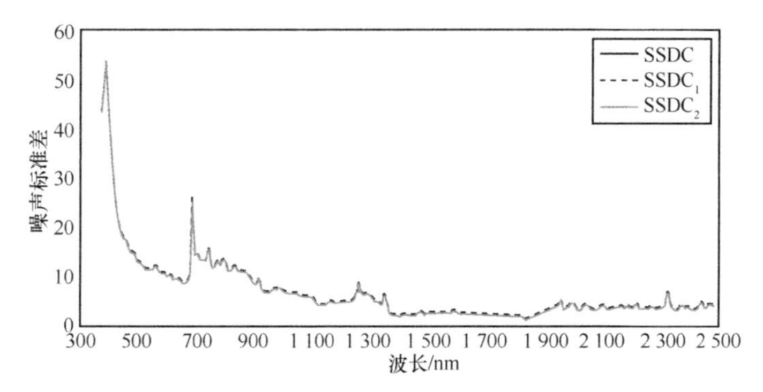

图 4-8　基于图 4-6（a）高光谱图像（子块大小 6×6）的 SSDC 算法、$SSDC_1$ 算法和 $SSDC_2$ 算法噪声估计结果

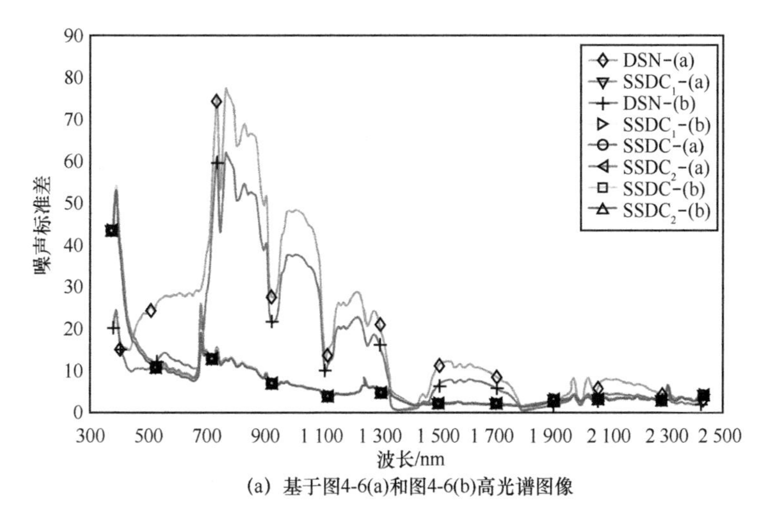

（a）基于图4-6(a)和图4-6(b)高光谱图像

图 4-9　KMNF 变换算法中基于 DSN 的噪声估计算法和 OKMNF 变换算法中 SSDC、$SSDC_1$ 和 $SSDC_2$ 算法噪声估计结果

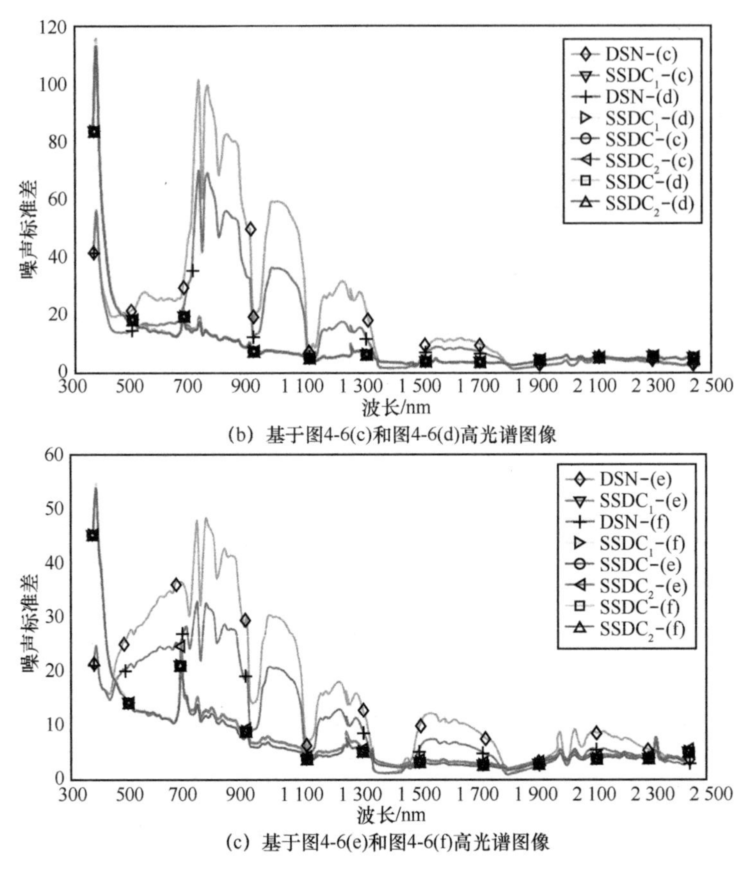

(b) 基于图4-6(c)和图4-6(d)高光谱图像

(c) 基于图4-6(e)和图4-6(f)高光谱图像

图 4-9 KMNF 变换算法中基于 DSN 的噪声估计算法和 OKMNF 变换算法中 SSDC、$SSDC_1$和 $SSDC_2$算法噪声估计结果（续）

3. OKMNF 变换算法的实验结果分析

实验以两幅真实高光谱图像的分类精度为评价数据降维方法性能的指标。实验中的数据降维方法有 PCA、KPCA、MNF、KMNF、OMNF 和 OKMNF（OKMNF-SSDC、OKMNF-$SSDC_1$ 和 OKMNF-$SSDC_2$）。每次实验运行 10 次，以 10 次结果的平均值为实验结果进行比较。

（1）基于 Indian Pines 数据的实验

Indian Pines 数据是由 AVIRIS 在 Indian Pines 地区获取的高光谱图像，该图像包含 145×145 个像元，220 个光谱波段，波谱范围为 400～2 500 nm，空间分辨率为 20 m。为了分析不同数据降维方法对于真实噪声的稳健性，实验中并未剔除包含纯噪声的水吸收波段，而是基于包含 220 个波段的原始高光谱图像进行实验。实验

中，将 9 类样本数最大的地物类别作为实验对象，实验数据如图 4-10 所示。随机选取 25%的样本作为训练样本，剩余 75%的样本作为测试样本[33,36]。各类别训练样本和测试样本的数量见表 4-1。经数据降维后的图像 ML 分类精度见表 4-2。经数据降维（特征数为 5）后的图像 ML 分类结果如图 4-11 所示。

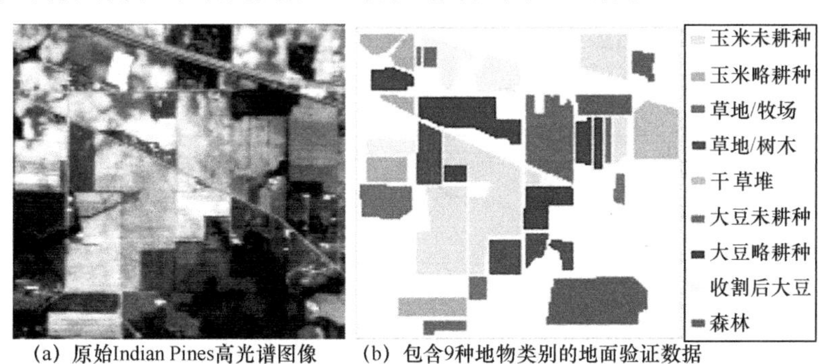

（a）原始Indian Pines高光谱图像　（b）包含9种地物类别的地面验证数据

图 4-10　实验数据

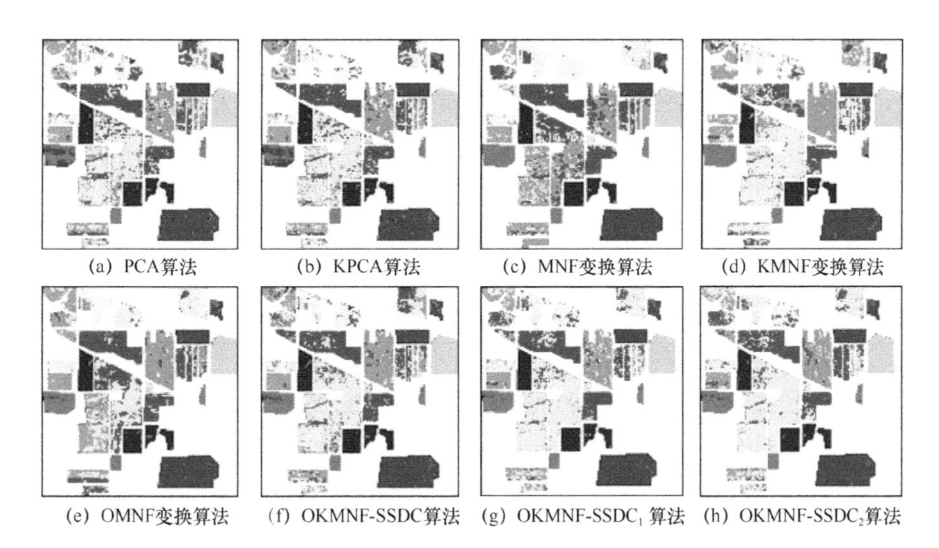

（a）PCA算法　（b）KPCA算法　（c）MNF变换算法　（d）KMNF变换算法

（e）OMNF变换算法　（f）OKMNF-SSDC算法　（g）OKMNF-SSDC$_1$ 算法　（h）OKMNF-SSDC$_2$算法

图 4-11　Indian Pines 数据经不同数据降维方法降维后的图像 ML 分类结果（特征数为 5）

从图 4-12 和表 4-2 可以看出，在低维空间中，经 MNF 变换算法降维后的数据分类结果不总是优于经 PCA 算法降维后的分类结果，KMNF 变换算法的性能不如 KPCA 算法。然而，将空间光谱维去相关方法引入降维算法进行噪声估计后，线性 OMNF 变换算法的性能总是优于 PCA 算法并且多数情况下优于原始 MNF 变换算法。由于 OKMNF 变换算法不仅能有效提取数据内的非线性特征，

而且同时考虑了数据空间光谱维信息用于噪声的精确计算，引入 SSDC、$SSDC_1$ 或 $SSDC_2$ 后的 OKMNF 变换算法性能优于其他数据降维方法（包括 OMNF 变换算法和 KMNF 变换算法），并且对参数的稳健性更好，可以获得更好的降维分类效果。同时，OKMNF-$SSDC_1$ 算法和 OKMNF-$SSDC_2$ 算法性能优于 OKMNF-SSDC 算法，说明整合更多空间邻域信息用于噪声估计的 $SSDC_1$ 算法和 $SSDC_2$ 算法可以获得更好的噪声估计结果，从而能够进一步提升数据降维分类的性能。

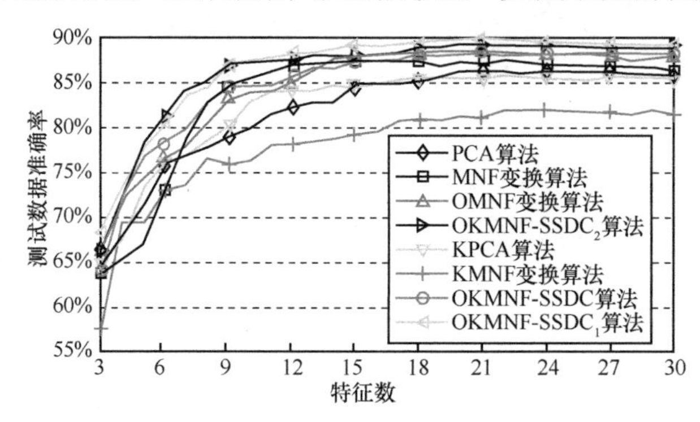

图 4-12　Indian Pines 数据经不同数据降维方法降维后的图像 ML 分类精度比较

表 4-2　Indian Pines 数据经不同数据降维方法降维后的图像 ML 分类精度

特征数	数据降维方法							
	PCA 算法	KPCA 算法	MNF 变换算法	KMNF 变换算法	OMNF 变换算法	OKMNF-SSDC 算法	OKMNF-$SSDC_1$ 算法	OKMNF-$SSDC_2$ 算法
3	64.57%	64.84%	63.75%	57.63%	66.50%	64.21%	68.19%	66.19%
4	67.90%	67.33%	65.44%	69.14%	72.25%	72.23%	73.34%	73.60%
5	71.35%	73.41%	67.14%	69.36%	74.15%	76.93%	77.74%	78.29%
6	75.60%	76.23%	73.09%	72.76%	76.69%	78.31%	80.48%	81.22%
7	77.08%	76.81%	78.43%	73.53%	77.88%	79.73%	83.35%	84.07%
8	77.65%	78.45%	82.76%	76.39%	80.21%	82.86%	84.56%	85.03%
9	79.01%	80.32%	84.74%	75.71%	83.27%	84.59%	87.21%	86.93%
10	79.92%	82.82%	85.43%	76.35%	83.84%	84.87%	87.56%	87.26%
11	81.40%	83.96%	86.16%	77.88%	83.97%	84.69%	87.94%	87.44%
12	82.27%	83.96%	86.93%	78.18%	84.96%	85.66%	88.17%	87.60%
13	82.67%	84.10%	87.15%	78.42%	86.61%	86.63%	88.33%	88.13%
14	82.90%	84.84%	87.08%	78.94%	87.57%	86.50%	88.63%	88.04%
15	84.49%	84.54%	87.33%	79.31%	87.95%	87.17%	89.10%	88.04%
16	84.87%	85.03%	87.48%	79.72%	88.30%	87.43%	89.04%	88.17%
17	84.72%	85.50%	87.55%	80.66%	88.05%	87.64%	89.37%	88.41%

（续表）

特征数	数据降维方法							
	PCA 算法	KPCA 算法	MNF 变换算法	KMNF 变换算法	OMNF 变换算法	OKMNF-SSDC 算法	OKMNF-$SSDC_1$ 算法	OKMNF-$SSDC_2$ 算法
18	85.02%	85.50%	87.34%	80.89%	88.28%	87.91%	89.51%	88.84%
19	85.50%	85.37%	86.91%	80.78%	88.47%	87.98%	89.68%	89.00%
20	86.16%	85.59%	87.27%	81.25%	88.25%	88.20%	89.82%	89.30%
21	86.21%	85.41%	87.21%	81.13%	88.37%	88.24%	89.77%	89.14%
22	86.23%	85.89%	87.57%	81.88%	88.10%	88.01%	89.64%	89.03%
23	86.00%	85.76%	87.28%	81.76%	88.00%	88.30%	89.55%	89.15%
24	86.24%	85.49%	86.97%	81.88%	88.17%	88.28%	89.35%	89.14%
25	86.27%	85.40%	86.87%	81.82%	88.08%	88.23%	89.42%	89.14%
26	86.06%	85.30%	86.74%	81.66%	88.11%	88.34%	89.34 %	88.89%
27	86.27%	85.84%	86.76%	81.72%	87.85%	88.20%	89.28%	88.82%
28	85.96%	85.59%	86.84%	81.60%	87.43%	88.27%	89.27%	88.88%
29	85.71%	85.50%	86.80%	81.92%	87.50%	88.25%	89.28%	88.91%
30	85.89%	85.39%	86.31%	81.60%	87.87%	88.24%	89.23%	88.97%

（2）基于 Minamimaki 数据的实验

Minamimaki数据是由中国科学院上海技术物理研究所研发的推扫式高光谱成像光谱仪（PHI）在日本 Minamimaki 地区获取的高光谱图像，该图像数据包含 200×200 个像元，80 个光谱波段，波谱范围为 400～850 nm，空间分辨率为 3 m。Minamimaki 数据共包含 6 类地物类型，如图 4-13 所示。随机选取 10%的样本用于训练，剩余 90%的样本用于测试，训练样本数和测试样本数见表 4-3。经降维后的图像 ML 分类精度见表 4-4，分类精度比较如图 4-14 所示，分类结果如图 4-15 所示（特征数为 3）。

(a) Minamimaki图像原始数据

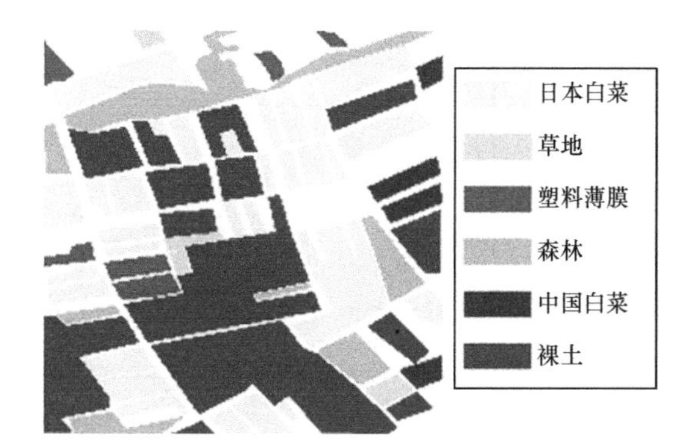

(b) 包含6类地物类型的地面验证数据

图 4-13　Minamimaki 数据

表 4-3 Minamimaki 数据训练样本数和测试样本数

地物类别	训练样本数/个	测试样本数/个
裸土	1 238	11 150
塑料薄膜	33	300
中国白菜	29	245
森林	111	1 000
日本白菜	425	3 830
草地	20	153
总数	1 856	16 678

表 4-4 Minamimaki 数据经不同数据降维方法降维后的图像 ML 分类精度

特征数	数据降维方法							
	PCA算法	KPCA算法	MNF变换算法	KMNF变换算法	OMNF变换算法	OKMNF-SSDC算法	OKMNF-$SSDC_1$算法	OKMNF-$SSDC_2$算法
3	85.14%	87.43%	86.34%	68.30%	87.82%	88.10%	89.46%	89.24%
4	89.13%	88.41%	88.73%	83.81%	88.51%	88.94%	90.18%	90.17%
5	89.86%	89.46%	89.48%	86.02%	89.32%	89.98%	90.44%	90.78%
6	90.17%	90.19%	89.69%	87.69%	90.10%	90.60%	91.19%	91.56%
7	90.44%	90.22%	90.32%	88.61%	89.88%	90.63%	91.39%	91.88%
8	90.75%	90.87%	90.59%	89.66%	90.51%	90.97%	91.68%	91.89%

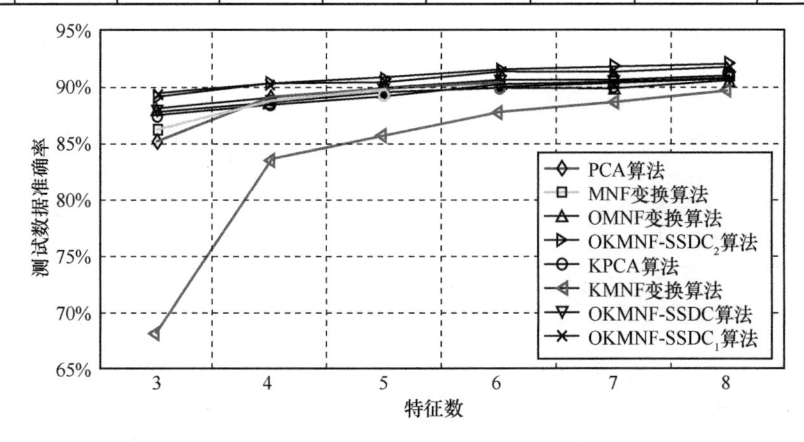

图 4-14 Minamimaki 数据经不同数据降维方法降维后的图像 ML 分类精度比较

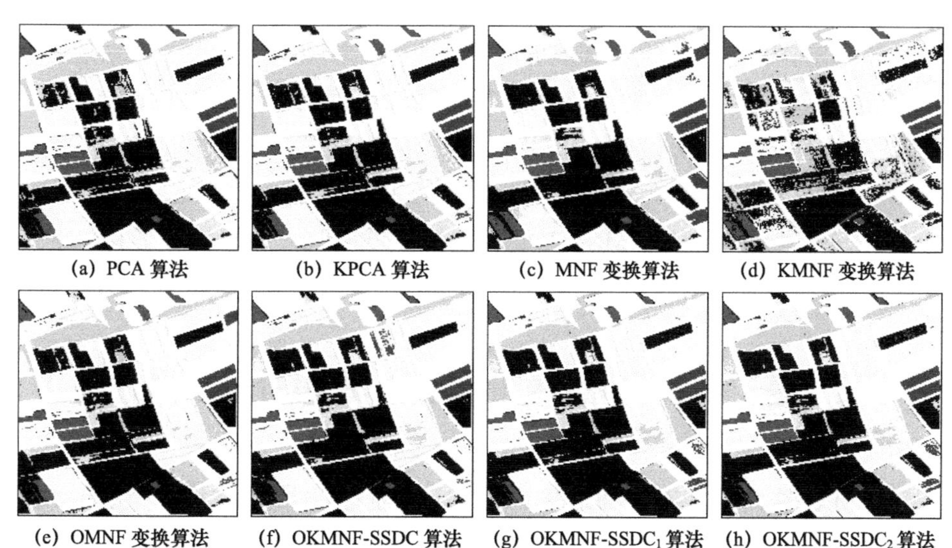

(a) PCA 算法　(b) KPCA 算法　(c) MNF 变换算法　(d) KMNF 变换算法

(e) OMNF 变换算法　(f) OKMNF-SSDC 算法　(g) OKMNF-$SSDC_1$ 算法　(h) OKMNF-$SSDC_2$ 算法

图 4-15　Minamimaki 数据经不同数据降维方法降维后的图像 ML 分类结果（特征数为 3）

从图 4-14 和表 4-4 可以看出，PCA 算法、KPCA 算法、MNF 变换算法、OMNF 变换算法的性能非常相似，并且都优于 KMNF 变换算法。当 OKMNF 变换算法中引入 SSDC 算法、$SSDC_1$ 算法和 $SSDC_2$ 算法用于噪声估计时，OKMNF 变换算法性能得到大幅提升，并且优化后的 OKMNF 变换算法性能稍优于其他数据降维方法。

以上两组实验结果表明：① 在一定范围内，用于图像分类的特征数越多，分类精度越高；② 在大多数情况下，KMNF 变换算法都不能获得很好的降维效果，经 KMNF 变换算法降维后的图像 ML 分类精度不如原始的 MNF 变换算法及其他降维算法；③ 本文提出的 OKMNF-SSDC 算法、OKMNF-$SSDC_1$ 算法和 OKMNF-$SSDC_2$ 算法的性能优于 KMNF 变换算法，并且大多数情况下也优于 OMNF 变换算法和 MNF 变换算法。实验结果表明，KMNF 变换算法不适合用于高光谱图像分类。通过引入空间光谱维信息的噪声估计方法，不但可以提升原始 KMNF 变换算法的降维效果，同时也更有利于图像分类等后处理应用。相比于线性 MNF 变换算法，OKMNF 变换算法不仅可以获得更好的分类精度，而且能够非常有效地处理非线性问题。

本节介绍了一种适用于高光谱图像优化的 KMNF 降维方法。原始 KMNF 变换算法降维性能较差，主要原因在于 KMNF 变换算法内噪声估计结果存在较大误差且不稳定。相比于原 KMNF 变换算法中仅考虑图像空间邻域信息的噪声估计方法，同时考虑图像空间光谱维信息的噪声评估方法（SSDC 算法、$SSDC_1$ 算

法和 $SSDC_2$ 算法），可以得到更真实的噪声估计结果。OKMNF 变换算法通过引入 SSDC 算法、$SSDC_1$ 算法和 $SSDC_2$ 算法用于噪声估计，经 OKMNF 变换算法降维后的图像 ML 分类精度优于原始 KMNF 变换算法，同时大多数情况下优于 OMNF 变换算法、MNF 变换算法、KPCA 算法和 PCA 算法。因此，OKMNF 变换算法很好地解决了原始 KMNF 变换算法中存在的问题，并且提升了 KMNF 变换算法的降维效果。同时，OKMNF 变换算法可以有效地处理非线性数据。

4.2 基于图像空间分割的核最小噪声分数变换方法

OKMNF 变换算法引入 SSDC 噪声估计后，特征提取性能虽然得到了很大改善，但是，在实际应用中发现，对于地物类型较为复杂的高光谱图像，信息提取性能仍可以进一步提高。分析发现，OKMNF 变换算法中，在图像像元进行多元线性回归的最小区域选择部分存在不准确性，该最小区域的选择是根据经验值人为设定的，这种划分方式不可避免地会纳入边界等其他不同类别的地物信息，并不能保证所有被划分区域内地物类别的一致性。为了解决上述问题，本节提出了一种基于图像空间分割的核最小噪声分数（KM-KMNF）变换算法，其中图像空间分割技术采用优化的 *K*-means（O*K*-means）聚类算法。KM-KMNF 变换算法利用图像空间分割产生的均质区域作为限定像元进行多元线性回归的最小区域，提高了最小区域选择的准确性，从而增强了 OKMNF 变换算法的特征提取效果。

4.2.1 基于图像空间分割的核最小噪声分数变换算法原理

1. O*K*-means 聚类算法

传统的 *K*-means 聚类算法是一种很有效的非监督聚类方法，该方法按照一定的相似度衡量准则，将高光谱图像分割成不同的子区域，同一子区域内部像元特征均一，不同子区域之间特征存在差异[37]。对于给定的包含 n 个像元 b 个波段的高光谱图像 $\boldsymbol{X}$，*K*-means 聚类算法的流程是：首先，从高光谱图像中任意选择 k 个像元作为初始聚类中心，其他像元通过计算与这些聚类中心的相似度，分别分配给最相似的聚类，然后计算各个新聚类的聚类中心，最后不断重复，直至标准测度函数开始收敛为止[38]。经过 *K*-means 聚类后，各个聚类即为图像分割

的子区域，但是同属于一个子区域内的像元分布离散，同一子区域内的所有像元并不能组成一个连通区域，而且，同一子区域内并不能保证内部特征的均质性（如图 4-16（c）和图 4-17（c）所示），因此，利用传统的 *K*-means 聚类方法产生的分割结果并不符合 KMNF 变换算法优化的需求。为了解决上述问题，对 *K*-means 聚类算法进行了改进，得到了 O*K*-means 算法。首先，对高光谱图像进行过分割，即分割后的子区域个数 k 要远大于正常分割的聚类数，确保子区域内部特征一致；其次，要限定像元的搜索区域，仅计算像元与相邻聚类中心的相似性，来确定该像元所属聚类，确保分割后的各个子区域各自连通。经 O*K*-means 算法聚类分割后，同一子区域内的像元各自连通，而且同一子区域内部特征具有均质性，因此，O*K*-means 算法非常适用于处理高光谱图像。O*K*-means 算法的分割结果如图 4-16（d）和图 4-17（d）所示，算法的具体流程如下。

(a) 原始帕维亚大学数据

(b) 地面验证数据

(c) 原始*K*-means聚类结果（同一颜色属于同一子区域）

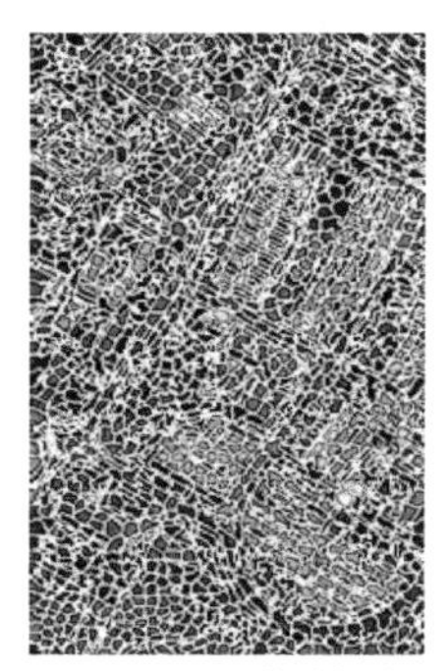

(d) O*K*-means图像分割结果（每个闭合区域为一个子区域）

(e) 经OMNF变换算法降维后的图像ML分类结果（特征数为8）

(f) 经KMNF变换算法降维后的图像ML分类结果（特征数为8）

(g) 经OKMNF变换算法降维后的图像ML分类结果（特征数为8）

(h) 经KM-KMNF变换算法降维后的图像ML分类结果（特征数为8）

图 4-16　不同数据降维方法降维后的分类结果

(a) 原始Indian Pines数据

(b) 地面验证数据

(c) 原始K-means聚类结果（同一颜色属于同一子区域）

(d) OK-means图像分割结果（每个闭合区域为一个子区域）

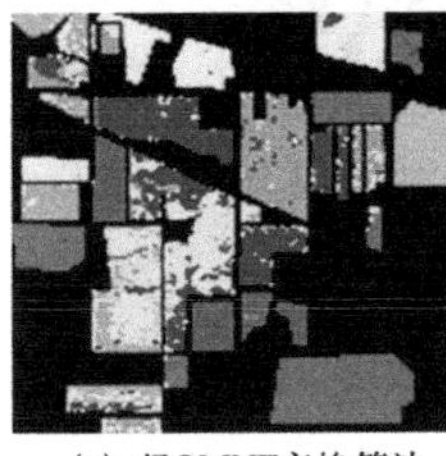

(e) 经OMNF变换算法降维后的图像ML分类结果（特征数为8）

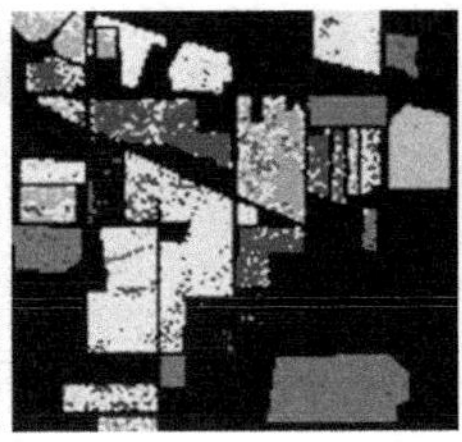

(f) 经KMNF变换算法降维后的图像ML分类结果（特征数为8）

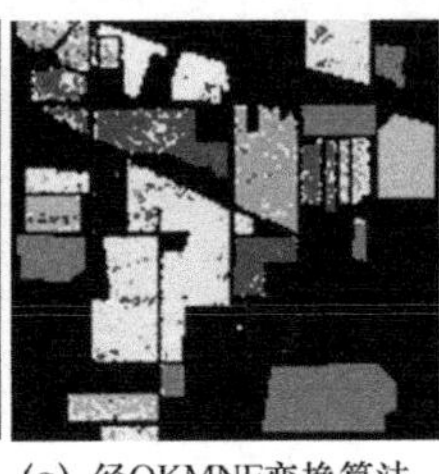

(g) 经OKMNF变换算法降维后的图像ML分类结果（特征数为8）

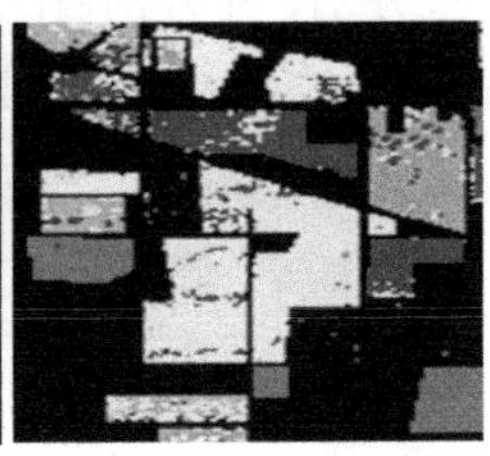

(h) 经KM-KMNF变换算法降维后的图像ML分类结果（特征数为8）

图 4-17　不同数据降维方法降维后的分类结果

第一步：初始化 k 个聚类中心。对于包含 n 个像元 b 个波段的高光谱图像 $\boldsymbol{X}$，分割后理想的单个子区域的大小为 $\sqrt{n/k}\times\sqrt{n/k}$。在高光谱图像中，以 $\sqrt{n/k}$ 为步长选定 k 个像元作为初始化的聚类中心（$c_1,c_2,\cdots,c_k$）。

第二步：分配像元 x_i 到最相似的聚类。根据式 $d_{xc}=\sqrt{(x_{i,1}-c_{v,1})^2+(x_{i,2}-c_{v,2})^2+\cdots+(x_{i,b}-c_{v,b})^2}$ 计算像元 x_i 与空间邻域位置的聚类中心 c_v 的相似性，将该像元分配到相似性最大的聚类中，即将相似性最大的聚类标签赋给该像元。此处 x_i 空间邻域位置的聚类中心是指以该像元为中心的 $2\sqrt{n/k}\times2\sqrt{n/k}$ 范围内的聚类中心。

第三步：修正聚类中心。将属于同一聚类的像元中心作为新的聚类中心。

第四步：计算所有像元到其对应标签聚类中心的距离 D。如果 D 收敛，则终止本算法；否则，返回第二步。

2. 基于图像空间分割的核最小噪声分数变换算法

由第 4.1 节可知，制约 KMNF 变换算法数据降维效果的重要因素是噪声估计不准确，因此，OKMNF 变换算法利用更加精确的、同时考虑图像空间光谱维信息的噪声估计方法，替代原有不准确的、仅考虑图像空间维信息的噪声估计方法，达到改善 KMNF 变换算法降维性能的目的。噪声结果的精确估计是提升 KMNF 变换算法的关键，由 SSDC 算法（或 $SSDC_1$ 算法、$SSDC_2$ 算法）噪声估

计流程（算法 4.1 或算法 4.2）可知，噪声的精确估计等价于多元线性回归模型参数的精确计算，也就等价于精确地确定多元线性回归的作用区域。在 OKMNF 变换算法中，直接利用经验值，人为划定 6×6 像元的范围作为求解多元线性回归参数的最小区域，但是这种最小区域的划定方式会不可避免地把边界等其他地物类型划分到同一个最小区域内，不能保证最小区域内部类别的均一性。因此，在 KM-KMNF 变换算法中，将 O*K*-means 聚类产生的分割子区域 $\boldsymbol{X}_{\text{sub}}$ 作为精确求解噪声结果的最小区域，确保了最小区域内像元特征的一致性。同时，在每一个最小区域内，利用只考虑图像光谱维信息的光谱去相关法对噪声进行估计，剔除了式（4-32）中空间邻域像元 $x_{p,k}$ 对 $x_{i,j,k}$ 的修正，避免了图像空间邻域异质信息对噪声估计结果的影响。剔除空间邻域信息的光谱去相关法表达式为

$$n_{i,j,k}=z_{i,j,k}-\hat{z}_{i,j,k}=z_{i,j,k}-(a+bz_{i,j,k-1}+cz_{i,j,k+1}) \tag{4-56}$$

其中，参数 a、b 和 c 是多元线性回归的系数。

采用的多元线性回归模型可以表示为

$$\boldsymbol{X}_{\text{sub}}=\boldsymbol{B\mu}+\boldsymbol{\varepsilon} \tag{4-57}$$

$$\boldsymbol{X}_{\text{sub}}=\begin{bmatrix}x_{1,2,k}\\x_{1,3,k}\\\vdots\\x_{w,h,k}\end{bmatrix},\boldsymbol{B}=\begin{bmatrix}1 & x_{1,2,k-1} & x_{1,2,k+1}\\1 & x_{1,3,k-1} & x_{1,3,k+1}\\\vdots & \vdots & \vdots\\1 & x_{w,h,k-1} & x_{w,h,k+1}\end{bmatrix},\boldsymbol{\mu}=\begin{bmatrix}a\\b\\c\end{bmatrix} \tag{4-58}$$

其中，$\boldsymbol{B}$ 表示光谱维邻域矩阵，$\boldsymbol{\mu}$ 是系数矩阵，$\boldsymbol{\varepsilon}$ 表示残差。则 $\boldsymbol{\mu}$ 的估计值 $\hat{\boldsymbol{\mu}}$ 可以通过式（4-59）求解。

$$\hat{\boldsymbol{\mu}}=(\boldsymbol{B}^{\mathrm{T}}\boldsymbol{B})^{-1}\boldsymbol{B}^{\mathrm{T}}\boldsymbol{X}_{\text{sub}} \tag{4-59}$$

可以得到反演的信号值为

$$\hat{\boldsymbol{X}}_{\text{sub}}=\boldsymbol{B}\hat{\boldsymbol{\mu}} \tag{4-60}$$

噪声值可以通过真实值与估计值的差值得到。

$$\boldsymbol{N}_{\text{sub}}=\boldsymbol{X}_{\text{sub}}-\hat{\boldsymbol{X}}_{\text{sub}} \tag{4-61}$$

最后，对图像分割产生的所有子区域分别进行噪声估计，最终可以精确地得到

整个高光谱图像的噪声估计结果 ***N***。将噪声估计结果代入噪声分数计算式（4-30），利用 OKMNF 变换算法对噪声分数进行核化和正则化处理，最终实现 KM-KMNF 变换算法的特征提取。KM-KMNF 变换算法流程如图 4-18 所示。

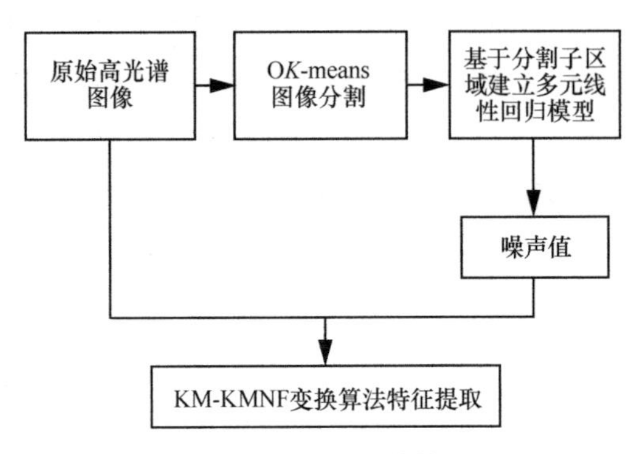

图 4-18　KM-KMNF 变换算法流程

4.2.2　实验结果和分析

本实验基于两幅真实高光谱图像，将图像数据降维后的最大似然分类和支持向量机（Support Vector Machine，SVM）分类的结果作为验证数据降维算法的指标，并与 OMNF 变换算法、KMNF 变换算法、OKMNF 变换算法相比较。其中，SVM 分类器的核函数为径向基函数（Radial Basis Function，RBF），实验中利用 Matlab SVM 工具箱和 LIBSVM[39-40]的 SVM 分类器进行分类。利用五折交叉验证求取 SVM 的最优参数[40]。每次实验运行 10 次，将 10 次结果的平均值作为实验结果进行比较。

1. 基于帕维亚大学数据的实验

帕维亚大学（Pavia University）数据是在 2001 年由反射光学系统成像光谱仪获得的帕维亚大学的高光谱数据，该数据包含 610×340 个像元，103 个光谱波段，波谱范围为 0.43～0.86 μm，空间分辨率为 1.3 m。此外，该数据共包含 9 种不同的地物类型，如图 4-16（a）和图 4-16（b）所示，随机选取 50%的样本作为训练样本，剩余 50%的样本作为测试样本，各样本类别和数量见表 4-5。经不同数据降维方法降维后的图像 ML 总体分类精度见表 4-6，分类精度比较如图 4-19 所示，分类结果如图 4-16（e）～（h）所示。

表 4-5　帕维亚大学数据的训练样本数和测试样本数

地物类别	训练样本数/个	测试样本数/个
柏油路	3 315	3 316
草地	9 324	9 325
碎石	1 049	1 050
树木	1 532	1 532
金属板	672	673
裸地	2 514	2 515
沥青	665	665
砖块	1 841	1 841
阴影	473	474
总数	21 385	21 391

表 4-6　帕维亚大学数据经不同数据降维方法降维后的图像 ML 总体分类精度

特征数	数据降维方法			
	KMNF 变换算法	OMNF 变换算法	OKMNF 变换算法	KM-KMNF 变换算法
3	67.63%	73.70%	74.13%	78.23%
4	70.99%	78.53%	77.71%	80.45%
5	73.85%	79.66%	79.24%	84.25%
6	78.28%	81.01%	83.03%	85.59%
7	81.45%	82.79%	86.11%	88.06%
8	83.06%	84.05%	87.24%	88.94%
9	83.37%	85.96%	89.31%	90.60%
10	84.04%	87.96%	90.02%	91.42%
11	85.31%	90.71%	91.10%	92.56%
12	86.15%	91.54%	91.46%	93.74%
13	86.85%	91.67%	92.39%	94.26%
14	87.79%	92.01%	92.44%	94.81%
15	88.61%	92.24%	92.46%	94.45%
16	88.88%	92.21%	92.37%	94.52%
17	88.97%	92.61%	92.56%	94.17%
18	88.58%	92.15%	92.19%	94.20%
19	88.59%	92.45%	92.57%	93.49%
20	88.25%	92.13%	92.55%	93.52%

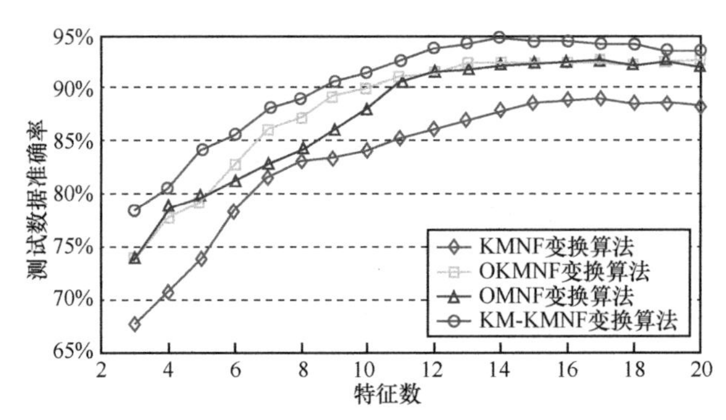

图 4-19 帕维亚大学数据经不同数据降维方法降维后的图像 ML 分类精度比较

从表 4-6 中可以看出，4 种不同的数据降维方法的图像 ML 总体分类精度大致随特征数的增加而提高，然而，KM-KMNF 变换算法在任意特征数下的图像 ML 总体分类精度都高于其他 3 种方法，相比于 KMNF 变换算法和 OKMNF 变换算法，KM-KMNF 变换算法的精度最高可提升 10.60 个百分点和 5.01 个百分点，由此充分说明，KM-KMNF 变换算法引入图像分割的空间信息作为限定多元线性回归的最小区域，可以有效解决 OKMNF 变换算法对噪声分数计算不够准确的问题，进而提升 OKMNF 变换算法的特征提取性能。KM-KMNF 变换算法和 OKMNF 变换算法的精度都远优于 KMNF 变换算法，同时，KM-KMNF 变换算法的精度优于 OKMNF 变换算法，结果也表明，相比于图像的空间维信息，光谱维信息对 KMNF 变换算法中的噪声估计更加重要。除此之外，从图 4-16（e）～（h）中还可以更直观地看到，经 KM-KMNF 变换算法降维后的图像分类比其他方法更加符合地面真实地物类别的分布。

2. 基于 Indian Pines 数据的实验

Indian Pines 数据在本实验中只考虑了图像的 200 个波段，剔除了图像的噪声波段和大气水汽吸收波段，实验中主要考虑 Indian Pines 数据 9 种样本数最大的地物类型作为实验对象，如图 4-17（a）和图 4-17（b）所示。随机选取 25%的样本作为训练样本，剩余 75%的样本作为测试样本，各地物类别和样本数见表 4-1。不同数据降维方法降维后的图像 ML 和 SVM 总体分类精度见表 4-7 和表 4-8，分类精度比较如图 4-20 所示，分类结果如图 4-17（e）～（h）所示。

表 4-7　Indian Pines 数据经不同数据降维方法降维后的图像 ML 总体分类精度

特征数	数据降维方法			
	KMNF 变换算法(Std)	OMNF 变换算法(Std)	OKMNF 变换算法(Std)	KM-KMNF 变换算法(Std)
3	59.79%(0.012 3)	66.56%(0.004 8)	64.41%(0.005 2)	67.65%(0.004 3)
4	66.62%(0.011 6)	72.83%(0.004 7)	67.53%(0.007 7)	72.75%(0.003 0)
5	69.72%(0.017 2)	74.80%(0.004 4)	76.60%(0.004 1)	77.50%(0.004 6)
6	73.55%(0.008 5)	76.54%(0.004 2)	78.48%(0.002 6)	80.39%(0.003 1)
7	74.77%(0.006 7)	77.81%(0.004 5)	79.94%(0.003 3)	81.98%(0.003 7)
8	76.27%(0.003 8)	77.96%(0.004 2)	82.84%(0.005 3)	84.31%(0.004 0)
9	76.84%(0.001 7)	82.02%(0.004 3)	84.84%(0.006 2)	84.36%(0.007 1)
10	77.90%(0.004 2)	83.92%(0.003 9)	85.48%(0.003 9)	85.54%(0.004 8)
11	78.62%(0.006 5)	84.89%(0.003 7)	85.92%(0.003 7)	86.43%(0.004 5)
12	79.17%(0.017 6)	86.27%(0.003 3)	86.33%(0.003 3)	87.17%(0.004 5)
13	79.79%(0.015 0)	86.68%(0.005 7)	86.61%(0.005 7)	88.00%(0.002 4)
14	80.43%(0.013 7)	87.70%(0.004 0)	86.89%(0.001 6)	89.01%(0.004 6)
15	80.74%(0.002 0)	88.07%(0.002 7)	87.40%(0.001 7)	89.30%(0.003 4)
16	80.89%(0.004 5)	88.54%(0.003 9)	87.75%(0.001 0)	89.70%(0.003 1)
17	80.93%(0.007 3)	88.44%(0.003 4)	87.94%(0.002 2)	89.65%(0.003 4)
18	81.07%(0.006 2)	88.94%(0.004 4)	87.91%(0.001 2)	89.64%(0.003 7)
19	81.20%(0.005 4)	88.88%(0.004 2)	88.17%(0.002 0)	89.61%(0.003 3)
20	81.18%(0.005 0)	88.94%(0.004 2)	88.51%(0.003 3)	89.75%(0.003 2)

表 4-8　Indian Pines 数据经不同数据降维方法降维后的图像 SVM 总体分类精度

特征数	数据降维方法			
	KMNF 变换算法	OMNF 变换算法	OKMNF 变换算法	KM-KMNF 变换算法
3	55.65%	66.00%	63.52%	71.39%
4	64.38%	72.66%	71.26%	77.55%
5	68.23%	76.64%	73.78%	81.15%
6	70.89%	79.18%	77.99%	82.16%
7	72.82%	80.33%	80.21%	84.10%
8	74.23%	81.27%	82.72%	85.96%
9	75.64%	83.07%	83.70%	87.78%

（续表）

特征数	数据降维方法			
	KMNF 变换算法	OMNF 变换算法	OKMNF 变换算法	KM-KMNF 变换算法
10	76.26%	83.72%	84.32%	87.85%
11	77.12%	84.33%	84.78%	88.00%
12	77.91%	84.83%	85.15%	87.85%
13	78.52%	86.14%	85.30%	88.30%
14	79.25%	87.49%	86.10%	88.98%
15	79.77%	87.46%	86.47%	88.32%
16	80.00%	87.61%	86.66%	88.38%
17	79.90%	87.67%	86.85%	88.12%
18	80.14%	87.18%	86.74%	87.71%
19	80.24%	87.56%	86.92%	87.52%
20	80.30%	86.82%	87.06%	87.33%

从表 4-7 和表 4-8 中可以得出，和基于帕维亚大学数据的实验类似，KM-KMNF 变换算法在绝大多数特征数的情况下精度都比另外几种算法高，从而进一步说明 KM-KMNF 变换算法具有较强的特征提取性能。从图 4-20 中还可以看出，考虑图像分割均匀区域光谱维信息对噪声进行计算的 KM-KMNF 变换算法，同时考虑图像空间光谱维信息对噪声进行计算的 OMNF 变换算法、OKMNF 变换算法、KM-KMNF 变换算法的精度都优于仅考虑空间信息对噪声计算的 KMNF 变换算法，从而再次证明噪声的精确计算对于特征提取的性能至关重要。从图 4-19 和图 4-20 可以看出，随着特征提取的特征数的增加，特征提取的性能先增强后趋于稳定，说明高光谱图像经特征提取后，图像的有效信息可以有效地保存在非常少的特征中，同时，特征提取可以有效提升高光谱图像的分类效果。从表 4-7 和表 4-8 中可以看出，SVM 的分类结果与 ML 的分类结果相似，KM-KMNF 变换算法的特征提取效果大多数情况下优于其他方法。两种分类结果相比，当用于分类的特征数较少（特征数为 3～13）时，KM-KMNF 变换算法经 SVM 分类后的图像精度总体优于 ML，其他 3 种方法经 ML 分类后的图像分类精度总体优于 SVM；当特征数较多（特征数为 14～20）时，经 ML 分类后的图像分类精度总体优于 SVM。

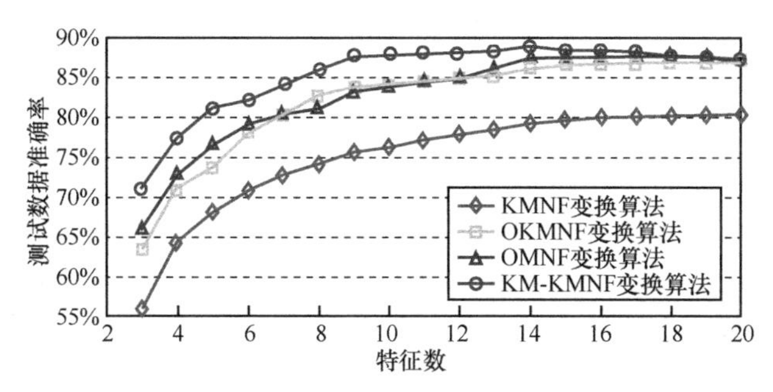

图 4-20　Indian Pines 数据经不同数据降维方法降维后的图像 SVM 分类精度比较

实验同时分析了用于分类的训练样本数对分类结果的影响，实验结果见表 4-9。实验结果表明，随着样本数量的增加，图像分类精度先升高后趋于稳定。实验中为了分析算法的运行效率，基于 Indian Pines 数据的特征数为 20 时，统计所有数据降维方法的运行时间。实验结果显示，KM-KMNF 变换算法、OKMNF 变换算法、OMNF 变换算法和 KMNF 变换算法运行时间分别为 21.57 s、19.99 s、20.71 s 和 1.5 s，相比于其他方法，KM-KMNF 变换算法消耗了更多的时间，但是可以得到更好的特征提取效果，当提取较少的特征数时（当特征数为 14 时，KM-KMNF 变换算法可得到最优的特征提取效果），KM-KMNF 变换算法可以减少运行时间。

表 4-9　不同样本数的图像分类精度

数据降维方法	帕维亚大学数据				Indian Pines 数据			
	每一类训练样本数/个				每一类训练样本数/个			
	50	100	150	200	50	100	150	200
KMNF 变换算法	80.95%	82.82%	82.93%	83.55%	74.72%	75.29%	75.82%	76.44%
KM-KMNF 变换算法	86.94%	87.72%	88.46%	88.26%	83.11%	84.23%	84.28%	84.20%

本节在 OKMNF 变换算法的基础上，介绍了一种新的 KM-KMNF 变换算法。KM-KMNF 变换算法在利用光谱维去相关方法对噪声分数精确计算的基础上，通过引入图像分割的空间信息，限定多元线性回归的最小区域，进一步提升了噪声分数的计算精度，从而提升了 KMNF 变换算法的特征提取性能。本算法首先对传统的 *K*-means 聚类算法进行优化，使得优化后的 O*K*-means 算法更加适用于高光谱图像分割，然后基于图像分割提出了 KM-KMNF 变换算法。实验部分采用两组真实高光谱图像作为测试数据，以分类精度作为衡量算法特征提取性能的指标，结果表明，KM-KMNF 变换算法的精度远高于原始的 KMNF 变换算法，同时也优

于 OMNF 变换算法和 OKMNF 变换算法。由此可以得出，精确的噪声分数计算结果对于高光谱图像特征提取以及分类等后处理至关重要，引入图像分割的空间信息的 KM-KMNF 变换算法提高了噪声分数计算精度，同时，有效地解决了原始 KMNF 变换算法用于高光谱图像分类时表现的特征提取性能仍不够稳定的问题，提升了 KMNF 变换算法的数据降维和特征提取性能，是一种值得推广的非线性特征提取算法。

4.3 基于超像元分割及核最小噪声分数的降维分类一体化算法

本节在前期研究的基础上，介绍了一种基于超像元分割及核最小噪声分数的降维分类一体化算法。其中，特征提取算法是在优化 KMNF 变换算法框架基础之上进行的，将超像元空间信息引入优化的 KMNF 变换算法中，得到 SP-OKMNF 变换算法，使得加入超像元信息的 SP-OKMNF 变换算法达到最优的特征提取效果。同时，将超像元作为高光谱图像分类的最小单位，得到基于超像元分割及核最小噪声分数的降维分类一体化（SP-OKMNF-SP）算法，提高分类效果。

4.3.1 基于超像元分割及核最小噪声分数的降维分类一体化算法原理

1. 改进的简单线性迭代聚类超像元分割方法

简单线性迭代聚类（Simple Linear Iterative Clustering，SLIC）算法是一种非常有效的超像元分割算法，SLIC 算法同时考虑图像的空间光谱维信息对图像进行分割，分割后的超像元内部像元特征均质，同时分割的超像元更加符合真实类别空间分布特征[41]。SLIC 算法利用图像像元的空间位置（$[x,y]^{\mathrm{T}}$）信息和光谱（CIELAB 颜色空间 $[l,a,b]^{\mathrm{T}}$）信息对图像进行分割，分割的关键是计算像元与聚类中心的相似度[41]，由距离测度 D 确定每一个像元所属超像元标签。距离测度 D 计算式为

$$D=\sqrt{d_1^{\,2}+m^2(d_2/S)^2} \tag{4-62}$$

$$d_1=\sqrt{(l_j-l_i)^2+(a_j-a_i)^2+(b_j-b_i)^2} \tag{4-63}$$

$$d_2=\sqrt{(x_j-x_i)^2+(y_j-y_i)^2} \tag{4-64}$$

其中，$[l_i,a_i,b_i,x_i,y_i]^{\mathrm{T}}$ 是聚类中心的样本信息，$[l_j,a_j,b_j,x_j,y_j]^{\mathrm{T}}$ 是未赋标签的像元信息。距离测度 D 包含了光谱距离 d_1 和空间距离 d_2，S 为预期的超像元大小，$S=\sqrt{N/h}$，N 为图像总的像元个数，h 为初始的超像元个数，m 为权重参数，用于调节光谱相似性和空间相似性的比重。原始 SLIC 算法适用于彩色图像，彩色图像光谱只有 3 个波段，为了充分利用高光谱图像的光谱信息计算像元与聚类中心的相似度，本文对 SLIC 算法做了改进，提出了 OSLIC 算法，主要对距离测度 D 的光谱距离 d_1 做了改进，改进后的光谱距离 d_1 为

$$d_1=\sqrt{\sum_{b=1}^{B}(p_{j,b}-p_{i,b})^2} \tag{4-65}$$

其中，$p_{j,b}$ 和 $p_{i,b}$ 分别表示第 b 波段未标签像元和聚类中心像元，B 为图像总波段数。每个像元 $[p_j,x_j,y_j]^{\mathrm{T}}$ 赋予与之相似性最大（D 值最小）的聚类标签，计算以聚类中心为中心、$2S\times 2S$ 范围内的像元与聚类中心之间的相似性，取相似性最大的聚类中心标签赋予像元。当图像中所有的像元都被赋予标签后，计算属于同一标签像元的均值 $[p,x,y]^{\mathrm{T}}$，以该均值作为新的聚类中心。利用 L_2 范数计算聚类中心更新前后之间的残差值 E，重复以上过程直至 E 收敛。OSLIC 算法超像元分割流程如算法 4.4 所示。

算法 4.4　OSLIC 算法超像元分割

输入： 图像 $\boldsymbol{X}$，分割的超像元数量 h

初始化每个像元标签 $c(j)=-1$，距离 $d(j)=\infty$

For 每个聚类中心 $[p_i,x_i,y_i]^{\mathrm{T}}$ **do**

在聚类中心 $[p_i,x_i,y_i]^{\mathrm{T}}$ 的 $2S\times 2S$ 范围内计算相似性距离测度 D：

$D=\sqrt{d_1^2+m^2(d_2/S)^2}$

If $D< d(j)$ **then**

$d(j)=D$

$c(j)=h$

end if

end for

计算更新前后聚类中心残差值 E

until $E \leqslant$ 阈值

输出： 图像超像元分割结果

---

2. SP-OKMNF-SP 算法

由前面内容可知，KMNF 变换算法数据降维效果的关键是噪声分数的精确计算，由 KM-KMNF 变换算法可知，噪声分数精确计算等价于精确地确定多元线性回归的作用区域，在 KM-KMNF 变换算法中，将 OK-means 聚类算法产生的分割子区域作为多元线性回归的最小区域，但该方法在分割图像的过程中只利用了高光谱图像的光谱信息。相比于 OK-means 聚类算法，OSLIC 算法在利用图像光谱信息的同时考虑了图像空间维信息，使得图像分割的超像元更加符合地物分布特征。基于 OSLIC 算法超像元分割的优化 KMNF 变换算法（SP-OKMNF 变换算法），同 KM-KMNF 变换算法一样，同样采用光谱维去相关法来估计噪声，进而得到精确的 ***NF*** 结果。同 KM-KMNF 变换算法一样对 ***NF*** 进行核化和正则化处理，最终实现 SP-OKMNF 变换算法的特征提取。

SP-OKMNF-SP 算法以 SP-OKMNF 变换算法降维后的高光谱图像为输入图像，以 OSLIC 算法分割产生的超像元作为分类的最小单位。为了后期实验的比较，本节 OMNF 变换算法同样采用 OSLIC 对超像元分割进行了优化，以超像元优化 OMNF 变换算法的降维过程，将 OSLIC 算法分割产生的超像元作为分类的最小单位，提出了 SP-OMNF-SP 算法。SP-OKMNF-SP 算法流程如图 4-21 所示。

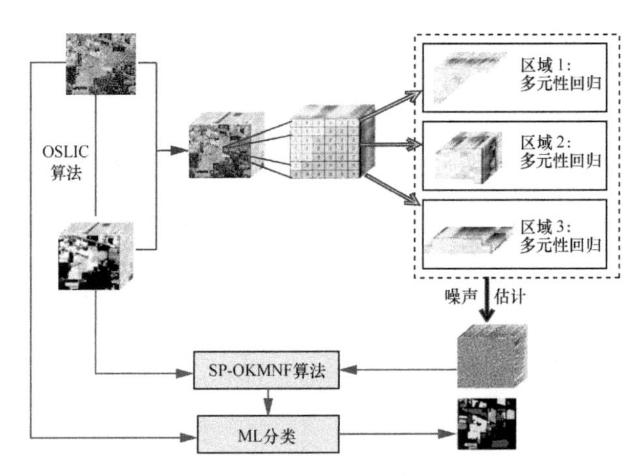

图 4-21　SP-OKMNF-SP 算法流程

4.3.2　实验结果和分析

本实验基于两幅真实高光谱图像，将图像数据降维后的最大似然分类的结果作为验证数据降维算法的指标。分别以像元和超像元为分类处理的最小单元，比较高光谱图像经 OMNF 变换算法、OKMNF 变换算法、KM-KMNF 变换算法、SP-OKMNF 变换算法、SP-OMNF-SP 算法和 SP-OKMNF-SP 算法降维处理后的 ML 分类精度，每次实验运行 10 次，将 10 次结果的平均值作为实验结果进行比较。

1．基于帕维亚大学数据实验

帕维亚大学数据共包含 9 种不同的地物类型，如图 4-22（a）和图 4-22（b）所示。随机选取 50%的样本（超像元）作为训练样本，剩余 50%的样本（超像元）作为测试样本。经不同数据降维方法降维后的图像 ML 总体分类精度见表 4-10，总体分类精度比较如图 4-23 所示，分类结果如图 4-22（d）～（i）所示。

(a) 原始帕维亚大学数据

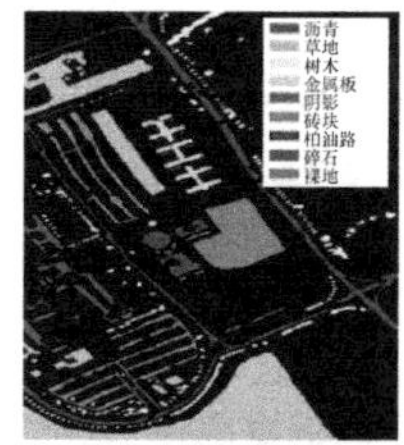

(b) 地面验证数据

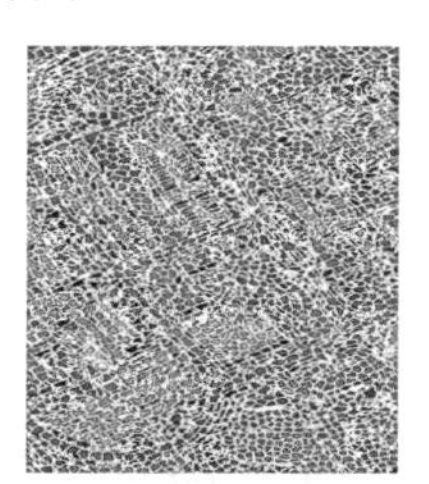

(c) OSLIC超像元分割结果

(d) 经OMNF变换算法降维后的图像ML分类结果（特征数为8）

(e) 经SP-OMNF-SP算法降维后的图像ML分类结果（特征数为8）

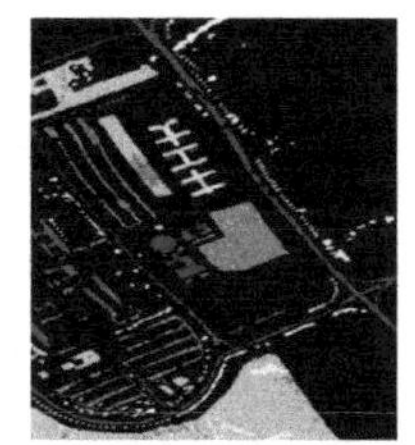

(f) 经OKMNF变换算法降维后的图像ML分类结果（特征数为8）

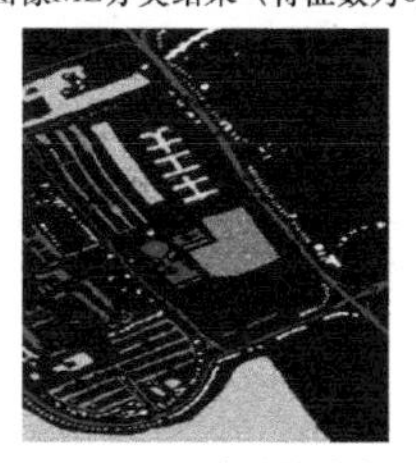

(g) 经KM-KMNF变换算法降维后的图像ML分类结果（特征数为8）

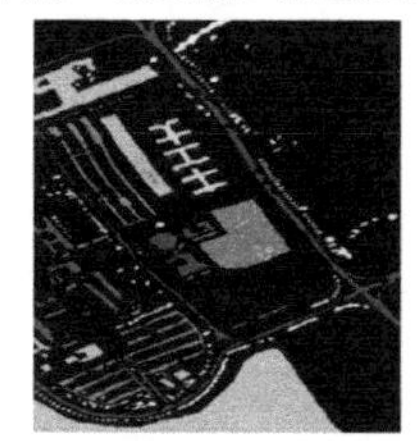

(h) 经SP-OKMNF变换算法降维后的图像ML分类结果（特征数为8）

(i) 经SP-KMNF-SP算法降维后的图像ML分类结果（特征数为8）

图 4-22　不同数据降维方法的分类结果

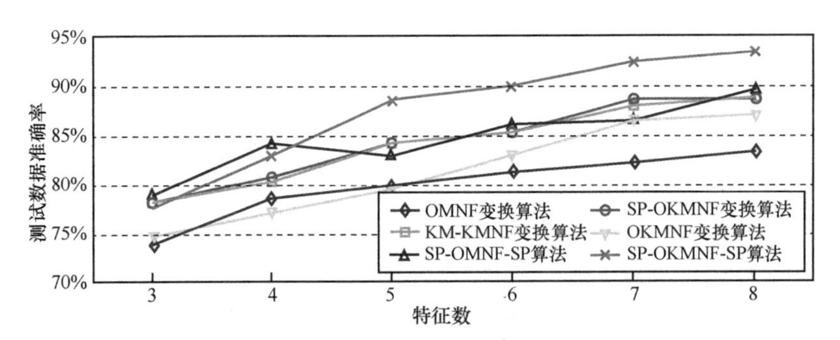

图 4-23 帕维亚大学数据经不同数据降维方法降维后的图像 ML 总体分类精度比较

从图4-23和表4-10可以看出，总体上SP-OKMNF变换算法的精度优于OKMNF变换算法，说明OKMNF变换算法经OSLIC算法分割产生的超像元优化后，降维性能得到提升。以超像元作为最小的分类单位，SP-OKMNF-SP算法的精度明显高于以像元为最小分类单位的OKMNF变换算法、KM-KMNF变换算法和SP-OKMNF变换算法，SP-OMNF-SP算法同时也优于OMNF变换算法，说明以超像元为最小分类单位，可以减少分类误差，提升分类的效果。非线性的SP-OKMNF-SP算法精度总体上优于线性SP-OMNF-SP算法，说明非线性的降维方法更加适用于高光谱数据的处理。

表 4-10 帕维亚大学数据经不同数据降维方法降维后的图像 ML 总体分类精度

特征数	数据降维方法					
	OMNF变换算法	SP-OMNF-SP算法	OKMNF变换算法	KM-KMNF变换算法	SP-OKMNF变换算法	SP-OKMNF-SP算法
3	73.84%	78.74%	74.53%	78.17%	78.06%	77.64%
4	78.47%	84.22%	77.15%	80.35%	80.76%	82.93%
5	79.84%	82.85%	79.53%	84.24%	84.22%	88.63%
6	81.17%	86.08%	83.12%	85.28%	85.35%	90.09%
7	82.19%	86.41%	86.54%	88.11%	88.58%	92.49%
8	83.45%	89.78%	87.22%	88.87%	88.62%	93.44%

2. 基于 Indian Pines 数据实验

本实验只考虑了 Indian Pines 数据的 200 个波段，剔除了图像的噪声波段和大气水汽吸收波段，实验以 Indian Pines 数据的 9 种样本数最大的地物类型作为实验对象，如图 4-24（a）和图 4-24（b）所示。随机选取 25%的样本作为训练

样本，剩余 75%的样本作为测试样本。经不同数据降维方法降维后的图像 ML 总体分类精度见表 4-11，总体分类精度比较如图 4-25 所示，分类结果如图 4-24（d）～（i）所示。

(a) 原始Indian Pines数据

(b) 地面验证数据

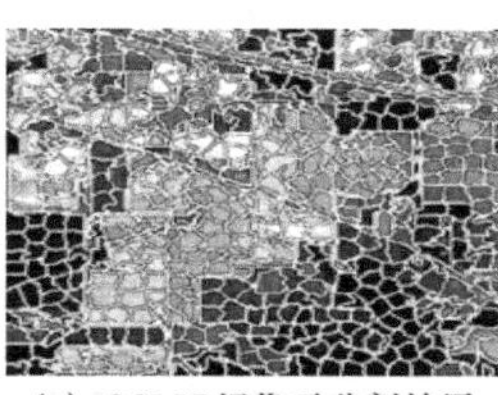

(c) OSLIC超像元分割结果

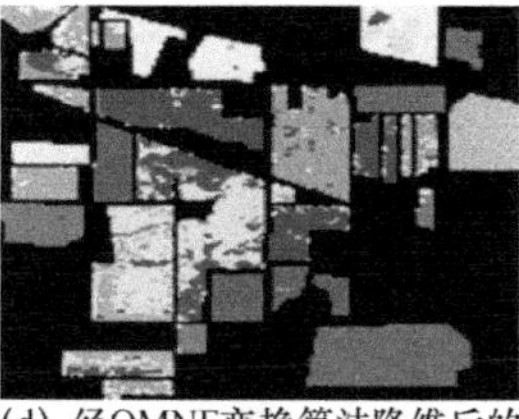

(d) 经OMNF变换算法降维后的图像ML分类结果（特征数为8）

(e) 经SP-OMNF-SP算法降维后的图像ML分类结果（特征数为8）

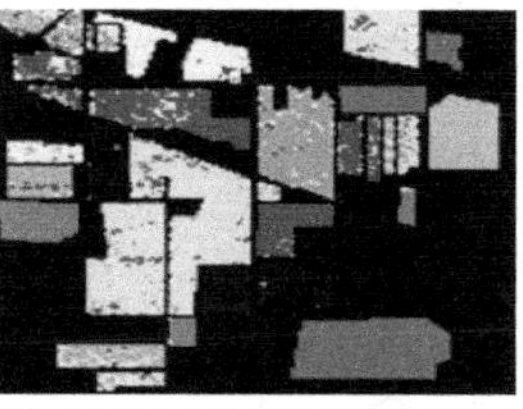

(f) 经OKMNF变换算法降维后的图像ML分类结果（特征数为8）

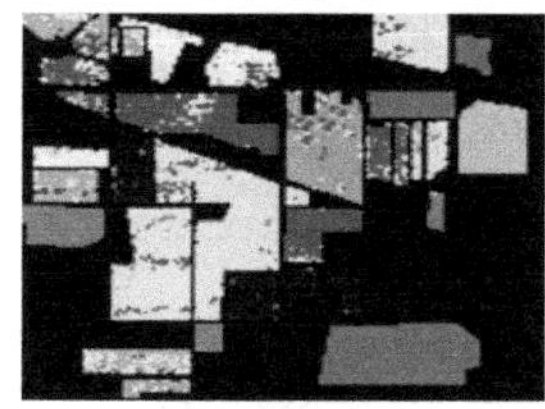

(g) 经KM-KMNF变换算法降维后的图像ML分类结果（特征数为8）

(h) 经SP-OKMNF变换算法降维后的图像ML分类结果（特征数为8）

(i) 经SP-KMNF-SP算法降维后的图像ML分类结果（特征数为8）

图 4-24　不同数据降维方法的分类结果

从表 4-11 和图 4-25 可以得到与帕维亚大学数据类似的结论。在所有的方法中，SP-OKMNF-SP 算法在任意特征数都可以获得最好的 ML 总体分类精度，而且 SP-OMNF-SP 算法优于 OMNF 变换算法，说明在降维和分类过程中，融入超像元信息可以有效提升图像的分类效果。SP-OKMNF 变换算法与 KM-KMNF 变换算法的精度相似，并且 SP-OKMNF 变换算法优于 OKMNF 变换算法，该结果进一步表明，OKMNF 变换算法经 OSLIC 算法分割的超像元优化后，同样可以进一步提升 OKMNF 变换算法的降维效果。从表 4-11 还可以看出，相比于线性降维方法，非线性降维方法更有利于高光谱图像的特征提取。

表 4-11 Indian Pines 数据经不同数据降维方法降维后的图像 ML 总体分类精度

特征数	数据降维方法					
	OMNF 变换算法	SP-OMNF-SP 算法	OKMNF 变换算法	KM-KMNF 变换算法	SP-OKMNF 变换算法	SP-OKMNF-SP 算法
3	66.58%	67.44%	64.51%	67.63%	67.50%	68.16%
4	72.13%	74.26%	67.99%	72.61%	71.34%	75.24%
5	74.14%	74.90%	76.75%	77.52%	77.84%	80.40%
6	76.77%	76.93%	78.02%	80.25%	80.21%	80.90%
7	77.37%	77.73%	79.79%	81.96%	81.79%	82.76%
8	77.38%	80.24%	82.86%	84.42%	84.03%	85.79%

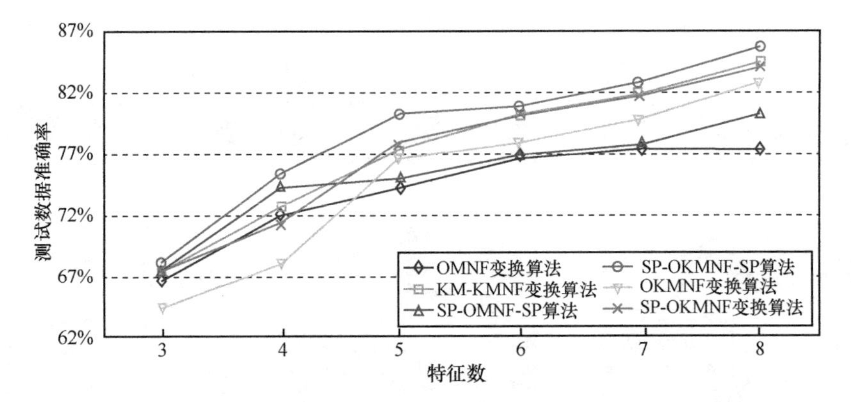

图 4-25 Indian Pines 数据经不同数据降维方法降维后的图像 ML 总体分类精度比较

本节介绍了一种基于超像元的 OKMNF 降维分类一体化算法 SP-OKMNF-SP。在降维过程中，SP-OKMNF-SP 算法以 OSLIC 算法图像分割的超像元空间信息优化噪声计算结果，提升噪声分数的计算精度，进而提升数据降维的性能；在分类过程中，以超像元作为图像处理的最小单位，减小了以传统像元为最小单位的图像处理产生的误差，提高了图像分类的精度。实验部分采用两组真实高光谱图像作为测试数据，以分类精度作为衡量算法数据降维和特征提取性能的指标，结果表明，SP-OKMNF 变换算法优于 OKMNF 变换算法，SP-OMNF-SP 算法优于 OMNF 变换算法，且 SP-OKMNF-SP 算法的精度远高于 OKMNF 变换算法的精度，同时也优于 KM-KMNF 变换算法、SP-OKMNF 变换算法和 OMNF 算法。由此可以得出，在降维和分类过程中，融入超像元信息可以有效提升图像的分类效果，同时从实验结果还可以得出，非线性的降维方法优于线性方法，更适合处理高光谱图像。

4.4　本章小结

高光谱图像具有图谱合一的特点，并且非线性特征明显。本部分主要以 KMNF 变换算法为例，介绍空谱信息协同的高光谱图像降维理论与方法。KMNF 变换算法是一种经典的高光谱数据非线性降维方法，虽然取得了一定的应用效果，但是由于在噪声估计时仅利用了空间信息，并不能为 KMNF 变换算法提供稳定和精确的噪声估计结果，从而影响了其数据降维的性能。本部分立足于高光谱图像具有的高空谱相关性，分别从基于空间分块的空谱去相关、基于 *K*-means 聚类的空间分割与光谱去相关，以及基于超像元的空间分割与光谱去相关 3 个方面，为 KMNF 变换算法提供了更为可靠的噪声估计结果，并在此基础上提出了基于超像元分割及 KMNF 变换算法的降维分类一体化算法，并利用代表性的高光谱数据对上述算法的性能逐一进行了验证，表明本部分介绍的 3 种算法实现了面向高光谱图像精细分类的高效协同空谱信息的非线性降维处理。

参考文献

[1] HUGHES G. On the mean accuracy of statistical pattern recognizers[J]. IEEE Transactions on Information Theory, 1968, 14(1): 55-63.

[2] LIU C H, ZHOU J, LIANG J, et al. Exploring structural consistency in graph regularized joint spectral-spatial sparse coding for hyperspectral image classification[J]. IEEE Journal of Selected Topics in Applied Earth Observations and Remote Sensing, 2016, (99): 1-14.

[3] 童庆禧, 张兵, 郑兰芬. 高光谱遥感: 原理, 技术与应用[M]. 北京: 高等教育出版社, 2006.

[4] JIA X P, KUO B, CRAWFORD M M. Feature mining for hyperspectral image classification[J]. Proceedings of the IEEE, 2013, 101(3): 676-697.

[5] BENEDIKTSSON J A, PALMASON J A, SVEINSSON J R. Classification of hyperspectral data from urban areas based on extended morphological profiles[J]. IEEE Transactions on Geoscience and Remote Sensing, 2005, 43(3): 480-491.

[6] 张兵, 高连如. 高光谱图像分类与目标探测[M]. 北京: 科学出版社, 2011.

[7] QIAN Y T, YAO F T, JIA S. Band selection for hyperspectral imagery using affinity propagation[J]. IET Computer Vision, 2010, 3(4): 213-222.

[8] FALCO N, BENEDIKTSSON J A, BRUZZONE L. A study on the effectiveness of different

independent component analysis algorithms for hyperspectral image classification[J]. IEEE Journal of Selected Topics in Applied Earth Observations and Remote Sensing, 2014, 7(6): 2183-2199.

[9] ZABALZA J, REN J C, WANG Z, et al. Fast implementation of singular spectrum analysis for effective feature extraction in hyperspectral imaging[J]. IEEE Journal of Selected Topics in Applied Earth Observations and Remote Sensing, 2015, 8(6): 2845-2853.

[10] ZHANG L F, ZHANG L P, TAO D C. On combining multiple features for hyperspectral remote sensing image classification[J]. IEEE Transactions on Geoscience and Remote Sensing, 2012, 50(3): 879-893.

[11] MELGANI F, BRUZZONE L. Classification of hyperspectral remote sensing images with support vector machines[J]. IEEE Transactions on Geoscience and Remote Sensing, 2004, 42(8): 1778-1790.

[12] HARSANYI J, CHANG C. Hyperspectral image classification and dimensionality reduction: an orthogonal subspace projection approach[J]. IEEE Transactions on Geoscience and Remote Sensing, 1994, 32(4): 779-785.

[13] XIE J Y, HONE K, XIE W X, et al. Extending twin support vector machine classifier for multi-category classification problems[J]. Intelligent Data Analysis, 2013, 17(4): 649-664.

[14] CHEN W S, HUANG J, ZOU J, et al. Wavelet-face based subspace LDA method to solve small sample size problem in face recognition[J]. International Journal of Wavelets Multi-resolution and Information Processing, 2009, 7(2): 199-214.

[15] GU Y F, FENG K. Optimized laplacian SVM with distance metric learning for hyperspectral image classification[J]. IEEE Journal of Selected Topics in Applied Earth Observations and Remote Sensing, 2013, 6(3): 1109-1117.

[16] MA A L, ZHONG Y F, ZHAO B, et al. Semisupervised subspace-based DNA encoding and matching classifier for hyperspectral remote sensing imagery[J]. IEEE Transactions on Geoscience and Remote Sensing, 2016, 54(8): 4402-4418.

[17] GOETZ A F H. Three decades of hyperspectral remote sensing of the earth: a personal view[J]. Remote Sensing of Environment, 2009, 113(1): 5-16.

[18] ROGER E R. Principal components transform with simple, automatic noise adjustment[J]. International Journal of Remote Sensing, 1996, 17(14): 2719-2727.

[19] LEE J B, WOODYATT S, BERMAN M. Enhancement of high spectral resolution remote-sensing data by a noise-adjusted principal components transform[J]. IEEE Transactions on Geoscience and Remote Sensing, 1990, 28(3): 295-304.

[20] GREEN A A, BERMAN M, SWITZER P. A transformation for ordering multispectral data in terms of image quality with implications for noise removal[J]. IEEE Transactions on Geoscience and Remote Sensing, 1998, 26(1): 65-74.

[21] LANDGREBE D A, MALARET E. Noise in remote-sensing systems: the effect on classification error[J]. IEEE Transactions on Geoscience and Remote Sensing, 1986, 24(2):

294-299.

[22] CORNER B R, NARAYANAN R M, REICHENBACH S E. Noise estimation in remote sensing imagery using data masking[J]. International Journal of Remote Sensing, 2003, 24(4): 689-702.

[23] GAO B C. An operational method for estimating signal to noise ratios from data acquired with imaging spectrometers[J]. Remote Sensing of Environment, 1993, 43(1): 23-33.

[24] NIELSEN A A. Kernel maximum autocorrelation factor and minimum noise fraction transformations[J]. IEEE Transactions on Image Processing, 2011, 20(3): 612-624.

[25] GÓMEZ-CHOVA L, NIELSEN A A. Explicit signal to noise ratio in reproducing kernel Hilbert spaces[C]//Geoscience and Remote Sensing Symposium. Piscataway: IEEE Press, 2011: 3570-3573.

[26] NIELSEN A A, VESTERGAARD J S. Parameter optimization in the regularized kernel minimum noise fraction transformation[C]//Geoscience and Remote Sensing Symposium. Piscataway: IEEE Press, 2012.

[27] GAO L R, ZHANG B, SUN X. Optimized maximum noise fraction for dimensionality reduction of Chinese HJ-1A hyperspectral data[J]. EURASIP Journal on Advances in Signal Processing, 2013, 1(1): 1-12.

[28] LIU X, ZHANG B, GAO L R. A maximum noise fraction transform with improved noise estimation for hyperspectral images[J]. Science in China Series F-Information Sciences, 2009, 52(9): 1578-1587.

[29] ROGER E R, ARNOLD F J. Reliably estimating the noise in AVIRIS hyperspectral images[J]. International Journal of Remote Sensing, 1996, 17(10): 1951-1962.

[30] GAO L R, DU Q, ZHANG B. A comparative study on linear regression-based noise estimation for hyperspectral imagery[J]. IEEE Journal of Selected Topics in Applied Earth Observations and Remote Sensing, 2013, 6(2): 488-498.

[31] WU Y F, GAO L R, ZHANG B, et al. Real-time implementation of optimized maximum noise fraction transform for feature extraction of hyperspectral images[J]. Journal of Applied Remote Sensing, 2014, 8(1): 1-16.

[32] GAO L, DU Q, YANG W, et al. A comparative study on noise estimation for hyperspectral imagery[C]//The Workshop on Hyperspectral Image and Signal Processing: Evolution in Remote Sensing. Piscataway: IEEE Press, 2014: 1-4.

[33] CAMPS V G, BRUZZONE L. Kernel-based methods for hyperspectral image classification[J]. IEEE Transactions on Geoscience and Remote Sensing, 2005, 43(6): 1351-1362.

[34] LI W, PRASAD S, FOWLER J E. Locality-preserving discriminant analysis in kernel-induced `feature spaces for hyperspectral image classification[J]. IEEE Geoscience and Remote Sensing Letters, 2011, 8(5): 894-898.

[35] ACITO N, DIANI M, CORSINI G. Signal-dependent noise modeling and model parameter estimation in hyperspectral images[J]. IEEE Transactions on Geoscience and Remote Sensing,

2011, 49(8): 2957-2971.

[36] ZHANG X J, XU C, LI M. Sparse and low-rank coupling image segmentation model via nonconvex regularization[J]. International Journal of Pattern Recognition and Artificial Intelligence, 2015, 29(2): 1555004.

[37] ZHU Z X, JIA S, HE S, et al. Three-dimensional Gabor feature extraction for hyperspectral imagery classification using a memetic framework[J]. Information Sciences, 2015, 298: 274-287.

[38] HUANG Z. Extensions to the k-means algorithm for clustering large data sets with categorical values[J]. Data Mining and Knowledge Discovery, 1998, 2(3): 283-304.

[39] KANUNGO T, MOUNT D M, NETANYAHU N S, et al. An efficient *K*-means clustering algorithm: analysis and implementation[J]. IEEE Transactions on Pattern Analysis and Machine Intelligence, 2002, 24(7): 881-892.

[40] CHANG C C, LIN C J. LIBSVM: a library for support vector machines[M]. New York: ACM Press, 2011.

[41] LIAO W, PIZURICA A, SCHEUNDERS P, et al. Semisupervised local discriminant analysis for feature extraction in hyperspectral images[J]. IEEE Transactions on Geoscience and Remote Sensing, 2012, 51(1): 184-198.

第 5 章

基于图嵌入理论的高光谱图像特征提取与分类

高光谱图像在为地物精细分类带来丰富光谱信息的同时，也带来了新的挑战，即波段数量大幅增加，冗余信息也同时增加，在训练样本有限情况下导致维数灾难，使得分类精度急剧下降。因此，在对地物场景进行模式分类之前，进行高光谱图像特征表示是必不可少的环节。本章利用图嵌入技术，基于统一的图嵌入理论框架，主要介绍几个典型的基于稀疏表示图的特征表示算法，并结合支持向量机模型设计高光谱图像分类的流程，在实际获得的高光谱图像数据上验证所介绍算法的有效性，包括对单一的高光谱数据源和多源高光谱数据实现协同分类。

5.1 基于稀疏表示图的特征表示

稀疏编码理论源于 20 世纪末研究人员对动物视觉皮层神经细胞的一系列电生理实验报告，稀疏编码是群体信息分布式表达的一种有效策略。相关研究和一系列实验结果表明视觉皮层对复杂刺激的表达是遵循稀疏编码原则的。后续研究人员将神经稀疏编码理论引入图像处理领域，发现自然图像经过稀疏编码后得到的基函数具有类似动物视觉皮层简单细胞感受野的反应特性，即具有空间局部性、空间方向性和信息选择性。由此可见，在图嵌入数据结构保留模型的基础上引入稀疏编码的概念，有助于保留高维数据在低维空间中样本间表示的空间特性和数据的本征嵌入结构。

维数约减是高光谱图像进行特征提取的一个重大过程，而传统光学图像处理手段和多光谱图像处理方法不能完全适应高光谱数据的高维特性，或不能充分利用其蕴含在高维特征空间中的潜在信息 [1-3]。图嵌入理论[4]是近年来在图像处理领域十分热门的技术[5]。基于图嵌入理论的高光谱图像特征表示方法是通过在图嵌入数据结构保留模型的基础上引入稀疏编码[6-7]，使得降维后低维空间中的数据可以保留原始高维空间中样本间的表示特性和数据的本征嵌入结构。但是，稀疏表示模型只能求出样本间的稀疏表示关系，缺乏对数据的全局约束，导致在低维流形空间中丧失了原有数据结构的全局特性[8-10]。对于高光谱图像数据而言，图像中的一部分像元

属于同一种地物，在用数据集对属于同一种地物的像元进行线性表示时各自的表示系数相差不大，因此整个数据集的自表示矩阵有序且相似。但是高光谱数据集不可避免地存在噪声信号或奇异光谱波段，这使得某些数据与其他大多数数据存在差异，导致在用数据集对其进行线性表示时表示系数出现明显差异，进而引起整个数据集表示系数矩阵的混乱，增加表示系数矩阵的秩。将低秩约束[11]引入图嵌入保留模型可以获取数据的全局约束，却不能获取数据的局部特征。根据以上分析，利用稀疏性和低秩性同时对表达系数矩阵进行约束，基于图嵌入的特征稀疏表示算法既能通过 L_1 范数保留数据自表示的稀疏性，也可以通过核范数约束，保留具有全局约束的样本间表示的低秩特性，刻画了样本点之间的本征流形结构，此外，还能通过局部保持矩阵 $\boldsymbol{W}^{\mathrm{LP}}$ 获取数据的局部特性[12-13]。

5.1.1　图嵌入理论框架

考虑一个具有 M 个样本点的数据集 $\boldsymbol{X}=[\boldsymbol{x}_1,\boldsymbol{x}_2,\cdots,\boldsymbol{x}_M]\in\mathbf{R}^{d\times M}$，其中每个样本点属于 d 维特征空间。传统的特征提取算法主要是在低维特征子空间中找到对原始样本点 $\boldsymbol{x}_i$ 的低维表示。基于不同的目标和数据结构特点，有不同的特征提取算法，但是它们均可以统一地在图嵌入理论框架下实现。图嵌入理论框架被认为是一个通用的平台，广泛地用于开发各种新型的基于图表示的特征提取算法[4,14-15]。

定义一个无向加权的图模型 $\mathcal{G}=(\mathcal{V},\mathcal{E},\boldsymbol{W})$，其中 $\mathcal{V}$ 和 $\mathcal{E}$ 分别表示图的顶点集合和边集合，$\boldsymbol{W}$ 是一个对称的边权重矩阵。$\boldsymbol{W}$ 中的每一个元素表示顶点间的相似性或者连接关系。通过引入图嵌入理论，如上所定义的 M 个样本点可以被图模型中的 m 个顶点索引。这样，$\boldsymbol{W}$ 是一个大小为 $M\times M$ 的对称矩阵，它的每个元素 W_{ij} 表示点 $\boldsymbol{x}_i$ 和点 $\boldsymbol{x}_j$ 连接的权重大小。矩阵 $\boldsymbol{W}$ 可以用来刻画一个数据集各个样本之间的流形结构和统计特征信息。特征提取的目标就是寻找一个线性的映射函数 $\boldsymbol{P}\in\mathbf{R}^{d\times k}$，把数据集 $\boldsymbol{X}$ 从原始的高维空间映射到一个新的低维特征空间。有 $\boldsymbol{y}_i=f(\boldsymbol{x}_i)=\boldsymbol{P}^{\mathrm{T}}\boldsymbol{x}_i$，即 $\boldsymbol{Y}=\boldsymbol{P}^{\mathrm{T}}\boldsymbol{X}$。对于最优的 $\boldsymbol{P}$ 有如下的优化目标。

$$\min_{\boldsymbol{P}}\sum_{i,j}(\boldsymbol{y}_i-\boldsymbol{y}_j)^2W_{ij} \tag{5-1}$$

一般而言，根据数据结构的不同和应用目标的不同，W_{ij} 可以有不同的定义方式[16-17]。通常情况下，基于欧氏距离的倒数来计算两个数据之间的高斯相似度关系，用于表示边的权重 W_{ij}。根据图保持理论可知：两点之间距离越大，它们的关系越疏远，权重越小；两点之间距离越小，权重越大。从上面的目标函数可以看出，如果点 $\boldsymbol{x}_i$ 和点 $\boldsymbol{x}_j$ 连接的权重 W_{ij} 很大，则在降维过程中它对目标函数的惩罚也大，因此经过矩阵 $\boldsymbol{P}$ 映射过后的点 $\boldsymbol{y}_i$ 和点 $\boldsymbol{y}_j$ 的距离也应该很近。反之，如果点 $\boldsymbol{x}_i$ 和点 $\boldsymbol{x}_j$ 原始距离很远，则权重 W_{ij} 很小，则在降维过程中它对目标函数的惩罚也小，因此经过矩阵 $\boldsymbol{P}$ 映射过后的点 $\boldsymbol{y}_i$ 和点 $\boldsymbol{y}_j$ 的距离也应该较远。因此，图嵌入保留模型的关键在于找到一个合适的矩阵 W，使之能够很好地刻画原始数据集的本征流形结构，使数据在经过映射后的低维特征空间中同样保持这种特性。

5.1.2 稀疏图构建及特征表示

研究表明，稀疏表示模型基于大多数自然信号可以被少量带有重要信息的某些信号稀疏表示的先验知识[6-7]。最近，基于稀疏编码理论的图判别分析方法被提出用于特征提取和降维[18-20]。通过 L_1 范数构建数据间稀疏表示关系的表示图，该图用稀疏表示的系数作为图中边的权重，图权重矩阵的每个列向量是其余样本点对该点的稀疏表示系数。实际上，该图可以看成是通过数据间的线性表示去刻画数据的几何结构。

稀疏编码问题的最优解可以通过求解最小化 L_0 范数来得到，然而 L_0 范数求解是 NP 难问题。理论上可以证明，L_1 范数是 L_0 的凸近似，所以可以用 L_1 来替代 L_0 范数求解稀疏编码问题，并且 L_1 范数的解通常是稀疏的。在稀疏表示过程中，往往会选择几个较大的系数值作为问题的解。

对于一个高光谱图像数据，假设训练样本集合为 $\boldsymbol{X}=\{\boldsymbol{x}_i\}_{i=1}^{M}\in\mathbf{R}^{d\times M}$，其中 d 代表原始图像数据的波段数目，M 代表集合中所有训练数据的数目，$\boldsymbol{x}_i\in\mathbf{R}^{d\times 1}$。用 C 来描述这个高光谱图像数据集中所有地物的类别总数，$l=\{1,\cdots,C\}$ 表示地物类别，m_l 表示属于第 l 类地物的所有样本点的数目。

根据是否使用样本数据的先验类别信息，典型的基于稀疏图表示的特征提取方法可以分成无监督的特征提取——稀疏性保留图嵌入（Sparsity Preserving Graph Embedding，SPGE）和有监督的特征提取——基于稀疏图的判别分析（Sparse Graph-Based Discriminant Analysis，SGDA）[18]。在 SPGE 中，通常不考虑数据集的类别信息，稀疏表示系数矩阵 $\boldsymbol{W}$ 是根据数据集所有样本点的稀疏表示求得的；对于 SGDA，稀疏表示系数矩阵 $\boldsymbol{W}$ 是根据数据集当前样本点所属类的类内样本

的稀疏表示求得的[21-22]。本章以有监督的稀疏表示判别分析为例，介绍基于图嵌入的特征提取方法。值得一提的是，SGDA 依据 L_1 范数优化获得稀疏表示系数，如果用 L_2 范数替代 L_1 范数则获得基于协同表示图的判别分析(Collaborative Graph-Based Discriminant Analysis，CGDA) [23-25]。基于 L_2 范数的 CGDA 力求寻找类内样本的协作表达关系而非竞争表达关系，以求解稀疏编码问题。由于 L_2 范数可以显式求解，所以其计算速度优于 L_1 范数，这也是 L_2 范数的一大优点。

SGDA 利用类别先验信息，首先对训练数据按类进行排序，即将属于同一类别的数据放在一起，SGDA 用属于同一种类别的数据来表示该类的每一个样本点，因此 SGDA 是对每个类别的数据集单独求解，对于不属于该类别的其他样本点，将其稀疏表示系数置为 0。因此，矩阵 $\boldsymbol{W}$ 中的每一个列向量 $\boldsymbol{W}_i$ 就是数据集中除第 i 个样本点外所属类内其余样本点对第 i 个点的稀疏表示系数向量。这样，所得的稀疏表示系数矩阵（即图的边权重矩阵）具有理想的块对角结构。具体求解过程如下。

对于任意一个像素 $\boldsymbol{x}_i \in \boldsymbol{X}$ ，它关于训练数据集 $\boldsymbol{X}$ 对其稀疏表示的系数可以通过求解式（5-2）的 L_1 最优化模型得到，即

$$\begin{aligned}&\arg\min\nolimits_{W_i} \|\boldsymbol{W}_i\|_1\\&\text{s.t. } \boldsymbol{X}\boldsymbol{W}_i = \boldsymbol{x}_i \text{且} W_{ii} = 0\end{aligned} \tag{5-2}$$

其中，$\boldsymbol{W}_i = [W_{i1}, W_{i2}, \cdots, W_{iM}]$ 是由数据集 $\boldsymbol{X}$ 中其余样本点对像素点的表示系数组成的 $M \times 1$ 的向量。$\|\cdot\|_1$ 是矩阵理论的 L_1 范数的描述，代表矩阵中每个元素的绝对数值相加总和，用来约束表示系数向量进而求取稀疏解。进一步地，将所有的像素点写成矩阵的形式，则有

$$\begin{aligned}&\arg\min\nolimits_{W} \|\boldsymbol{W}\|_1\\&\text{s.t. } \boldsymbol{X}\boldsymbol{W} = \boldsymbol{X} \text{且} W_{ii} = 0\end{aligned} \tag{5-3}$$

其中，$\boldsymbol{W} = [\boldsymbol{W}_1, \boldsymbol{W}_2, \cdots, \boldsymbol{W}_M]$ 是一个 $M \times M$ 的矩阵，该矩阵中的每一个列向量 $\boldsymbol{W}_i$ 就是数据集中除第 i 个样本点以外的其余样本点对第 i 个点的稀疏表示系数向量。矩阵 $\boldsymbol{W}$ 表示的是在矩阵稀疏约束的条件下，除自身点以外其他样本点对该点的线性表示，反映了样本点之间的数据结构。

基于图嵌入理论的低维子空间学习的目标是寻求一个 $d \times k$ 维的投影矩阵 $\boldsymbol{P}$ $(k < d)$，通过对原始高维数据的投影变换，在低维空间有 $\boldsymbol{Y} = \boldsymbol{P}^{\mathrm{T}}\boldsymbol{X}$ [26]。为了保持原有空间的本征流形特性，最优化目标表达式为

$$\arg\min_{P}\sum_{i=1}^{M}\left\|P^{\mathrm{T}}x_i-P^{\mathrm{T}}x_j\right\|^2 W_{ij}=\arg\min_{P}\operatorname{tr}(P^{\mathrm{T}}XL_sX^{\mathrm{T}}P)$$
$$\text{s.t. } P^{\mathrm{T}}XL_pX^{\mathrm{T}}P=I \tag{5-4}$$

其中，L_s 是图 $\mathcal{G}$ 的拉普拉斯矩阵，$L_s=D-W$，矩阵 D 是一个大小为 $M\times M$ 的对角矩阵，它的对角线元素 D_{ii} 的值为矩阵 W 所对应列的所有元素之和，即 $D_{ii}=\sum_j W_{ij}$。$L_p=I$，这里 $P^{\mathrm{T}}XL_pX^{\mathrm{T}}P=I$ 是拉格朗日约束。上述表达式的求解可转化为一个广义特征值–特征向量分解问题，即

$$XL_sX^{\mathrm{T}}P=\upsilon XL_pX^{\mathrm{T}}P \tag{5-5}$$

其中，υ 是广义特征值组成的对角矩阵，每个元素对应一个特征值，P 是与之对应的特征向量。SGDA 算法的流程如算法 5.1 所示。

算法 5.1 SGDA 算法

1：输入 X，对 X 按照同一类别排序，并指定所提取的特征维数 k

2：for $i=1:C$ do

3：　for $j=1:m_i$ do

4：根据式（5-3）对每个 $x_j^{(i)}$ 用其同一类别的训练数据求稀疏表示系数矩阵 $W_j^{(i)}$

5：同一类别的稀疏表示矩阵 $W^{(i)}=[W^{(i)};W_j^{(i)}]$

6：　end for

7：整个数据集的稀疏表示图 $W=\operatorname{diag}(W^{(1)},W^{(2)},\cdots,W^{(C)})$

8：end for

9：根据式（5-5）进行广义特征值分解，求得 P

10：输出 $Y=P^{\mathrm{T}}X$

5.2 基于稀疏与低秩表示图的特征表示

在稀疏编码理论基础上发展起来的低秩表示，能够很好地揭示隐藏在数据中的全局结构信息并且对噪声有很强的稳健性。秩可以度量数据之间的相关性，而矩阵的秩可以表征矩阵的结构信息。如果矩阵的各行或各列之间相关性很强，则该矩阵

可投影到更低维的线性子空间。在图嵌入理论框架中引入低秩表示模型，可以更好地表征数据的全局结构，并且加强算法稳健性。

5.2.1　稀疏与低秩图构建

如第 5.1 节所述，稀疏表示只能求出样本间的稀疏表示关系，缺乏全局约束，因此在低维流形空间中丧失了原有数据的全局特性。所以引入对表示系数矩阵的低秩约束，基于稀疏和低秩表示图嵌入（Sparsity and Low-Rank Preserving Graph Embedding，SLPGE）和基于稀疏和低秩表示图的判别分析（Sparse and Low-Rank Graph-Based Discriminant Analysis，SLGDA）[27]的优化是基于全局数据的，是对表示系数矩阵的全局约束，要求所有样本点对数据集自身的低秩性。与之前的 SPGE 和 SGDA 类似，SLPGE 在构图的过程中没有使用标签信息，而 SLGDA 的图因使用了标签信息而呈对角块结构。因此，在矩阵低秩优化约束下不仅能够有效地抑制噪声信号，提高算法对噪声干扰的稳健性，而且能够更加精确地描绘出整个数据集的潜在/结构关系[28-29]。

低秩表示（Low-Rank Representation，LRR）[29]的基本思想是，在已给字典 $\boldsymbol{A}$ 的基础上找到一组秩最低的稀疏信号，且这组稀疏信号可以表示所有原始信号，这个过程是针对整个数据集的。最低秩稀疏信号可通过解决如下优化问题获取。

$$\begin{aligned}&\arg\min_{Z}\|\boldsymbol{Z}\|_*\\&\text{s.t. } \boldsymbol{A}=\boldsymbol{AZ}\end{aligned}\tag{5-6}$$

其中，$\|\cdot\|_*$ 表示矩阵的核范数，即低秩表示系数矩阵的奇异值之和，$\boldsymbol{Z}$ 代表低秩表示系数矩阵。在本章中，为了将高维高光谱图像数据映射到多个低维子空间，希望所求解的低秩表示系数矩阵可以描述数据向量之间的亲和度关系。用数据 $\boldsymbol{X}$ 本身来代替字典 $\boldsymbol{A}$，式（5-6）可以重新写成如下低秩表示优化问题。

$$\begin{aligned}&\arg\min_{Z}\|\boldsymbol{Z}\|_*+\lambda\|\boldsymbol{E}\|_{2,1}\\&\text{s.t. } \boldsymbol{X}=\boldsymbol{XZ}+\boldsymbol{E}\end{aligned}\tag{5-7}$$

其中，$\|\boldsymbol{E}\|_{2,1}=\sum_{j=1}^{m}\sqrt{\sum_{j=1}^{m}(E_{ij})^2}$，$\|\cdot\|_{2,1}$ 是 $L_{2,1}$ 范数，数值上为矩阵每一行的 L_2 范数之和；而参数 $\lambda(\lambda>0)$ 的作用是平衡残差项和约束项。如果 $L_{2,1}$ 范数令矩阵 $\boldsymbol{E}$ 的列为零，则这里存在一个潜在假设：一些数据向量被损坏，而另一些则是完好的。

在得到矩阵低秩表示系数矩阵 $\boldsymbol{Z}$ 后，可以根据 $\boldsymbol{Z}$ 来构建图判别分析框架，且图的权重矩阵可以表示为 $\boldsymbol{W}=(\boldsymbol{Z}+\boldsymbol{Z}^{\mathrm{T}})/2$ 。

基于以上知识，针对上述高光谱数据集，可以构造如下的 SLGDA 模型。

$$\begin{aligned}&\arg\min_{\boldsymbol{W}}\|\boldsymbol{W}\|_1+\lambda\|\boldsymbol{W}\|_*\\&\text{s.t. }\boldsymbol{XW}=\boldsymbol{X}\text{且}W_{ii}=0\end{aligned}\tag{5-8}$$

其中，$\|\cdot\|_1$ 是矩阵理论的 L_1 范数的描述，代表矩阵中每个元素的绝对数值的总和。$\|\cdot\|_*$ 代表矩阵的核范数，数值上等于该矩阵所有的奇异值之和，用于刻画图的低秩约束特性。$\boldsymbol{W}$ 是一个 $M\times M$ 的矩阵，该矩阵的每个列向量 $\boldsymbol{W}_i$ 是一个 $M\times 1$ 的向量，是其余样本点对第 i 个点的稀疏和低秩表示的系数。式（5-8）等价于

$$\begin{aligned}&\arg\min_{\boldsymbol{W}}\|\boldsymbol{X}-\boldsymbol{XW}\|_{\mathrm{F}}^2+\beta\|\boldsymbol{W}\|_1+\lambda\|\boldsymbol{W}\|_*\\&\text{s.t. }\operatorname{diag}(\boldsymbol{W})=0\end{aligned}\tag{5-9}$$

其中，$\|\cdot\|_{\mathrm{F}}^2$ 表示矩阵的 F 范数，β 和 λ 都是正则化系数，通过调节 β 和 λ 的大小可以控制式（5-9）中三者的平衡关系。

考虑数据类别标签的先验信息，针对相同类别训练样本的稀疏和低秩表示，有

$$\begin{aligned}&\arg\min_{\boldsymbol{W}^{(l)}}\left\|\boldsymbol{X}^{(l)}-\boldsymbol{X}^{(l)}\boldsymbol{W}^{(l)}\right\|_{\mathrm{F}}^2+\beta\left\|\boldsymbol{W}^{(l)}\right\|_1+\lambda\left\|\boldsymbol{W}^{(l)}\right\|_*\\&\text{s.t. }\operatorname{diag}(\boldsymbol{W}^{(l)})=0\end{aligned}\tag{5-10}$$

其中，$\{\boldsymbol{X}^{(l)}\}_{l=1}^{c}$ 表示第 l 类的数据。$\operatorname{diag}(\boldsymbol{W}^{(l)})=0$ 是为了防止数据的自表示，即所得图无自环边。$\boldsymbol{W}^{(l)}$ 描述的是同类别中样本点之间的表示关系，既有通过 L_1 范数找出的少数重要的表示样本点，也有通过核范数约束，带有全局约束的样本间表示的低秩特性。式（5-10）是一个凸优化问题，可以通过交替方向乘子（Alternating Direction Method of Multipliers，ADMM）[30]法求取该模型的解。

假设已经对训练样本进行排序，即将相同类别的训练样本放在一起，对于有监督的学习，通过考虑样本点类别信息，对于不同类别的样本点，表示系数设为 0。于是对数据集中每个类别的数据单独求取 $\boldsymbol{W}^{(l)}$ ，然后将它们按照对角线排列，最后可以得到用来描绘整个数据样本集的稀疏和低秩表示图。矩阵 $\boldsymbol{W}$ 表示的是在矩阵稀疏约束和低秩约束的条件下，除自身点以外其他样本点对该点的线性表示，既有通过 L_1 范数找出的少数重要的表示样本点，也有通过核范数约束，带有全局约束的样本间表示的低秩特性，刻画了数据的本征流形结构。根据上面的推导，可知 SLGDA 算法的计算步骤如算法 5.2 所示。

算法 5.2　SLGDA 算法

1：输入 $\boldsymbol{X}$，采用 $x^{*}=(x-x_{\min})/(x_{\max}-x_{\min})$ 对数据进行归一化处理,（$x_{\min}$ 为每个波段中的最小值，$x_{\max}$ 为每个波段中的最大值），对 $\boldsymbol{X}$ 按照同一类别排序，并指定所提取的特征维数 k

2：for $i=1:C$ do

3：　for $j=1:m_i$ do

4：根据式（5-10）对每个 $\boldsymbol{x}_j^{(i)}$ 用其同一类别的训练数据利用 ADMM 方法求稀疏低秩表示系数矩阵 $\boldsymbol{W}_j^{(i)}$

5：同一类别的稀疏低秩表示系数矩阵 $\boldsymbol{W}^{(i)}=[\boldsymbol{W}^{(i)};\boldsymbol{W}_j^{(i)}]$

6：　end for

7：整个数据集的稀疏低秩表示图 $\boldsymbol{W}=\mathrm{diag}(\boldsymbol{W}^{(1)},\boldsymbol{W}^{(2)},\cdots,\boldsymbol{W}^{(C)})$

8：end for

9：根据得到的 $\boldsymbol{W}$，首先求取矩阵 $\boldsymbol{D}$，然后再由 $\boldsymbol{L}_s=\boldsymbol{D}-\boldsymbol{W}$ 得到 $\boldsymbol{L}_s$，最后根据式（5-5）求取最优映射矩阵 $\boldsymbol{P}$

10：输出 $\boldsymbol{Y}=\boldsymbol{P}^{\mathrm{T}}\boldsymbol{X}$

5.2.2　实验结果与分析

为了验证本节所提出的算法的有效性，将通过几组实验来分析和比较不同的数据降维算法对高光谱遥感图像分类的作用。因此，本节使用 3 个典型的高光谱图像数据 Indian Pines、Salinas、帕维亚大学作为实验数据，数据获取方式参考文献[31]。首先对原始高光谱图像数据按类进行稀疏特征表示，然后选用支持向量机模型对子空间的特征数据进行模式分类，并最终将测试样本的平均分类精度作为各个算法的评价指标。为了保证公平，在每次实验中，不同算法所采用的训练数据、测试数据和其他变量均相同。另外，在每次实验中，不同算法所采用的训练数据、测试数据和其他变量均相同。仿真实验是在主频为 3.2 GHz 的 Intel Core i5 的 CPU，内存为 12 GB 的 Windows 7 系统上用 Matlab 2013b 软件进行的。表 5-1 是几种算法的运算时间的统计，基于稀疏和低秩表示图的特征表示是根据 ADMM 算法通过迭代求取的，相对比较耗时，但也在可接受的范围内。

表 5-1 几种算法在不同数据上运算时间的统计

算法名称	不同数据上的运算时间/s		
	Indian Pines	Salinas	帕维亚大学
PCA 算法	1.94	3.35	6.05
LDA 算法	1.74	4.36	2.92
LFDA 算法	1.98	6.06	3.32
SPGE 算法	35.12	217.97	870.04
SGDA 算法	34.91	193.82	861.30
SLPGE 算法	38.28	242.25	959.73
SLGDA 算法	37.74	213.80	945.52

1. Indian Pines 数据实验分析

第一个用于实验的高光谱图像数据是 Indian Pines 数据，该高光谱图像是由 AVIRIS 传感器在 1992 年 6 月从美国印第安西北部的印第安农场采集的，该图像具有 145 × 145 个像元，空间分辨率为 20 m，拥有 220 个波段，覆盖了 0.4～2.5 μm 波长的光谱信息。整个图像场景包括三分之二的农业区域和三分之一的森林区域以及常年的蔬菜种植区域、两个主要的并行双向高速公路和一条铁路线，以及一些低密度的房屋建筑和少量道路。图像中，去除含噪波段和水雾波段（[104-108][150-163]和 220）后，通常可用的波段为 200 个。整个图像中一共有 10 249 个有标签的像元，分属于 16 个类别，具体的类别信息以及实验所用训练和测试样本分布见表 5-2。该高光谱图像的伪彩色图和真实地物分布如图 5-1 所示。

实验过程中，对于 SLPGE 算法和 SLGDA 算法，有两个正则化参数需要进行分析，即 β 和 λ。图 5-2 所示为在 Indian Pines 数据上 SLPGE 算法和 SLGDA 算法分别对参数 β 和 λ 调节的结果，参数 β 和 λ 均从{0.001, 0.005, 0.01, 0.05, 0.1, 0.5}中取值。由图 5-2 可见，SLPGE 算法的最佳参数 β 和 λ 值设定为（0.005, 0.005），而 SLGDA 算法的最佳参数 β 和 λ 值设定为（0.01, 0.01）。

图 5-3 所示为 SPGE 算法、SGDA 算法、SLPGE 算法和 SLGDA 算法分别在不同维数下的测试数据总体分类精度曲线。从图中可以看出，随着所提取的特征维数的增加，各算法的总体分类性能先不断提高，当特征维数达到 20 维左右时，各算法分类性能均趋于稳定。从图中还可以看出，SLGDA 算法的总体分类精度始终优于其他算法。基于以上分析，在关于 Indian Pines 数据后续的实验中，不同算法的维数统一固定到 25 维。

表 5-2　Indian Pines 数据训练样本数和测试样本数

类别		训练样本数/个	测试样本数/个
编号	类别名称		
1	苜蓿	5	41
2	玉米-无耕地	143	1 285
3	玉米-少量耕地	83	747
4	玉米地	24	213
5	草地-牧场	48	435
6	草地-树木	73	657
7	草地-牧场-收割草地	3	25
8	干草-落叶	48	430
9	燕麦	2	18
10	大豆-无耕地	97	875
11	大豆-少量耕地	246	2 209
12	大豆-收割耕地	59	534
13	小麦	21	184
14	木材	127	1 140
15	建筑-草地-树-耕地	39	347
16	石头-钢铁-塔	9	84
总数		1 027	9 222

(a) 伪彩色图

(b) 真实地物分布

图 5-1　Indian Pines 数据上高光谱图像的伪彩色图和真实地物分布

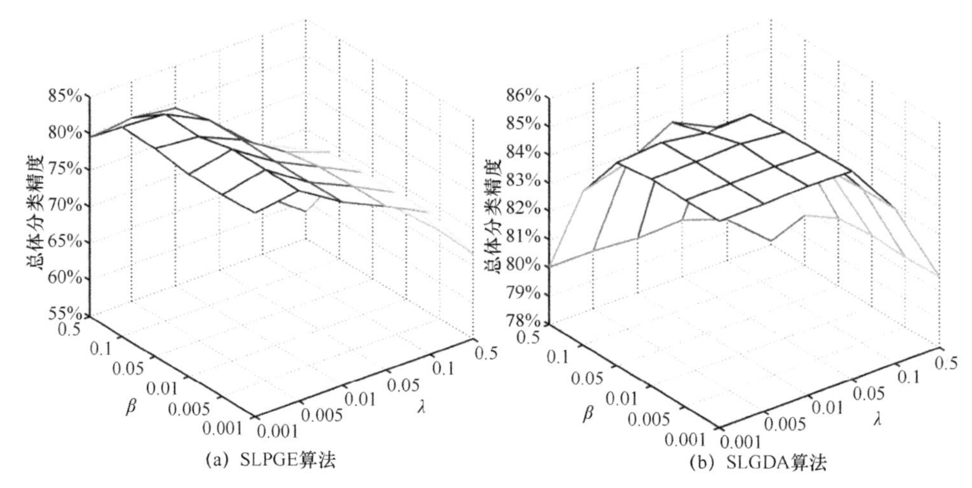

图 5-2　Indian Pines 数据上不同算法对参数 β 和 λ 调节的结果

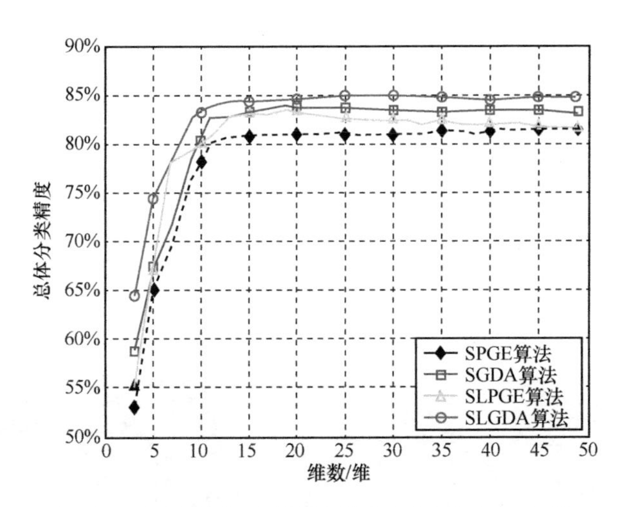

图 5-3　不同算法在不同维数下的测试数据总体分类精度

表 5-3 列出了不同算法，包括 PCA[32]、线性判别分析（LDA）[33]、线性 Fisher 判别分析（LFDA）[34]与本章介绍的基于图嵌入的 SPGE、SGDA、SLPGE 和 SLGDA 等算法在 Indian Pines 数据中各类别地物分类精度以及总体分类精度（OA）。总体分类精度是各类别地物分类精度的加权平均。从表 5-3 可以看出，在表中所列的 7 种算法中，SLGDA 算法同样具有最高的总体分类精度（达到 85.19%）。SGDA 算法的总体分类精度次之，SLPGE 算法也有不错的总体分类精度。LDA 算法的总体分类精度最差，只有 75.84%。

表 5-3　不同算法在 Indian Pines 数据中各类别地物的分类精度及总体分类精度

编号	算法						
	PCA 算法	LDA 算法	LFDA 算法	SPGE 算法	SGDA 算法	SLPGE 算法	SLGDA 算法
1	36.43%	42.59%	29.63%	48.15%	42.59%	59.26%	39.63%
2	70.22%	75.87%	75.59%	80.54%	80.89%	78.80%	85.56%
3	69.42%	64.51%	75.42%	68.94%	65.71%	63.31%	74.82%
4	27.78%	30.77%	58.12%	61.54%	64.10%	41.45%	49.32%
5	90.14%	93.16%	95.17%	93.76%	94.57%	97.18%	95.35%
6	97.05%	94.91%	96.12%	97.19%	98.39%	97.19%	95.59%
7	3.85%	11.54%	11.54%	30.77%	50.00%	34.62%	36.92%
8	99.59%	99.95%	93.87%	99.59%	99.80%	99.59%	99.75%
9	0	0	0	0	0	0	5.00%
10	64.98%	65.39%	80.89%	54.55%	59.30%	59.09%	69.11%
11	87.52%	68.11%	83.02%	83.14%	84.44%	85.41%	89.91%
12	70.20%	64.33%	86.32%	71.99%	77.04%	86.48%	86.78%
13	94.34%	99.53%	79.25%	98.58%	99.09%	99.53%	99.51%
14	96.14%	92.04%	88.87%	98.15%	92.50%	95.83%	96.45%
15	35.00%	73.42%	60.00%	53.95%	68.68%	62.11%	61.79%
16	85.26%	90.53%	53.68%	86.32%	85.26%	89.47%	84.16%
OA	79.01%	75.84%	81.79%	81.22%	83.34%	82.43%	85.19%

图 5-4 进一步给出了所提到的 4 种不同算法（SPGE、SGDA、SLPGE 和 SLGDA）的可视化分类结果。为了有效地比较不同算法的性能，只对有类别标记信息的地物进行处理，无标签的数据均作为背景进行处理。从图中可以看出，各方法的总体分类精度与表 5-3 所列的一致。在 4 种算法的对比中，SLGDA 算法的分类性能普遍优于其他算法，分类结果错误率是最低的，误分类的噪声最小，与真实地物最为接近，比如图 5-4 所示的木材和玉米–无耕地类别的 SLGDA 算法的错误率明显小于其他算法，地物分类标记图也更加光滑。

图 5-5 所示为在 Indian Pines 数据上，训练样本数与总标签样本数之比在不同数值的情况下，4 种算法的总体分类精度情况。通常情况下，合适的训练样本数有助于准确高效地训练出合适的图构造模型和分类器模型，所以很有必要研究训练样本数对总体分类精度的影响。从图中可以看出，随着训练样本所占比例的逐渐提高，Indian Pines 数据总体分类精度也都有了一定程度的提升。同样可以看出，在 4 种算法中，SLGDA 算法分类效果普遍优于其他算法。SLPGE 算法和 SGDA 算法的总体分类精度相当，SPGE 算法的总体分类精度最差。

(a) SPGE算法：81.22%

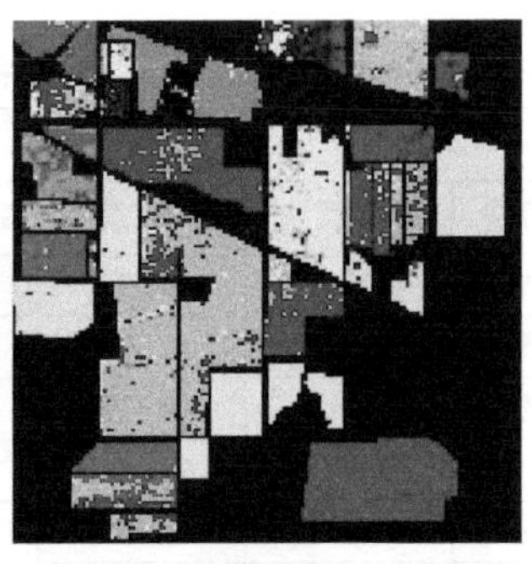

(b) SGDA算法：83.34%

(c) SLPGE算法：82.43%

(d) SLGDA算法：85.19%

苜蓿	玉米-无耕地	玉米-少量耕地	玉米地
草地-牧场	草地-树木	草地-牧场-收割草地	干草-落叶
燕麦	大豆-无耕地	大豆-少量耕地	大豆-收割耕地
小麦	木材	建筑-草地-树-耕地	石头-钢铁-塔

图 5-4 不同算法的可视化分类结果

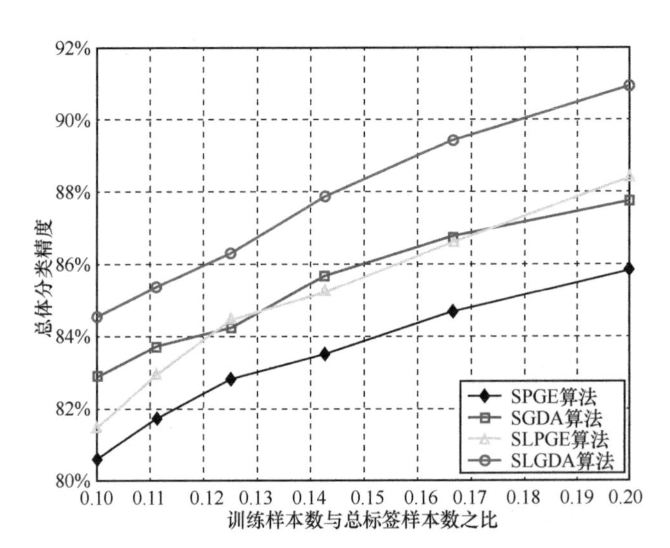

图 5-5 不同算法的总体分类精度情况

2. Salinas 数据实验分析

第 2 个用于实验的高光谱图像数据也是由 AVIRIS 传感器采集的，场景是位于加利福尼亚的萨利纳斯谷（Salinas Valley），该高光谱图像数据共包含 224 个波段，具有 512×217 个像元，空间分辨率为 3.7 m。在移除 20 个含噪波段和水雾波段（[108-112]、[154-167]和 224）后，该图像拥有 204 个可用波段。整个图像一共有 54 129 个有标签的像元，分属于 16 个类别，具体的类别信息以及训练样本数和测试样本数见表 5-4。该高光谱图像的伪彩色图和真实地物分布如图 5-6 所示。

表 5-4　Salinas 数据训练样本数和测试样本数

类别		训练样本数/个	测试样本数/个
编号	类别名称		
1	花椰菜–绿地–野草–1	100	1 909
2	花椰菜–绿地–野草–2	186	3 540
3	休耕地	99	1 877
4	休耕地–荒地–犁地	70	1 324
5	休耕地–平地	134	2 544
6	茬地	198	3 761
7	芹菜	179	3 400
8	葡萄–未培地	564	10 707
9	土壤–葡萄园–开发地	310	5 893
10	谷地–衰败地–绿地–野草	164	3 114
11	生菜–莴苣–4 周	53	1 015
12	生菜–莴苣–5 周	96	1 831
13	生菜–莴苣–6 周	46	870
14	生菜–莴苣–7 周	54	1 016
15	葡萄园–未培地	363	6 905
16	葡萄园–垂直棚架	90	1 717
总数		2 706	51 423

图 5-7 所示为在 Salinas 数据上，SLPGE 算法和 SLGDA 算法分别对参数 β 和 λ 的调节结果，参数 β 和 λ 均从{0.001, 0.005, 0.01, 0.05, 0.1, 0.5}中取值。由图中可以看出，SLPGE 算法的最优参数 β 和 λ 值设定为（0.01,0.01），SLGDA 算法的最优参数 β 和 λ 值设定为（0.05, 0.1）。

(a) 伪彩色图　　(b) 真实地物分布

图 5-6　Salinas 数据上高光谱图像的伪彩色图和真实地物分布

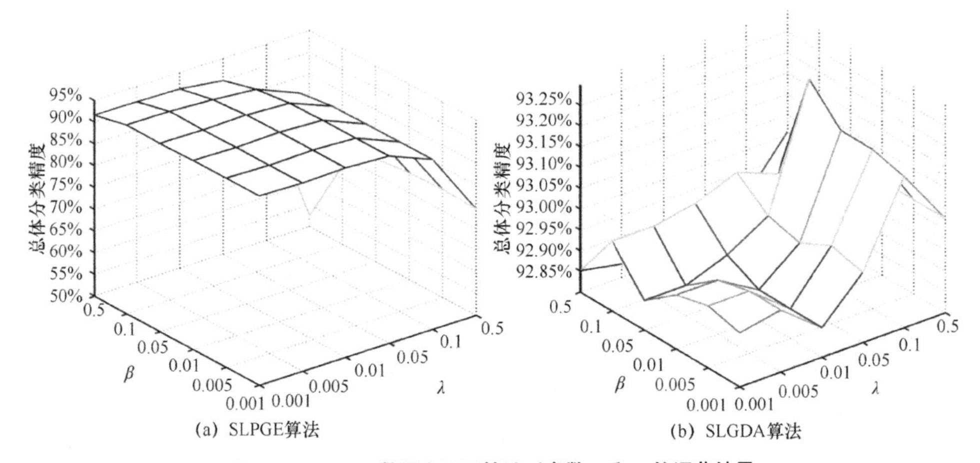

(a) SLPGE算法　　(b) SLGDA算法

图 5-7　Salinas 数据上不同算法对参数 β 和 λ 的调节结果

图 5-8 所示为 SPGE 算法、SGDA 算法、SLPGE 算法和 SLGDA 算法分别在不同维数下的测试数据的总体分类精度曲线。从图中可以看出，随着所提取的维数的增加，各算法的总体分类精度先不断提高，当维度达到 20 维左右时，各算法总体分类精度趋于稳定。从图中可以看出，SLGDA 算法的总体分类精度始终优于其他算法。基于以上分析，在关于 Salinas 数据后续的实验中，不同算法的维数统一固定到 25 维。

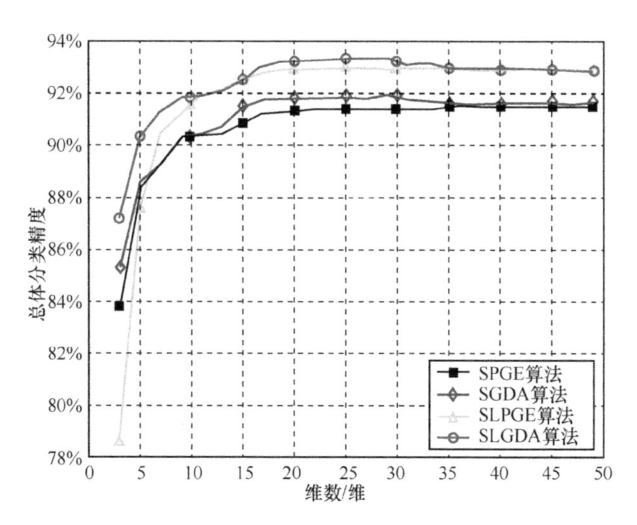

图 5-8　不同算法在不同维数下的测试数据的总体分类精度曲线

表 5-5 列出了 7 种不同算法（PCA、LDA、LFDA、SPGE、SGDA、SLPGE 和 SLGDA）在 Salinas 数据中的各类别地物的分类精度及总体分类精度。总体分类精度是每个类别分类精度的加权平均。在列出的 7 种算法中，SLGDA 算法依然具有最高的总体分类精度，达到 93.31%。SLPGE 的总体分类精度次之，SGDA 算法也具有不错的总体分类精度。基于 PCA 算法的分类结果最差，总体分类精度只有 89.82%。由于 Salinas 数据相对于其他两个高光谱图像数据较容易分类，因此在实验中训练数目的比例相对较低。

表 5-5　不同算法在 Salinas 数据中各类别地物的分类精度及总体分类精度

编号	算法						
	PCA 算法	LDA 算法	LFDA 算法	SPGE 算法	SGDA 算法	SLPGE 算法	SLGDA 算法
1	99.40%	99.75%	99.20%	99.50%	99.65%	99.55%	98.14%
2	99.12%	99.79%	99.19%	99.38%	99.33%	99.62%	99.44%
3	98.84%	99.75%	99.75%	99.44%	99.30%	99.09%	99.29%
4	99.28%	99.64%	99.71%	99.43%	99.21%	99.28%	99.57%
5	97.83%	98.54%	98.47%	98.48%	99.07%	98.10%	98.06%
6	99.67%	99.77%	99.09%	99.57%	99.57%	99.55%	99.32%
7	99.64%	99.80%	99.66%	99.27%	99.27%	99.78%	99.33%
8	92.69%	84.38%	86.89%	89.40%	89.78%	89.97%	89.48%

（续表）

编号	算法						
	PCA 算法	LDA 算法	LFDA 算法	SPGE 算法	SGDA 算法	SLPGE 算法	SLGDA 算法
9	99.03%	98.19%	97.34%	100%	100%	99.40%	99.65%
10	93.29%	97.99%	95.85%	97.47%	97.99%	97.22%	97.94%
11	94.01%	98.31%	97.94%	99.27%	99.53%	98.97%	99.06%
12	99.64%	99.74%	99.64%	99.90%	100%	99.64%	100%
13	98.47%	98.69%	97.38%	98.03%	98.47%	98.25%	97.82%
14	91.50%	96.45%	93.18%	95.61%	96.07%	95.23%	90.47%
15	43.82%	60.66%	63.04%	63.32%	65.40%	67.72%	69.51%
16	99.06%	99.39%	99.00%	99.28%	99.34%	99.10%	99.00%
总体分类精度	89.82%	90.85%	91.22%	91.38%	91.82%	92.93%	93.31%

图 5-9 进一步给出了 4 种算法（SPGE、SGDA、SLPGE 和 SLGDA）的可视化分类结果。为了有效地比较不同算法的性能，只对有类别标记信息的地物进行处理，无标签的数据均作为背景进行处理。从图中可以看出，各算法的总体分类精度与表 5-5 所列的一致。如图 5-9 所示，在以上 4 种算法的对比中，SLGDA 算法的总体分类性能普遍优于其他算法，分类结果错误率是最低的，误分类的噪声最小，与真实地物最为接近，地物分类标记图也更加光滑。

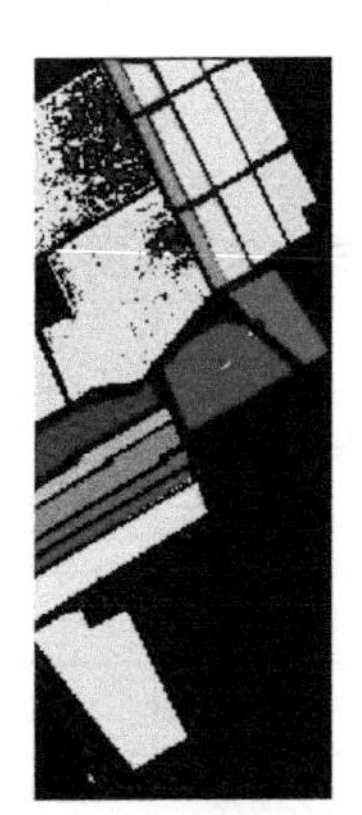

(a) SPGE算法：91.38%

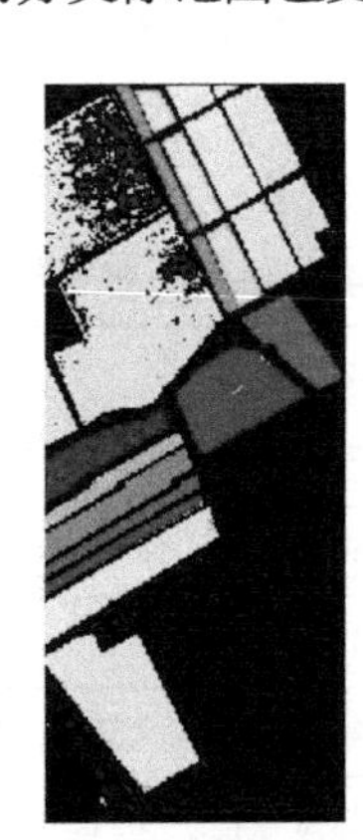

(b) SGDA算法：91.82%

(c) SLPGE算法：92.93%

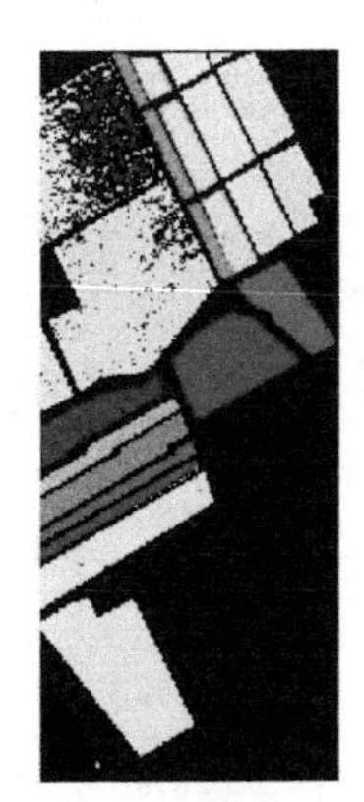

(d) SLGDA算法：93.31%

花椰菜-绿地-野草-1	花椰菜-绿地-野草-2	休耕地	休耕地-荒地-犁地
休耕地-平地	茬地	芹菜	葡萄-未培地
土壤-葡萄园-开发地	谷地-衰败地-绿地-野草	生菜-莴苣-4周	生菜-莴苣-5周
生菜-莴苣-6周	生菜-莴苣-7周	葡萄园-未培地	葡萄园-垂直棚架

图 5-9　不同算法的可视化分类结果

图 5-10 所示为在 Salinas 数据上，训练样本数与总标签样本数之比在不同数值的情况下 4 种算法的总体分类精度情况。从图中可以看出，随着训练样本所占比例的逐渐提高，Salinas 数据总体分类精度也有了一定程度的提升。同样可以看出，SPGE 算法分类效果最差，而 SLGDA 算法是 4 种算法中分类效果最好的。

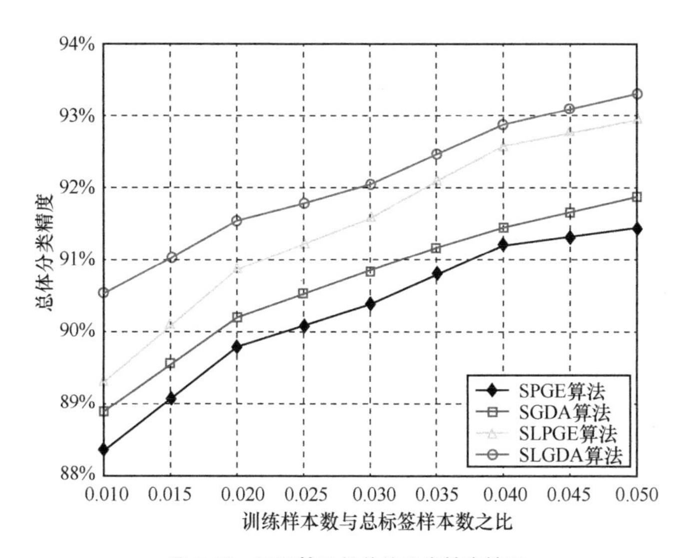

图 5-10　不同算法的总体分类精度情况

3. 帕维亚大学数据实验分析

第 3 个用于实验的高光谱图像数据是帕维亚大学数据，该高光谱图像是由另一个传感器，即反射光学系统成像光谱仪（Reflective Optics System Imaging Spectrometer，ROSIS）采集而来的，具有 610×340 个像元，空间分别率为 1.3 m，具有 103 个波段，覆盖了 0.43～0.86 μm 的光谱波长。整个图像一共有 42 776 个有标签的像元，分属于 9 个类别，具体的类别信息以及实验过程中训练样本数和测试样本数见表 5-6。该高光谱图像的伪彩色图和真实地物分布如图 5-11 所示。

在基于稀疏和低秩表示图的特征提取中，参数 β 和 λ 的选择对于最终构建的图矩阵有一定的影响，它们控制着稀疏项和低秩项的权重，合适的参数选择有助于有效地保留数据的全局和局部结构信息。图 5-12 是不同大小的 β 和 λ 值对帕维亚大学数据总体分类精度的影响。两个参数的大小设置范围均是（0.001, 0.005, 0.01, 0.05, 0.1, 0.5）。可以看出，对于帕维亚大学数据，SLGDA 算法最优参数 β 和 λ 的大小均可以设置为 0.01。此外，维数大小的选择也是影响高光谱图像总体分类精度

的重要因素，因此也需要对其进行讨论分析。图 5-13 所示为帕维亚大学数据上不同算法在不同维数下的总体分类精度曲线。从图中可以看出，在维数比较低的情况下，各类算法的分类效果都不是很好，但是本章所介绍的 SLGDA 算法相对其他算法具有一定的优势。随着维数增加，不同算法的分类效果先明显提升而后趋于稳定。在分类过程中，可将帕维亚大学数据的维数设置成 25 维。

表 5-6　帕维亚大学数据的训练样本数和测试样本数

类别		训练样本数/个	测试样本数/个
编号	类别名称		
1	沥青	530	6 101
2	牧场	1 492	17 157
3	碎石	168	1 931
4	树	245	2 819
5	油漆的金属板	108	1 237
6	贫地	402	4 627
7	柏油	106	1 224
8	自阻砖	295	3 387
9	背阴处	76	871
总数		3 422	39 354

(a) 伪彩色图

(b) 真实地物分布

图 5-11　帕维亚大学高光谱图像的伪彩色图和真实地物分布

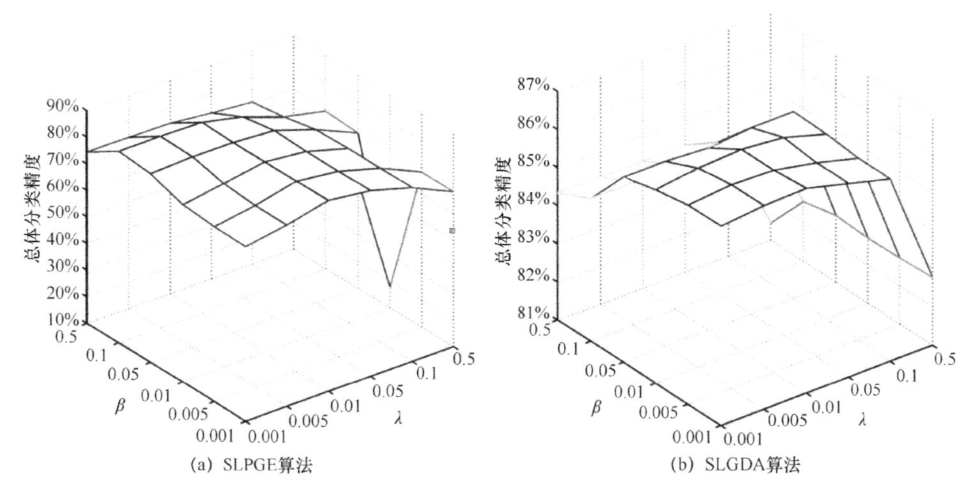

图 5-12　不同大小的 β 和 λ 值对帕维亚大学数据总体分类精度的影响

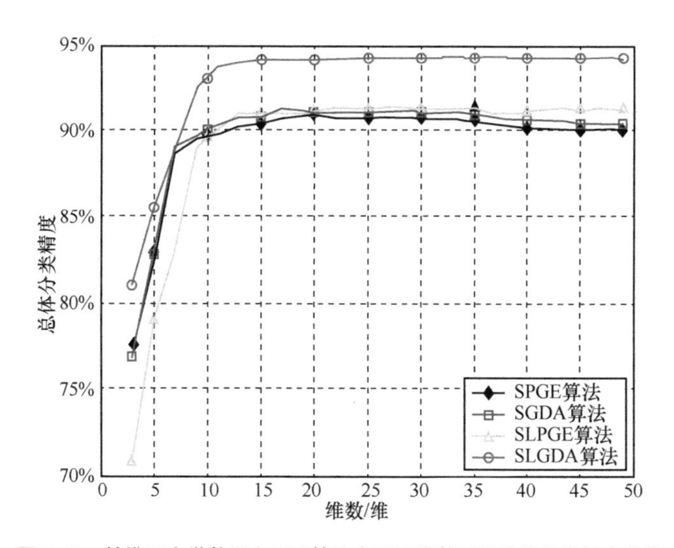

图 5-13　帕维亚大学数据上不同算法在不同维数下的总体分类精度曲线

图 5-14 所示为 4 种算法（SPGE、SGDA、SLPGE 和 SLGDA）的分类结果。可以看出，在以上 4 种算法中，SLGDA 算法分类错误率最低，误分类的噪声最小，与真实地物最为接近。表 5-7 是帕维亚大学数据不同算法的各类别地物分类精度和总体分类精度，总体分类精度是各类别分类精度的加权平均。从表 5-7 可以看出，SLGDA 算法具有最高的总体分类精度。对于无监督的特征提取，PCA 算法分类效果最差，只有 89.00%，SLPGE 算法相比 SPGE 算法也有约 2 个百分点的提高。对

于有监督的特征提取，LFDA 算法具有不错的分类效果，但还是不如 SLGDA 算法（相差约 1.5 个百分点的总体分类精度），SLGDA 算法总体分类精度相对于 SGDA 有约 4 个百分点的提高。

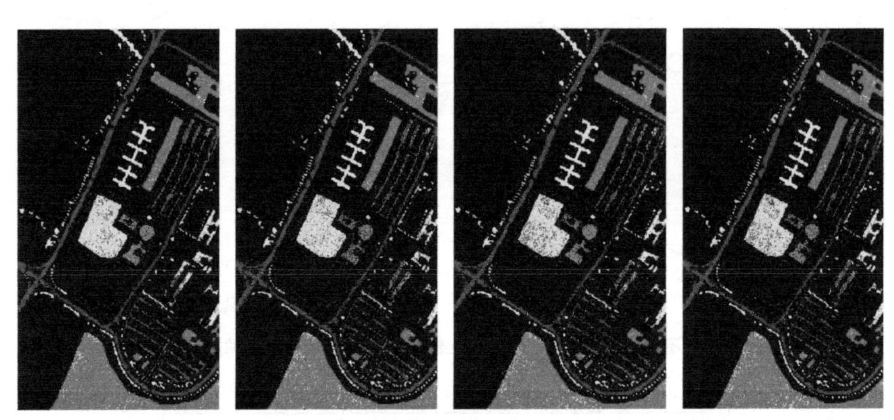

（a）SPGE算法：89.17%（b）SGDA算法：90.58%（c）SLPGE算法：91.28%（d）SLGDA算法：94.15%

无类别标签	沥青	牧场	碎石	树
油漆的金属板	贫地	柏油	自阻砖	背阴处

图 5-14　不同算法的分类结果

表 5-7　不同算法的各类别地物分类精度及总体分类精度

编号	算法						
	PCA 算法	LDA 算法	LFDA 算法	SPGE 算法	SGDA 算法	SLPGE 算法	SLGDA 算法
1	91.78%	93.39%	93.45%	92.13%	91.37%	93.79%	94.66%
2	98.03%	96.36%	97.36%	96.69%	97.23%	96.74%	97.83%
3	55.84%	58.74%	71.41%	65.98%	66.08%	64.94%	77.27%
4	87.14%	90.86%	91.00%	91.38%	91.19%	93.64%	93.18%
5	98.59%	99.48%	97.99%	99.33%	99.33%	99.26%	98.51%
6	65.54%	78.99%	87.55%	78.88%	80.31%	86.22%	90.08%
7	75.94%	75.41%	80.23%	69.32%	75.26%	81.35%	85.34%
8	86.27%	86.11%	86.98%	84.74%	84.11%	80.69%	90.49%
9	99.58%	99.37%	99.26%	94.83%	95.14%	99.37%	99.37%
总体分类精度	89.00%	90.51%	92.77%	89.17%	90.58%	91.28%	94.15%

图 5-15 描绘的是帕维亚大学数据在不同比例（0.06、0.07、0.08、0.09 和 0.1）的训练样本的情况下，不同算法的总体分类精度的情况，可以看出随着训练样本所

占比例的逐渐提高，总体分类精度也都具有一定程度的提升。其中 SLGDA 算法和 SLPGE 算法相对于 SGDA 算法和 SPGE 算法具有更高的总体分类精度，其中 SLGDA 算法是 4 种算法中最好的，在不同比例训练数据上的总体分类精度均比 SGDA 算法高了 4 个百分点左右。

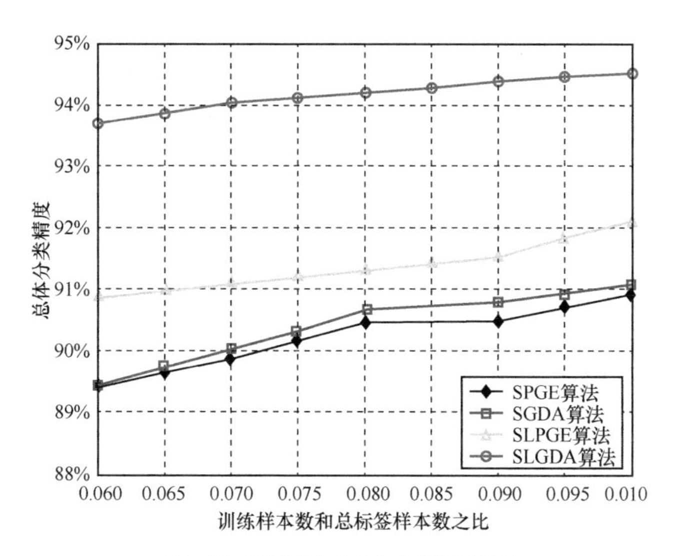

图 5-15　不同算法的总体分类精度情况

5.3　基于局部保留与低秩表示图的特征提取

流形学习的主要思想是学习高维空间中样本的局部邻域结构，并寻求一种子空间来保留该流形结构，使得样本在投影到低维空间后保持较好的局部邻域关系。局部保留投影方法构建空间中各样本对之间的远近亲疏关系，并在投影过程中保持这种关系，在降维的同时保留空间中样本的局部邻域结构且避免样本集的发散，保持原来的近邻结构。

5.3.1　局部保留与低秩图构建

低秩表示（LRR）方法只能获取数据的全局特征，不能获取数据的局部几何流形，因此只有当高维空间中的数据分布于几个线性子空间的集合上时才能表现出优异的性能。然而对于有着复杂分布的高维数据（如高光谱数据）来说，LRR 可能无法获得数据固有的局部几何流形和判别结构[11]。低秩图的判别分析（Low-Rank Graph Discriminant Analysis，LGDA）是 LRR 的扩展应用之一，这种方法在降维所得到的低维空间中有较好的分类性能，但 LGDA 仅利用了数据结构的低秩特性而忽略了嵌入子空间中的局部邻域结构信息。根据以上问题，基于低秩图的局部保持判别分析（Locality Preserving Low Rankness Graph-Based Discriminant Analysis，LPLGDA）算法将数据的局部流形结构嵌入 LGDA 框架中，有效地将低秩表示与数据的本征几何邻域结构信息相结合，能够在对数据具有全局约束的同时保持其局部特性。

在本章提出的 LPLGDA 框架中，局部保持投影（Local Preserving Projection，LPP）[14]通过构造图的相似度矩阵 $\boldsymbol{W}^{\mathrm{LP}}$ 来保持局部特征。设 $\mathcal{N}(\boldsymbol{x}_i)$ 表示由 $\boldsymbol{x}_i$ 的 k_{nn} 个最近邻点组成的邻域集合，则相似度矩阵 $\boldsymbol{W}^{\mathrm{LP}}$ 可定义为 $\boldsymbol{W}^{\mathrm{LP}}=\begin{cases}\exp(\|\boldsymbol{x}_i-\boldsymbol{x}_j\|^2/2\delta^2), & \boldsymbol{x}_i\in\mathcal{N}(\boldsymbol{x}_i)\ 或\ \boldsymbol{x}_j\in\mathcal{N}(\boldsymbol{x}_j)\\ 0, & 其他\end{cases}$，其中，$\delta$ 表示由径向基核函数估计的参数。与前文所述不同，在 LPP 中，相似度矩阵由局部近邻元素的欧氏距离表征。

在该框架下，基于相似度保持理论的图嵌入有如下流形假设：如果在原始高维空间中，两个像素 $\boldsymbol{x}_i$ 和 $\boldsymbol{x}_j$ 有更高的相似度，那么它们的低秩表示系数向量 $\boldsymbol{z}_i$ 和 $\boldsymbol{z}_j$ 也会相似，则有如下目标函数。

$$\begin{aligned}&\frac{1}{2}\sum_{i,j=1}^{m}\left\|\boldsymbol{z}_i-\boldsymbol{z}_j\right\|_2^2\boldsymbol{W}_{ij}^{\mathrm{LP}}=\sum_{i=1}^{m}\boldsymbol{z}_i^{\mathrm{T}}\boldsymbol{z}_i\boldsymbol{D}_{ii}^{\mathrm{LP}}-\sum_{i,j=1}^{m}\boldsymbol{z}_i^{\mathrm{T}}\boldsymbol{z}_i\boldsymbol{W}_{ij}^{\mathrm{LP}}=\\&\mathrm{tr}(\boldsymbol{Z}\boldsymbol{D}^{\mathrm{LP}}\boldsymbol{Z}^{\mathrm{T}})-\mathrm{tr}(\boldsymbol{Z}\boldsymbol{W}^{\mathrm{LP}}\boldsymbol{Z}^{\mathrm{T}})=\\&\mathrm{tr}(\boldsymbol{Z}\boldsymbol{L}^{\mathrm{LP}}\boldsymbol{Z}^{\mathrm{T}})\end{aligned}\tag{5-11}$$

其中，$\boldsymbol{L}^{\mathrm{LP}}$ 是 LPP 中相似度矩阵 $\boldsymbol{W}^{\mathrm{LP}}$ 的拉普拉斯矩阵，且 $\boldsymbol{L}^{\mathrm{LP}}=\boldsymbol{D}^{\mathrm{LP}}-\boldsymbol{W}^{\mathrm{LP}}$，$\boldsymbol{D}^{\mathrm{LP}}$ 是第 i 个元素为 $D_{ii}^{\mathrm{LP}}=\sum_{j=1}^{m}W_{ij}^{\mathrm{LP}}$ 的对角矩阵，常量 1/2 被用来简化函数，可以看出目标函数利用了像素间的相似度关系来保持局部特征。

如式（5-11）所示，LPLGDA 算法将局部流形结构约束与全局低秩表示相结合，可有效地保留数据的局部本征流形结构和全局判别分析结构信息，局部保持低秩图可以建模为式（5-12）的目标函数优化问题。

$$\begin{aligned}&\arg\min_{Z,E}\|Z\|_*+\lambda\|E\|_{2,1}+\beta\mathrm{tr}(ZL^{\mathrm{LP}}Z^{\mathrm{T}})\\&\mathrm{s.t.}\ \ X=XZ+E\end{aligned}\tag{5-12}$$

其中，$\lambda\ (\lambda>0)$ 和 $\beta\ (\beta>0)$ 是用来平衡两局部保持和全局信息的归一化参数。在本文所提出的 LPLGDA 算法中，数据的全局结构可通过施加正则化核范数 $\|Z\|_*$ 获得，且数据的欧氏几何空间可以通过保持重建误差 $\|E\|_{2,1}$ 获得。式（5-12）中的局部约束项 $\mathrm{tr}(ZL^{\mathrm{LP}}Z^{\mathrm{T}})$ 用来保持局部本征结构特性。因此，本文提出的 LPLGDA 算法通过同时考虑全局结构和局部特征保持而获得更多的判别信息。

式（5-12）中的目标函数是一个有约束的凸函数优化问题，将两个辅助变量 J 和 S 引入目标函数，这样可转化为下述优化问题。

$$\begin{aligned}&\arg\min_{Z,J,S}\|J\|_*+\lambda\|E\|_{2,1}+\beta\mathrm{tr}(SL^{\mathrm{LP}}S^{\mathrm{T}})\\&\mathrm{s.t.}\ \ X=XZ+E,J=Z,S=Z\end{aligned}\tag{5-13}$$

上述优化问题可以通过增广拉格朗日乘子（Augmented Lagrange Multiplier，ALM）[35]算法进行求解，即

$$\begin{aligned}&\arg\min_{Z,J,S,Y_1,Y_2,Y_3}\|J\|_*+\lambda\|E\|_{2,1}+\beta\mathrm{tr}(SL^{\mathrm{LP}}S^{\mathrm{T}})+<Y_1,\\&X-XZ-E>+<Y_2,Z-J>+<Y_3,Z-S>+\\&\frac{\mu}{2}\|X-XZ-E\|_{\mathrm{F}}^2+\frac{\mu}{2}\|Z-J\|_{\mathrm{F}}^2+\frac{\mu}{2}\|Z-S\|_{\mathrm{F}}^2\end{aligned}\tag{5-14}$$

其中，Y_1、Y_2、Y_3 为拉格朗日乘数，μ（$\mu>0$）是惩罚参数，$\|\cdot\|_{\mathrm{F}}$ 表示弗洛比尼范数。通过一个简单的代数运算，可将上述优化问题转化为如下形式。

$$\begin{aligned}&\arg\min_{Z,J,S,Y_1,Y_2,Y_3}\|J\|_*+\lambda\|E\|_{2,1}+\beta\mathrm{tr}(SL^{\mathrm{LP}}S^{\mathrm{T}})+\\&\frac{\mu}{2}\Big(\|X-XZ-E+Y_1/\mu\|_{\mathrm{F}}^2+\|Z-J+Y_2/\mu\|_{\mathrm{F}}^2+\\&\|Z-S+Y_3/\mu\|_{\mathrm{F}}^2\Big)\end{aligned}\tag{5-15}$$

典型地，LPLGDA 可以通过精确的或者非精确的 ALM 算法求解。这里采用效率更高的非精确的 ALM 算法去求解目标优化问题。LPLGDA 算法的具体流程由算法 5.3 给出。注意到虽然算法中的步骤 3（2）和步骤 3（4）是凸函数求解问题，但是它们都有闭式的解决方案，其中步骤 3（2）可以通过奇异值阈值分割运算[36]求解，而步骤 3（4）可以通过文献[28]中的方案求解，且最佳矩阵 E^* 的

第 i 列为

$$E^*(:,I)=\begin{cases}\dfrac{\|col_i\|-\lambda/\mu}{\|col_i\|}\|col_i\|, & \|col_i\|>\lambda/\mu \\ 0, & \text{其他}\end{cases} \tag{5-16}$$

其中，col_i 表示矩阵 $X-XZ-E+Y_1/\mu$ 第 i 列的列向量。

算法 5.3 LPLGDA 算法

1：输入数据矩阵 X，局部保持矩阵 W^{LP}，参数 λ 和 β

2：初始化：$Z=J=S=0$；$E=0$；$Y_1=Y_2=Y_3=0$，$\mu=10^{-6}$；$\mu_{max}=10^{10}$；$\rho=1.1$；$\varepsilon=10^{-8}$

3：如果没有收敛，则

（1）通过下式更新 Z 值同时调整其他参数

$Z=(X^TX+2I)^{-1}(X^TX-X^TE+J+S+(X^TY_1-Y_2-Y_3)/\mu)$

（2）通过下式更新 J 值同时调整其他参数

$\arg\min_J \|J\|_*+\frac{\mu}{2}\|J-(Z+Y_2/\mu)\|_F^2$

（3）通过下式更新 S 值同时调整其他参数

$S=(2\beta/\mu L^{LP}+I)^{-1}(Z+Y_3/\mu)$

（4）通过下式更新 E 值同时调整其他值

$E=\arg\min \lambda\|E\|_{2,1}+\frac{\mu}{2}\|E-(X-XZ+Y_1/\mu)\|_F^2$

（5）通过下式更新乘数

$Y_1=Y_1+\mu(X-XZ-E)$

$Y_2=Y_2+\mu(Z-J)$

$Y_3=Y_3+\mu(Z-S)$

（6）通过 $\mu=\min(\rho\mu,\mu_{max})$ 更新参数 μ

（7）检查以上过程是否符合下述收敛条件

$\|X-XZ-E+Y_1/\mu\|_\infty<\varepsilon, \|Z-J\|_\infty<\varepsilon, |Z-S\|_\infty<\varepsilon$

4：结束

5：输出最佳矩阵 Z

5.3.2　实验结果与分析

本节对所给出的基于局部保留与特征表示的 LPLGDA 算法验证其局部和全局的数据结构保持能力和数据判别分析性能。在 LPLGDA 算法中，有 3 个参数需要进行分析，分别是近邻参数 k_{nn} 和目标函数中的参数 λ 和 β 。以上参数的选取都由实验结果来决定。对于近邻参数 k_{nn} ，根据实验和以往其他科技论文的经验，本章实验均取 $k_{nn}=5$ 。如果某类的训练样本总数少于 5 个，则该类的所有样本均默认为近邻，即参数 k_{nn} 的取值为该类训练样本的总数。其他两个参数通过在 3 组数据（即 Indian Pines、Salinas 和帕维亚大学）上进行调参实验后确定。

在 3 组实验数据上对参数 λ 和 β 的调节结果如图 5-16 所示，其中横轴表示参数的变化范围，纵轴表示总体分类精度。图中给出了在不同参数组合下的总体分类精度，两个参数的选取范围均为{0.001, 0.01, 0.1, 1, 10, 100, 1 000}，最优的分类精度对应的参数即为本实验数据的应用参数。从图中可以看出，当总体分类精度达到最高的时候，Indian Pines 数据的最优的参数选择为 λ=0.01、β=100；Salinas 数据的最优参数选择为 λ=10，β=1 000；帕维亚大学数据的最优参数选择为 λ=0.01、β=1。不同数据的参数选择不同，说明这两个参数的选取与数据是有一定关系的，参数具有一定的适应性。从图中可以看出，非零正则化参数 β 对算法精度有一定的影响，说明局部相似度矩阵对原来算法的约束起到了应有的作用。确定好各类数据所对应的最优参数 λ 和 β 之后，对数据进行降维处理，然后用 SVM 分类器进行分类性能评估。图 5-17 所示为 3 组实验数据上，LPLGDA 算法和 LPP、SGDA、CGDA、LGDA 算法在不同维数时的总体分类精度曲线。从图中可以看出，本章提出的 LPLGDA 算法的总体分类精度基本保持在对比算法之上，优于目前较为先进的 SGDA 算法、CGDA 算法、LGDA 算法，而且比获取局部信息的 LPP 算法也有很大提高。此外，从图中还可以观察到，随着维数的增加，数据总体分类精度不断提高，并逐渐趋于一个稳定的范围，当所提取的维数大约在 20 维时，LPLGDA 算法已经表现出较好的性能，而且总体分类精度稳定，波动不大。

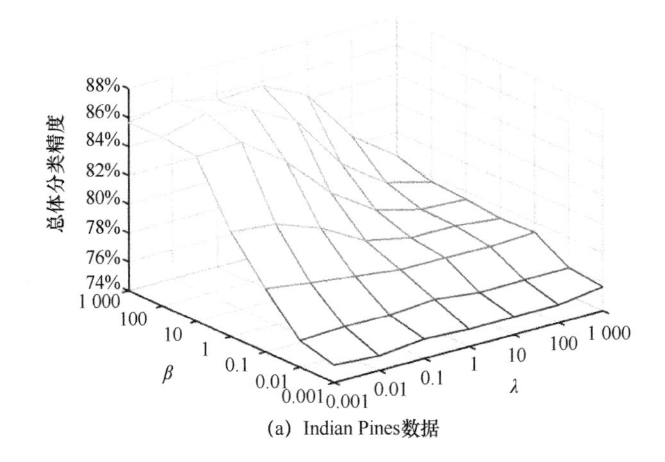

(a) Indian Pines数据

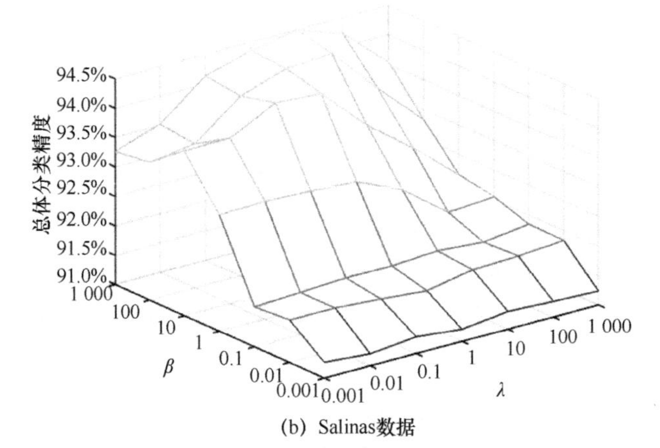

(b) Salinas数据

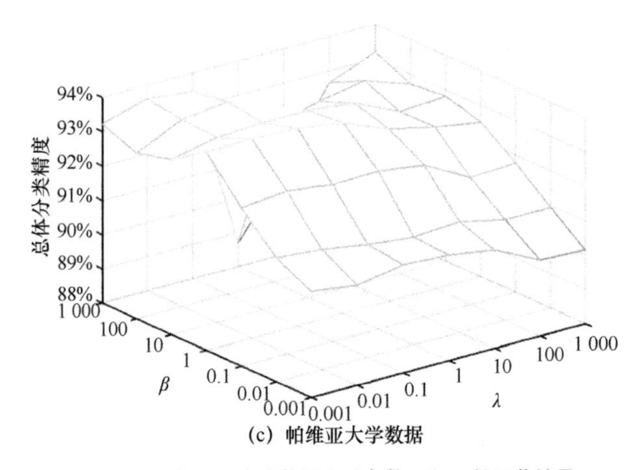

(c) 帕维亚大学数据

图 5-16 在 3 组实验数据上对参数 λ 和 β 的调节结果

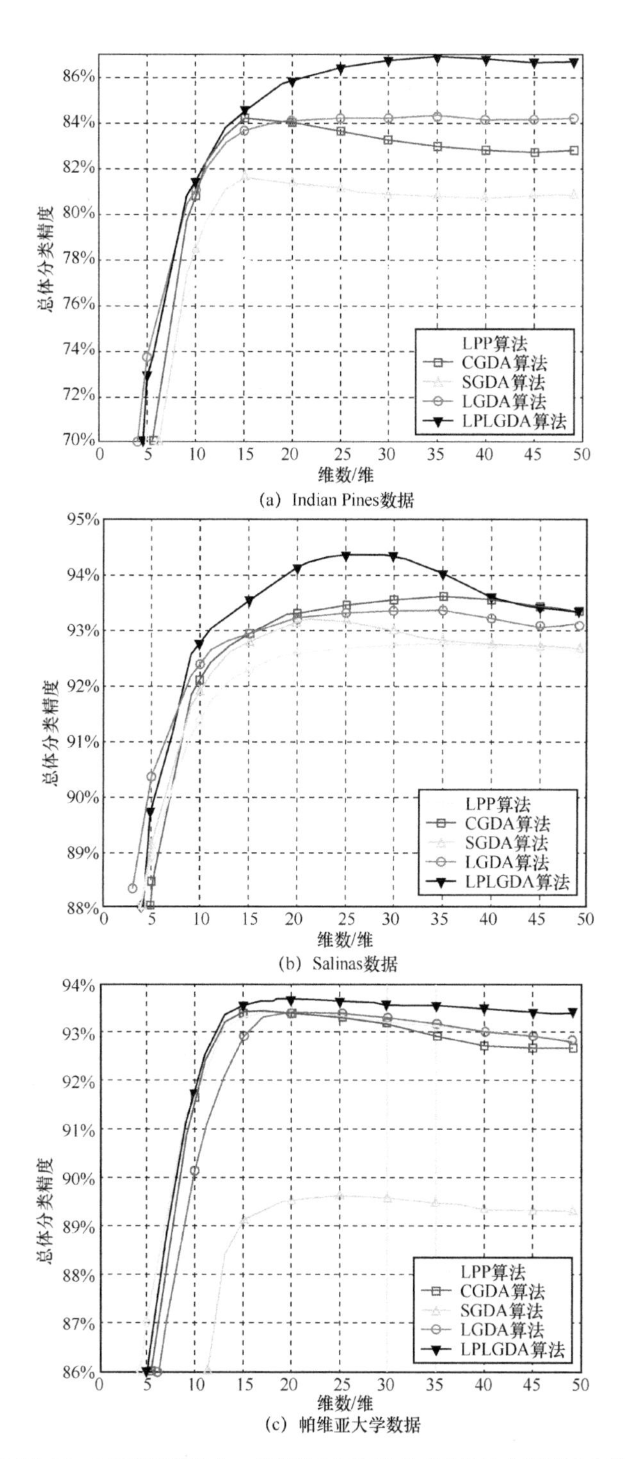

图 5-17　3 组实验数据上，各算法在不同维数时的总体分类精度曲线

为了更加详细地展示各类别地物的分类精度，3 组数据上的各分类结果、总体分类精度（OA）以及平均分类精度（AA）在表 5-8～表 5-10 中列出。从各表中可以注意到，所提出的 LPLGDA 算法的总体分类精度均高于其他算法的总体分类精度，证明了该算法的有效性和优越性。

表 5-8　不同算法在 Indian Pines 数据上的各分类结果、OA 及 AA

编号	算法							
	PCA	LDA	LFDA	LPP	SGDA	CGDA	LGDA	LPLGDA
1	36.43%	42.59%	29.63%	0	42.59%	59.26%	32.65%	51.02%
2	70.22%	75.87%	75.59%	73.90%	80.89%	69.25%	67.47%	84.04%
3	69.42%	64.51%	75.42%	55.93%	65.71%	64.63%	53.93%	79.76%
4	27.78%	30.77%	58.12%	59.72%	64.10%	47.44%	35.55%	59.24%
5	90.14%	93.16%	95.17%	94.85%	94.57%	89.94%	87.25%	95.30%
6	97.05%	94.91%	96.12%	96.73%	98.39%	95.72%	95.68%	98.51%
7	3.85%	11.54%	11.54%	17.39%	50.00%	65.38%	30.43%	30.43%
8	99.59%	99.95%	93.87%	99.55%	99.80%	95.71%	95.68%	99.32%
9	0	0	0	0	0	0	0	11.11%
10	64.98%	65.39%	80.89%	50.86%	59.30%	80.89%	75.55%	76.46%
11	87.52%	68.11%	83.02%	81.99%	84.44%	85.05%	84.24%	89.37%
12	70.20%	64.33%	86.32%	67.81%	77.04%	63.68%	56.78%	86.98%
13	94.34%	99.53%	79.25%	98.95%	99.09%	83.49%	83.77%	98.95%
14	96.14%	92.04%	88.87%	90.73%	92.50%	91.50%	92.02%	95.62%
15	35.00%	73.42%	60.00%	60.53%	68.68%	51.58%	44.44%	68.13%
16	85.26%	90.53%	53.68%	89.41%	85.26%	73.68%	82.35%	88.24%
OA	79.01%	75.84%	81.79%	77.59%	83.34%	84.59%	84.35%	86.93%
AA	64.25%	66.67%	66.72%	64.90%	72.65%	69.83%	63.61%	75.78%

表 5-9　不同算法在 Salinas 数据上的各分类结果、OA 及 AA

编号	算法							
	PCA	LDA	LFDA	LPP	SGDA	CGDA	LGDA	LPLGDA
1	99.40%	99.75%	99.20%	99.69%	99.65%	99.30%	98.32%	99.69%
2	99.12%	99.79%	99.19%	100.00%	99.33%	100.00%	99.32%	99.94%
3	98.84%	99.75%	99.75%	99.63%	99.30%	99.75%	98.83%	99.84%
4	99.28%	99.64%	99.71%	99.24%	99.21%	99.43%	99.55%	99.62%
5	97.83%	98.54%	98.47%	98.55%	99.07%	98.47%	97.76%	98.35%

（续表）

编号	算法							
	PCA	LDA	LFDA	LPP	SGDA	CGDA	LGDA	LPLGDA
6	99.67%	99.77%	99.09%	99.63%	99.57%	99.14%	99.02%	99.57%
7	99.64%	99.80%	99.66%	99.74%	99.27%	99.64%	99.38%	99.85%
8	92.69%	84.38%	86.89%	90.28%	89.78%	89.24%	84.98%	90.96%
9	99.03%	98.19%	97.34%	99.32%	100.00%	99.61%	96.47%	99.80%
10	93.29%	97.99%	95.85%	96.47%	97.99%	97.59%	93.58%	97.50%
11	94.01%	98.31%	97.94%	99.01%	99.53%	99.16%	95.27%	99.31%
12	99.64%	99.74%	99.64%	99.84%	100.00%	100.00%	98.47%	100.00%
13	98.47%	98.69%	97.38%	98.05%	98.47%	97.82%	96.32%	98.74%
14	91.50%	96.45%	93.18%	92.32%	96.07%	92.53%	91.04%	95.28%
15	43.82%	60.66%	63.04%	66.57%	65.40%	69.10%	64.45%	76.13%
16	99.06%	99.39%	99.00%	99.30%	99.34%	99.39%	98.89%	99.30%
OA	89.82%	90.85%	91.22%	92.80%	91.82%	93.00%	93.34%	94.43%
AA	94.08%	95.68%	95.33%	96.10%	96.37%	96.26%	94.48%	97.12%

表 5-10　不同算法在帕维亚大学数据上的各分类结果、OA 及 AA

编号	算法							
	PCA	LDA	LFDA	LPP	SGDA	CGDA	LGDA	LPLGDA
1	91.78%	93.39%	93.45%	94.21%	91.37%	93.65%	91.97%	93.35%
2	98.03%	96.36%	97.36%	96.88%	97.23%	97.10%	95.53%	96.89%
3	55.84%	58.74%	71.41%	68.51%	66.08%	70.70%	66.65%	69.50%
4	87.14%	90.86%	91.00%	92.44%	91.19%	93.31%	91.63%	95.00%
5	98.59%	99.48%	97.99%	99.60%	99.33%	98.51%	90.14%	99.43%
6	65.54%	78.99%	87.55%	88.96%	80.31%	86.94%	80.53%	87.14%
7	75.94%	75.41%	80.23%	71.32%	75.26%	79.77%	72.55%	72.63%
8	86.27%	86.11%	86.98%	88.34%	84.11%	81.42%	82.08%	87.27%
9	99.58%	99.37%	99.26%	99.66%	95.14%	96.83%	96.21%	99.66%
OA	89.00%	90.51%	92.77%	93.45%	90.58%	92.37%	93.24%	93.74%
AA	84.30%	86.52%	89.47%	88.88%	86.67%	88.69%	85.25%	88.99%

图 5-18～图 5-20 进一步给出了在 3 组数据上，各个算法的可视化分类结果。图中分别列出了各个数据的伪彩图、真值图，以及 LFDA 算法、LPP 算法、SGDA

算法、CGDA 算法、LGDA 算法和 LPLGDA 算法的总体分类精度。为了有效地比较不同算法的性能，只对有类别标记信息的地物进行处理，无标签的数据均作为背景进行处理。从图中可以看出，各方法的分类精度与表 5-8～表 5-10 所列的一致。如图 5-18～图 5-20 所示，在以上 6 种算法的对比中，LPLGDA 算法的分类性能普遍优于其他算法，分类结果错误率是最低的，误分类的噪声最小，与真实地物最为接近，地物分类标记图也最光滑。

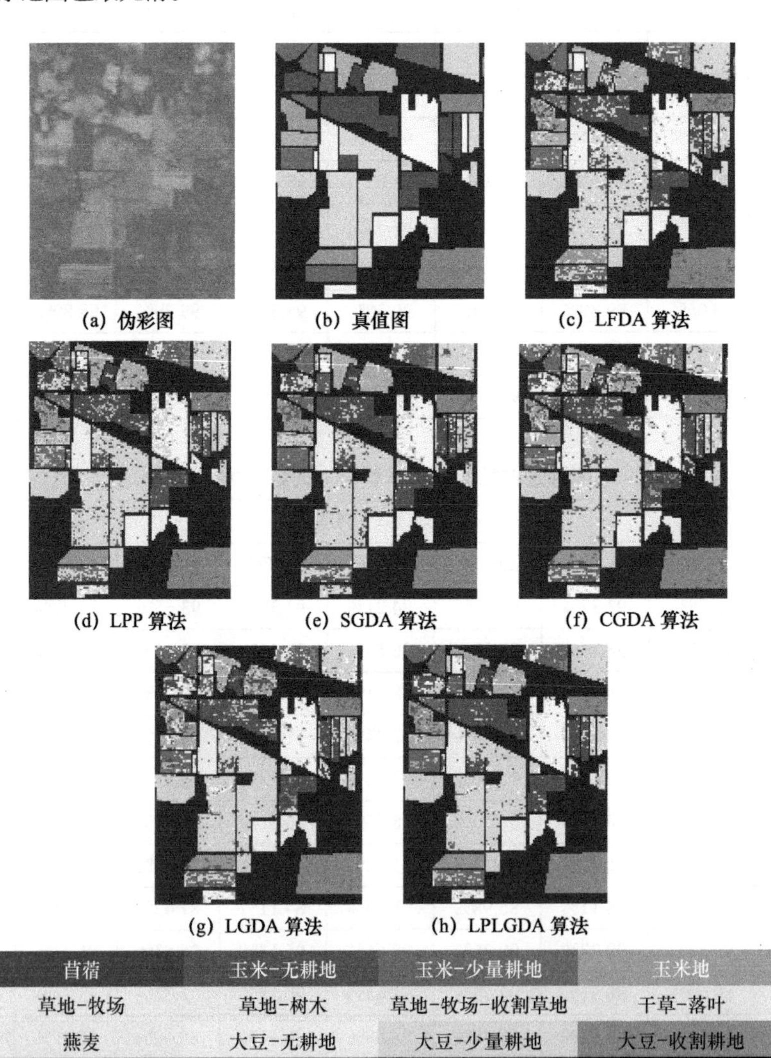

图 5-18　在 Indian Pines 数据上的各算法的分类结果

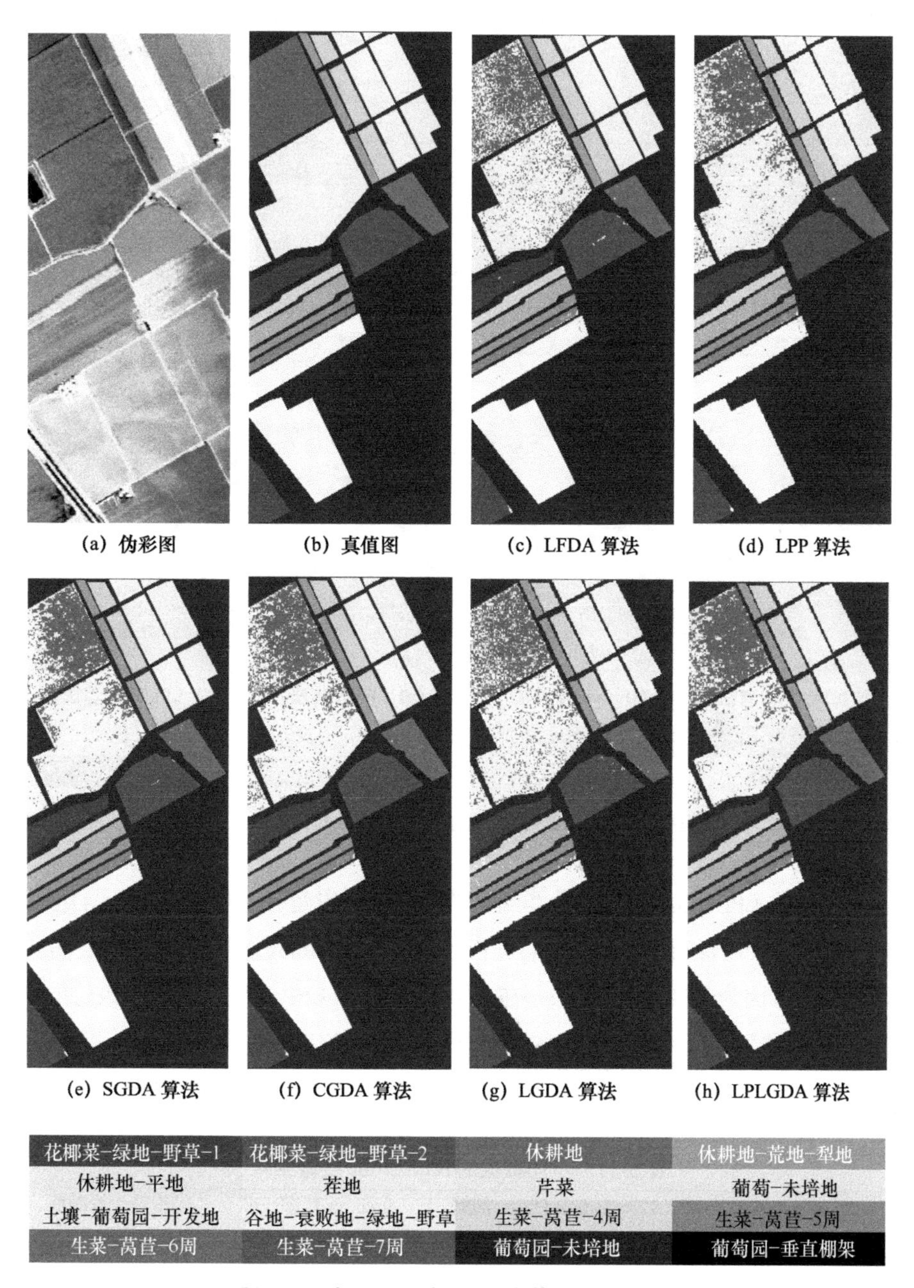

图 5-19　在 Salinas 数据上的各算法的分类结果

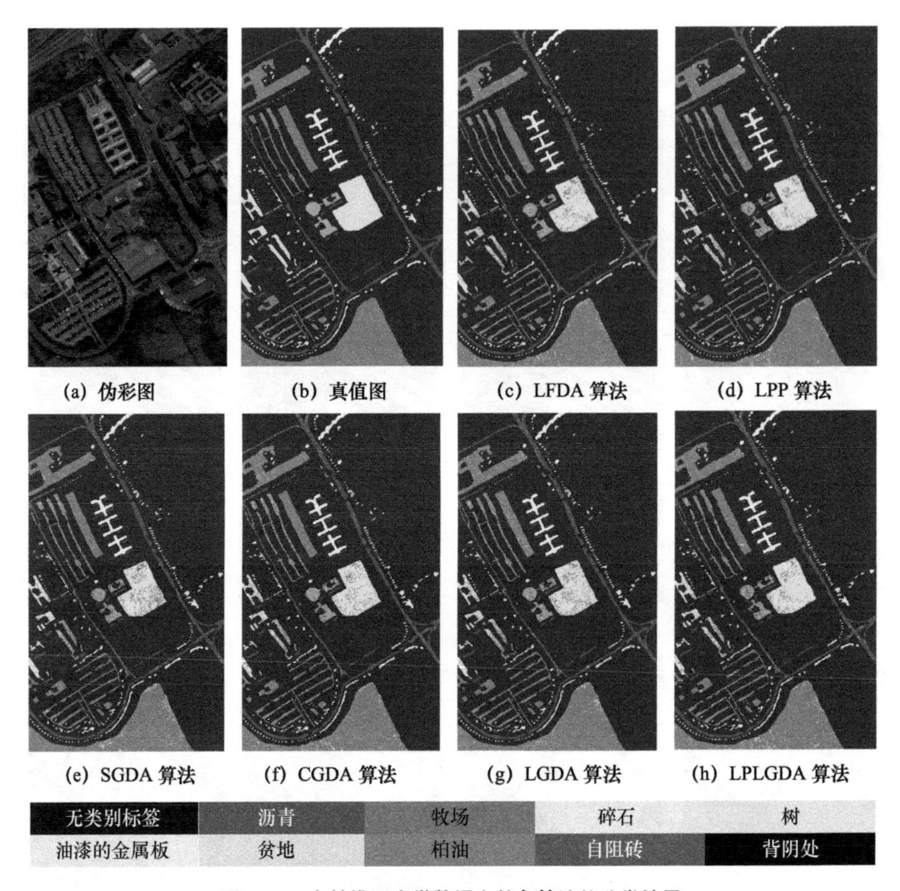

图 5-20 在帕维亚大学数据上的各算法的分类结果

为了评估 LPLGDA 算法的分类结果的可信度，以及分类精度对于 LGDA 算法和 LPP 算法是否有统计意义，我们进行了标准 McNemar 测试[37-38]实验，实验结果见表 5-11。因为 LPLGDA 算法是在 LGDA 算法和 LPP 算法的基础上改进的，因此针对性地做了这两组对比。当标准 McNemar 测试值均大于 2.56 时，说明 LPLGDA 算法分类精度比 LGDA 算法和 LPP 算法的提高具有 99%的置信度。

表 5-11 不同数据的 McNemar 实验结果

对比方案	Indian Pines 数据 测试值/是否有意义	Salinas 数据 测试值/是否有意义	帕维亚大学数据 测试值/是否有意义
LPLGDA 算法对比 LPP 算法	5.16/是	6.60/是	2.62/是
LPLGDA 算法对比 LGDA 算法	4.38/是	2.76/是	2.69/是

通常情况下，合适的训练样本数有助于准确高效地训练出合适的图构造模型和分类器模型，所以研究训练样本对数据分类精度的影响是非常必要的。图 5-21 所示为在 3 组数据上，训练样本数与总标签样本数之比在不同数值下不同算法的总体分类精度情况。Indian Pines 数据的训练样本的比例为{1/10, 1/9, 1/8, 1/7, 1/6}，Salinas 数据的训练样本比例为{0.01, 0.02, 0.03, 0.04, 0.05}，帕维亚大学数据训练样本比例为{0.06, 0.07, 0.08, 0.09, 0.10}。图中可以看出，一般情况下，训练样本数越小，总体分类精度越低；当训练样本数增加的时候，各算法的总体分类精度也会随之变得更加精确。同时可以看出，本章提出的 LPLGDA 算法在各个训练样本数下的表现多数情况下优于其他算法(除了 Salinas 数据训练样本数最小时，略低于 SGDA 算法和 CGDA 算法），这说明 LPLGDA 算法对于训练样本数具有较好的稳健性。

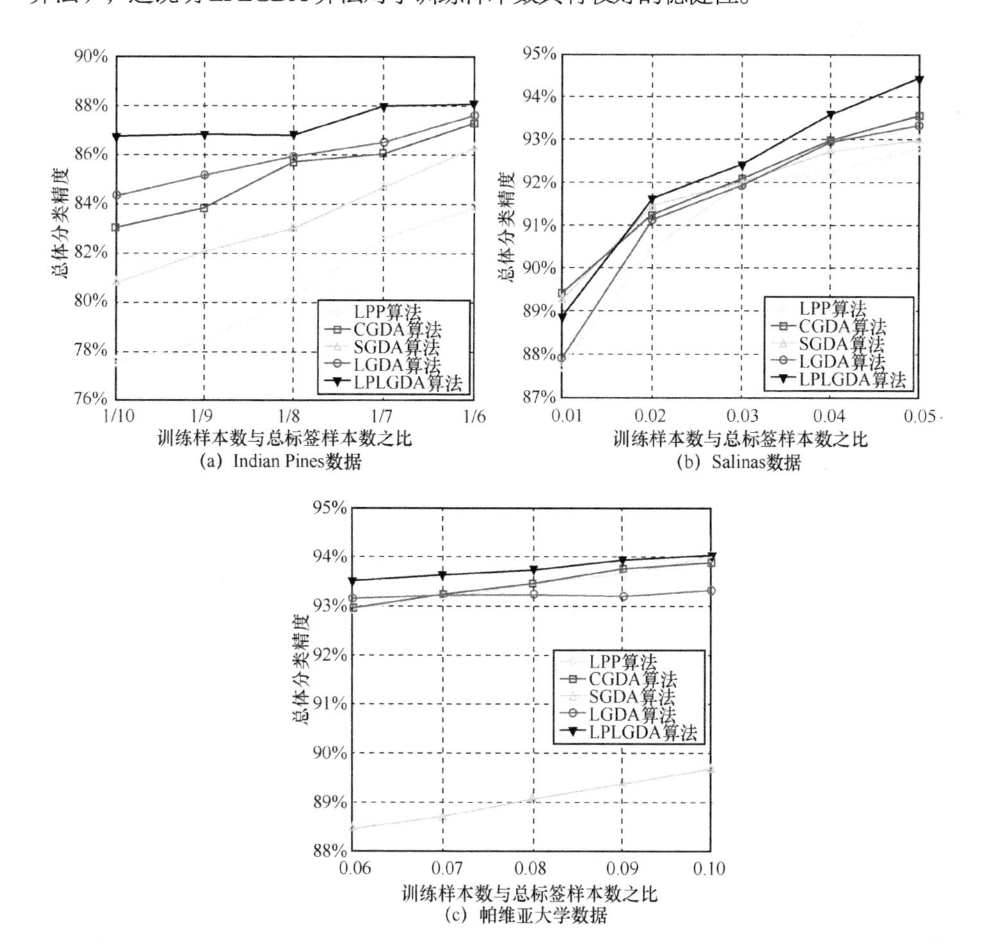

图 5-21　3 组数据上，不同算法的总体分类精度情况

本节的所有的实验均使用 Matlab 软件进行仿真。因此，同一条件下的运算时间能够反映算法的复杂度。表 5-12 给出了前面所提到的以图为基础的各算法的运算复杂度，可以看出：LPP 算法的运算成本比其他的图嵌入算法要低，这是因为它只利用了局部约束信息，而 LPLGDA 算法的运算成本几乎和 LGDA 算法的相等，但要比 SGDA 算法的低。因此，本节所提出的 LPLGDA 算法是具有一定优势的。

表 5-12　各算法在不同数据上的运行时间

算法	不同数据上的运行时间/s		
	Indian Pines 数据	Salinas 数据	帕维亚大学数据
LPP	0.07	0.38	0.66
SGDA	34.91	193.82	861.30
CGDA	1.03	8.33	16.39
LGDA	10.48	54.81	580.45
LPLGDA	11.40	73.00	524.85

5.4　基于图嵌入理论的多源高光谱图像协同分类

本节基于前面所述高光谱数据光谱特征提取方法，通过仿真分析，在实际获取的多源高光谱图像数据集上验证如上所述方法的有效性。实验所用高光谱数据集来源于我国首次引进的 CASI/SASI 航空高光谱遥感测量系统[38]对同一地区采用两个不同的传感器所采集的图像：CASI 传感器能够对地物在可见光—近红外（VNIR）光谱波段成像，采集的数据波段范围是 383～1 055 nm，波段数为 48 个，空间分辨率为 5 m，数据集用 DataV 表示；SASI 传感器能够对地物在短波红外（SWIR）光谱波段成像，采集的数据波段范围是 950～2 405 nm，波段数为 101 个，空间分辨率为 2.4 m，经过重采样获得与 CASI 大小相同的数据，数据集用 DataS 表示，均包含 6 000×1 000 个像元。所采集数据的地面真值图共包含 11 类，有类别标签的样本约 45 800 个。

在所设计的协同分类实验方案中，采用 CASI 和 SASI 数据合成新的高光谱数据，波段数共为 149 个，在实验中用“Both”表示合成的数据集。在合成的数据集上验证每一种光谱特征提取方法，然后将结果分别与单一的 CASI 高光谱数据和 SASI 高光谱数据中的效果进行比较，验证协同分类的有效性。协同性体现在新数据同时包含了可见光和短波红外谱段，有些地面地物的光谱特性在可见光谱段体现出

特征优势，而有些地物的光谱特性在短波红外谱段体现出特征优势，通过联合两种不同谱段的数据，可以更好地反映对地物的诊断性光谱特征。实验过程中，为保证各实验方法的有效性，对于不同的数据集，各方法提取的维数均为 30 维，每类地物训练样本数分别取为 10、15、20，各算法（如 LDA、LGDA、SGDA、SLGDA 和 LPLGDA）实验结果见表 5-13～表 5-17。

根据实验结果可以看出，由于不同数据集的数据结构分布有所差异，所适用的方法也各有不同，不能笼统地说某一种方法性能最好。但是整体而言，新型的基于稀疏编码表示图的图嵌入特征提取方法性能优于传统的线性判别分析方法[11]。稀疏表示的各种改进版本（比如 SLGDA 算法和 LPLGDA 算法）的分类结果精度要普遍高于 SGDA 算法和 LGDA 算法。此外，从分类结果来看，DataV 数据集的分类精度普遍高于 DataS 的分类精度，究其原因，是 DataS 数据集中谱间差异性小，且存在全 0 波段，影响了分类性能。但是作为 DataV 数据和 DataS 数据的结合，“Both”数据集（即两个数据合在一起）的分类精度则有很大提高。例如，对于 SLGDA 算法而言，当提取维数是 10 的时候，DataV 数据集的分类精度是 90.66%，DataS 的分类精度为 87.98%，而“Both”数据集的分类精度高达 93.40%，高于 DataV 数据集将近 3 个百分点，高于 DataS 数据集 5 个百分点以上，由此可见协同分类的有效性。此外，从表 5-13～表 5-17 中也可以看出，随着所取训练样本数的增加，不同方法在 3 个数据集上的分类精度也在提高。

表 5-13　LDA 算法的实验结果

数据集	不同训练样本数下的分类精度		
	10	15	20
DataV	86.67%	89.61%	89.91%
DataS	85.74%	88.32%	90.67%
“Both”	92.85%	94.67%	95.77%

表 5-14　LGDA 算法的实验结果

数据集	不同训练样本数下的分类精度		
	10	15	20
DataV	91.68%	92.12%	93.69%
DataS	86.78%	90.49%	91.42%
“Both”	93.82%	96.04%	96.47%

表 5-15　SGDA 算法的实验结果

数据集	不同训练样本数下的分类精度		
	10	15	20
DataV	84.99%	89.95%	93.38%
DataS	86.20%	91.24%	91.30%
“Both”	91.34%	95.67%	97.03%

表 5-16　SLGDA 算法的实验结果

数据集	不同训练样本数下的分类精度		
	10	15	20
DataV	90.66%	92.94%	95.39%
DataS	87.98%	91.12%	91.45%
“Both”	93.40%	96.47%	97.54%

表 5-17　LPLGDA 算法的实验结果

数据集	不同训练样本数下的分类精度		
	10	15	20
DataV	92.39%	93.96%	95.28%
DataS	89.72%	90.71%	92.38%
“Both”	95.67%	96.27%	97.95%

为了直观地观察高光谱图像数据的分类结果，以 SGDA 算法为例，图 5-22 进一步给出了可视化分类结果：图 5-22（a）所示为 DataV 数据集取波段组合为[40 27 1]时的伪彩图，图 5-22（b）所示为 DataS 数据集取波段组合为[27 11 70]时的伪彩图，图 5-22（c）所示为“Both”数据集取波段组合为[40 70 90]时的伪彩图，图 5-22（d）所示为地物分布的真值图，图 5-22（e）～（g）分别是 SGDA 算法对 DataV、DataS 和“Both”数据集的分类结果，图 5-22（h）所示为类别示意。从分类结果中可以看出，所提方法对“Both”数据集进行协同分类的结果精度更高，分类图也更加光滑准确。

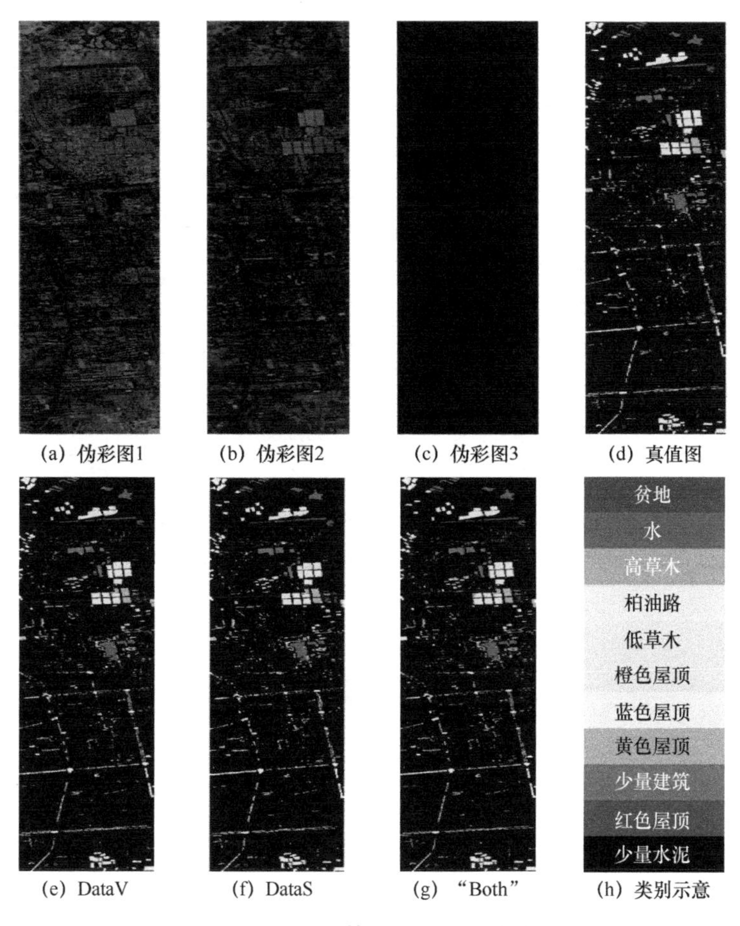

(a) 伪彩图1　(b) 伪彩图2　(c) 伪彩图3　(d) 真值图

(e) DataV　(f) DataS　(g) "Both"　(h) 类别示意

图 5-22　SGDA 算法的可视化分类结果

表 5-18 是 SGDA 算法在各地物训练样本数为 20 个时各数据集的分类结果。从表格中可以看出，对于各类别的分类精度，"Both"数据集结果均优于 DataV 和 DataS 数据集，平均分类精度和总体分类精度也显著高于 DataV 和 DataS 数据集。

表 5-18　SGDA 算法在各地物训练样本数为 20 个时对各数据集的分类结果

类别编号	类别名称	数据集		
		DataV	DataS	"Both"
1	贫地	88.62%	88.66%	94.45%
2	水	99.30%	96.98%	99.88%
3	高草木	89.60%	94.32%	97.07%

（续表）

类别编号	类别名称	数据集		
		DataV	DataS	"Both"
4	柏油路	96.88%	94.04%	97.89%
5	低草木	91.02%	80.21%	93.63%
6	橙色屋顶	98.94%	94.72%	99.19%
7	蓝色屋顶	99.34%	98.16%	99.87%
8	黄色屋顶	91.18%	81.94%	97.59%
9	少量建筑	91.04%	83.88%	98.78%
10	红色屋顶	71.95%	97.58%	99.38%
11	少量水泥	97.82%	57.44%	98.08%
平均分类精度		92.34%	87.99%	97.80%
整体分类精度		93.38%	91.30%	97.03%

5.5 本章小结

图嵌入技术被用于高光谱图像特征表示和协同分类。本章从图嵌入理论出发，重点介绍了稀疏表示图、低秩表示图及两个改进的表示图嵌入特征表示方法，即稀疏与低秩表示图和局部保留与低秩表示图，并结合支持向量机分类器设计了高光谱图像分类的流程。阐明并分析了不同图嵌入方法在特征表示过程中各自的特点，尤其针对稀疏与低秩表示图的特征表示和局部保留与低秩表示图的特征表示，分别用 3 个常用的高光谱图像数据进行分类实验验证。还利用多源高光谱图像实现了协同分类，从结果可以看出协同之后的分类精度更高，得到的分类图更加平滑。

参考文献

[1] TONG Q X, XUE Y Q, ZHANG L F. Progress in hyperspectral remote sensing science and technology in China over the past three decades[J]. IEEE Journal of Selected Topics in Applied Earth Observations and Remote Sensing, 2014, 7(1): 70-91.

[2] ZHANG L F, ZHANG L P, TAO D C, et al. On combining multiple features for hyperspectral remote sensing image classification[J]. IEEE Transactions on Geoscience and Remote Sensing,

2012, 50(3): 879-893.

[3] LANDGREBE D. Hyperspectral image data analysis[J]. IEEE Signal Processing Magazine, 2002, 19(1): 17-28.

[4] YAN S C, XU D, ZHANG B Y, et al. Graph embedding and extensions: a general framework for dimensionality reduction[J]. IEEE Transactions on Pattern Analysis and Machine Intelligence, 2007, 29(1): 40-51.

[5] PLAZA A, BENEDIKTSSON J A, BOARDMAN J W, et al. Recent advances in techniques for hyperspectral image processing[J]. Remote Sensing of Environment, 2009, 113(1): 110-122.

[6] ZOU J Y, LI W, DU Q. Sparse representation-based nearest neighbor classifiers for hyperspectral imagery[J]. IEEE Geoscience and Remote Sensing Letters, 2015, 12(12): 2418-2422.

[7] DONOHO D L, TSAIG Y. Fast solution of L1-Norm minimization problems when the solution may be sparse[J]. IEEE Transactions on Information Theory, 2008, 54(11): 4789-4812.

[8] SILVA V D, TENENBAUM J B. Global versus local methods in nonlinear dimensionality reduction[C]//International Conference on Neural Information Processing Systems. New York: ACM Press, 2002: 721-728.

[9] CHEN X C, WEI J, LI J H, et al. Integrating local and global manifold structures for unsupervised dimensionality reduction[C]//2014 International Joint Conference on Neural Networks. Piscataway: IEEE Press, 2014: 2837-2843.

[10] LUO H W, TANG Y Y, LI C L, et al. Local and global geometric structure preserving and application to hyperspectral image classification[J]. Mathematical Problems in Engineering, 2015: 1-13.

[11] WANG X T, LIU F. Weighted low-rank representation-based dimension reduction for hyperspectral image classification[J]. IEEE Geoscience and Remote Sensing Letters, 2017, 14(11): 1938-1942.

[12] PAN L, LI H C, LI W, et al. Discriminant analysis of hyperspectral imagery using fast kernel sparse and low-rank graph[J]. IEEE Transactions on Geoscience and Remote Sensing, 2017, 55(11): 6085-6098.

[13] SUN W W, YANG G, DU B, et al. A sparse and low rank near-isometric linear embedding method for feature extraction in hyperspectral imagery classification[J]. IEEE Transactions on Geoscience and Remote Sensing, 2017, 55(7): 4032-4046.

[14] ROWEIS S T, SAUL L K. Nonlinear dimensionality reduction by locally linear embedding[J]. Science, 2000, 290(5500): 2323-2326.

[15] FENG F B, LI W, DU Q, et al. Sparse graph embedding dimension reduction for hyperspectral image with a new spectral similarity metric[C]//2017 IEEE International Geoscience and Remote Sensing Symposium (IGARSS). Piscataway: IEEE Press, 2017: 13-16.

[16] FENG F B, LI W, DU Q, et al. Dimensionality reduction of hyperspectral image with graph-based discriminant analysis considering spectral similarity[J]. Remote Sensing, 2017, 9(4): 323.

[17] XIONG M M, LI W, DU Q. Regularized collaborative representation with different similarity measures for hyperspectral image classification[C]//International Geoscience and Remote Sensing Symposium. Piscataway: IEEE Press, 2014.

[18] LI W, FENG F B, LI H C, et al. Discriminant analysis-based dimension reduction for hyperspectral image classification: a survey of the most recent advances and an experimental comparison of different techniques[J]. IEEE Geoscience and Remote Sensing Magazine, 2018, 6(1): 15-34.

[19] LI W, DU Q. A survey on representation-based classification and detection in hyperspectral remote sensing imagery[J]. Pattern Recognition Letters, 2016, 83: 115-123.

[20] LY N H, DU Q, FOWLER J E. Sparse graph-based discriminant analysis for hyperspectral imagery[J]. IEEE Transactions on Geoscience & Remote Sensing, 2014, 52(7): 3872-3884.

[21] ZHANF L, YANG M, FENG X C. Sparse representation or collaborative representation: which helps face recognition[C]//IEEE International Conference on Computer Vision. Piscataway: IEEE Press, 2011: 471-478.

[22] LY N H, DU Q, FOWLER J E. Collaborative graph-based discriminant analysis for hyperspectral imagery[J]. IEEE Journal of Selected Topics in Applied Earth Observations & Remote Sensing, 2014, 7(6): 2688-2696.

[23] LI W, DU Q. Laplacian regularized collaborative graph for discriminant analysis of hyperspectral imagery[J]. IEEE Transactions on Geoscience and Remote Sensing, 2016, 54(12): 7066-7076.

[24] LI W, DU Q, ZHANG F, et al. Hyperspectral image classification by fusing collaborative and sparse representations[J]. IEEE Journal of Selected Topics in Applied Earth Observations and Remote Sensing, 2016, 9(9): 4178-4187.

[25] LI W, DU Q. Joint within-class collaborative representation for hyperspectral image classification[J]. IEEE Journal of Selected Topics in Applied Earth Observations and Remote Sensing, 2014, 7(6): 2200-2208.

[26] HE X F, NIYOGI P. Locality preserving projections[J]. Advances in Neural Information Processing System, 2002, 16(1): 186-197.

[27] LI W, LIU J B, DU Q. Sparse and low rank graph-based discriminant analysis for hyperspectral image classification[J]. IEEE Transactions on Geoscience and Remote Sensing, 2016, 54(7): 4094-4105.

[28] LIU G C, LIN Z C, YU Y. Robust subspace segmentation by low-rank representation[C]//27th International Conference on Machine Learning (ICML-10). Piscataway: IEEE Press, 2010: 663-670.

[29] LIU J, CHEN Y, ZHANG J, et al. Enhancing low-rank subspace clustering by manifold

regularization[J]. IEEE Transactions on Image Processing, 2014, 23(9): 4022-4030.

[30] LIN Z C, LIU R S, SU Z X. Linearized alternating direction method with adaptive penalty for low-rank representation[J]. Advances in Neural Information Processing Systems, 2011: 612-620.

[31] Hyperspectral remote sensing scenes[EB].

[32] FAUVEL M, CHANUSSOT J, BENEDIKTSSON J A. Kernel principal component analysis for the classification of hyperspectral remote sensing data over urban areas[J]. EURASIP Journal on Advances in Signal Processing, 2009, 2009(1): 783194.

[33] HUANG R L, LIU Q S, SUN Y B, et al. Robust matrix discriminative analysis for feature extraction from hyperspectral images[J]. IEEE Journal of Selected Topics in Applied Earth Observations and Remote Sensing, 2017, 10(5): 2002-2011.

[34] DU Q. Modified Fisher's linear discriminant analysis for hyperspectral imagery[J]. IEEE Geoscience and Remote Sensing Letters, 2007, 4(4): 503-507.

[35] LIN Z C, CHEN M M, MA Y. The augmented Lagrange multiplier method for exact recovery of corrupted low-rank matrices[J]. Eprint Arxiv, 2010, 9.

[36] CAI J F, CANDES E J, SHEN Z W. A singular value thresholding algorithm for matrix completion[J]. SIAM Journal on Optimization, 2010, 20(4): 1956-1982.

[37] VILLA A, BENEDIKTSSON J A, CHANUSSOT J, et al. Hyperspectral image classification with independent component discriminant analysis[J]. IEEE Transactions on Geoscience and Remote Sensing, 2011, 49(12): 4865-4876.

[38] 叶发旺, 刘德长, 赵英俊. CASI/SASI 航空高光谱遥感测量系统及其在铀矿勘查中的初步应用[J]. 世界核地质科学, 2011, 28(4): 231-236.

第6章 高光谱协同多源遥感图像分类

面向城镇地物的精细分类应用中，由于地物空间和光谱特征的复杂性，需要协同高光谱图像与高空间、激光雷达（LiDAR）和热红外等多源遥感数据进行处理。有效提取多源数据中地物的光谱、空间特征并采用恰当模型进行融合分类成为关键问题。本章分别利用自适应马尔可夫随机场模型，边缘约束的马尔可夫随机场模型以及数学形态学方法等提出了不同数据源的融合分类原理及其方法，最后采用 GF-5、GF-6 以及航空等手段获取的高光谱、高空间分辨率、LiDAR 和热红外等多种传感器数据，进行了多源数据协同处理实验验证，取得了良好的效果。

6.1 基于自适应马尔可夫随机场模型的高光谱协同高空间数据分类

6.1.1 空间邻域

遥感图像相邻像元间总存在着相互联系，称为空间上下文相关性。可以表述为：① 地理学第一定律——距离相近的物体比距离远的相关性大[1]。② 一般情况下，地物在空间上都是连续分布的，若某点处为A类地物，那么在此点邻域是A类地物的概率最高[2]。这种相互关系主要是由于传感器在对地面上一个像元大小的地物成像过程中，同时吸收了周围地物反射的一部分能量，而待分类地物在地面上所占的实际面积往往大于一个像元的面积。空间上下文特征具有局部性特点，因此，首先需要定义空间相关性影响的范围——空间邻域，空间邻域一般为规则的矩形区域。

假设遥感图像定义在有限阵列M上，ϕ_m表示任一像元m（$m \in M$）的邻域系统，根据邻域系统内所包含像元的不同，像元m可以包含在多个邻域系统内，因此，图像上像元m的任一邻域可以表示为

$$\phi = \{\phi_m \mid \phi_m \in M, \partial m \in \phi_m, m \notin \phi_m\} \tag{6-1}$$

其中，ϕ_m 为图像上所有像元集合 M 的子集，∂m 表示像元 m 的邻域系统内的像元，但邻域 ϕ_m 不包含像元 m。邻域的范围由阶数定义，即由当前像元与邻域集合内像元的距离确定。那么像元 m 的 r 阶邻域系统表示为

$$\phi_{\partial m}=\{\partial m\in\phi_m\,|\,[\mathrm{dist}(m,\partial m)]^2\leqslant r\} \tag{6-2}$$

其中，$\mathrm{dist}(m,\partial m)$ 表示中心像元 m 与邻域像元间的欧氏距离，r 为整数值。实质上 r-邻域表示以中心像元 m 为圆心、$\sqrt{r}$ 为半径的圆的范围。需要注意的是，凡是包含在该圆内的像元均被称作 r-邻域。图 6-1（a）所示为 4-邻域一阶邻域系统，图 6-1（b）所示为 8-邻域二阶邻域系统，图 6-1（c）所示为像元 m 的五阶邻域系统。4-邻域和 8-邻域是计算常用的邻域系统，更高阶的邻域由于上下文关系过于复杂且邻域像元对中心像元影响较小，因此被忽略。

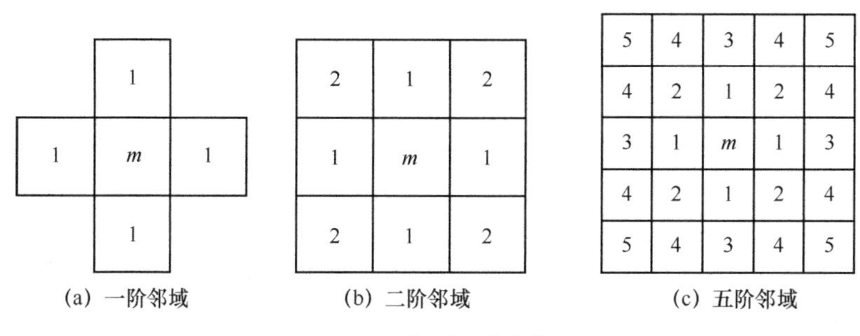

图 6-1　规则邻域系统

定义在规则邻域范围内，中心像元与邻域像元间组成的集合称为子团。图 6-2 所示为二阶子团集合，其中图 6-2（a）表示中心像元，称为单子团，一阶子团包括图 6-2（a）～（c），二阶子团包括图 6-2（a）～（j）。由此可见，一阶子团包含单子团，二阶子团包含一阶子团，随着邻域阶数的不断增大，其包含的子团的空间复杂度变高。

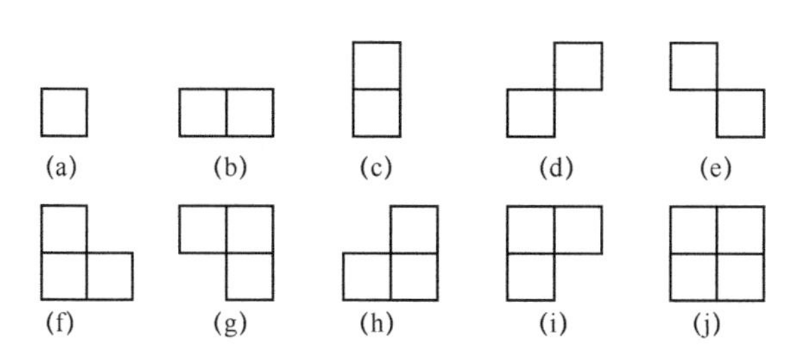

图 6-2　二阶子团集合

6.1.2 马尔可夫随机场模型

分类是对像元的类别进行标记。对于图像上每个像元能够取值的类别，存在概率分布 $p(\Omega)$，该概率表示图像上像元标记的任意可能分布，Ω 称为分类结果的分布组成随机场。

根据最大后验概率（Maximum a Posteriori Probability，MAP）的原理，对图像进行分类即找到像元标号的实现 $\hat{\Omega}$，使得该图像上各像元的后验概率 $p(\Omega\,|\,X)$ 最大。即

$$\max(p(\Omega\,|\,X)) \tag{6-3}$$

式（6-3）表示对于给定的像元向量集合 X，像元标号结果全部正确的概率达到最大。根据贝叶斯公式，该式可以表示为

$$\hat{\Omega} = \arg\max\{p(X\,|\,\Omega)p(\Omega)\} \tag{6-4}$$

其中，arg max 表示使函数取得最大。$p(\Omega)$ 表示类别标号的先验概率。$p(X)$ 表示图像各像元分布的先验概率，为一个定值，不作考虑。若仅根据图像上的光谱信息进行分类，可利用多维高斯分布估计像元的概率密度分布。

图像上像元的上下文关系是具有相关性和依赖性的。相关性主要表现在相邻近的像元上，它们倾向于来自同一个地物类别。相关性在整个图像上都是存在的，任意两个像元间都存在相互性，但是，相邻近的像元间的相关性最强。因此，在实际的建模过程中，为了对问题进行简化，这种相关性仅考虑对单个像元类别后验概率的影响。

加入图像的空间上下文，判断像元 m 类别的后验概率变化为

$$p(\omega_{km}\,|\,x_m,\omega_{\partial m}) \tag{6-5}$$

其中，$\omega_{\partial m}$ 表示像元 m 邻域像元的类别。由式（6-5）及全概率公式可以推出

$$\begin{aligned} p(\omega_{km}\,|\,x_m,\omega_{\partial m}) &= p(x_m,\omega_{km},\omega_{\partial m})\,/\,p(x_m,\omega_{\partial m}) = \\ &p(x_m\,|\,\omega_{km},\omega_{\partial m})p(\omega_{km},\omega_{\partial m})\,/\,p(x_m,\omega_{\partial m}) = \\ &p(x_m\,|\,\omega_{km},\omega_{\partial m})p(\omega_{km}\,|\,\omega_{\partial m})p(\omega_{\partial m})\,/\,p(x_m,\omega_{\partial m}) \end{aligned} \tag{6-6}$$

式（6-6）右侧第一项 $p(x_m\,|\,\omega_{km},\omega_{\partial m})$ 与条件概率密度函数很相似，其中邻域像元的类别标号也是条件之一。在通常情况下，图像上某类别的条件概率密度函数与

当前像元邻域像元的类别标号相互独立。那么有

$$p(x_m \mid \omega_{km}, \omega_{\partial m}) = p(x_m \mid \omega_{km}) \tag{6-7}$$

另外，像元向量分布的先验概率与其邻域的类别标号也是相互独立的，因此，有

$$p(x_m, \omega_{\partial m}) = p(x_m) p(\omega_{\partial m}) \tag{6-8}$$

将式（6-7）和式（6-8）代入式（6-6），则有

$$\begin{aligned} p(\omega_{km} \mid x_m, \omega_{\partial m}) = p(x_m \mid \omega_{km}) p(\omega_{km}, \omega_{\partial m}) p(\omega_{\partial m}) / (p(x_m) p(\omega_{\partial m})) = \\ p(x_m \mid \omega_{km}) p(\omega_{km}, \omega_{\partial m}) / p(x_m) \end{aligned} \tag{6-9}$$

其中，$p(x_m)$ 表示像元 m 在图像上的分布概率，不影响对像元 m 所属的类别的判断，因此不考虑。则有

$$p(\omega_{km} \mid x_m, \omega_{\partial m}) \propto p(x_m \mid \omega_{km}) p(\omega_{km}, \omega_{\partial m}) \tag{6-10}$$

$p(x_m \mid \omega_{km})$ 表示类别 k 的概率密度函数。当假设图像上各类分布符合多维高斯分布时，利用最大似然概率进行估计，则有

$$p(x_m \mid \omega_{km}) = \exp(-\frac{1}{2}\ln\left|\boldsymbol{\Sigma}_k\right| - \frac{1}{2}(x_m - m_k)^{\mathrm{T}} \boldsymbol{\Sigma}_k^{-1} (x_m - m_k)) \tag{6-11}$$

$p(\omega_{km} \mid \omega_{\partial m})$ 表示邻域像元根据光谱信息被归属到现有类别时，像元 m 属于类别 k 的概率。根据马尔可夫随机场性质，吉布斯（Gibbs）分布同马尔可夫随机场之间具有等价关系[3]，利用吉布斯分布可表示为

$$p(\omega_{km} \mid \omega_{\partial m}) = \frac{1}{Z} \exp\{-U(\omega_{km})\} \tag{6-12}$$

其中，Z 表示分类结果随机场所有可能的实现，作为常数不考虑。基于吉布斯分布的伊辛模型为

$$U(\omega_{km}) = \sum_{\partial m} [1 - \delta(\omega_{km}, \omega_{\partial m})] \tag{6-13}$$

$\delta(\omega_{km}, \omega_{\partial m})$ 称为 Kronecker 函数。将式（6-13）代入式（6-12）得到 $p(\omega_{km} \mid \omega_{\partial m})$，并和式（6-11）均代入式（6-10），忽略常数和指数函数对值的影响，图像上任一像元 m 基于传统马尔可夫随机场分类的判别函数表示为

$$F_{km}(\boldsymbol{x}_m) = -\frac{1}{2}\ln\left|\boldsymbol{\Sigma}_k\right| - \frac{1}{2}(\boldsymbol{x}_m - \boldsymbol{m}_k)^{\mathrm{T}} \boldsymbol{\Sigma}_k^{-1} (\boldsymbol{x}_m - \boldsymbol{m}_k) - \beta \sum_{\partial m} [1 - \delta(\omega_{km}, \omega_{\partial m})] \tag{6-14}$$

其中，$\boldsymbol{m}_k$ 和 $\boldsymbol{\Sigma}_k$ 分别表示类别 k 的均值矢量和协方差矩阵，$\omega_{\partial m}$ 表示像元 m 的邻域像元的类别。式中加入了一个常量参数 β，称为权重系数。该式表达了在光谱特征分类的基础上加入像元上下文特征后像元分类的概率。根据 MAP 的原则，令判别式值最大的类别将当前像元 m 归入该类 k 中。将式（6-14）乘以−1，则该问题可以转化为求解最小值的问题。

$$U_{km}(\boldsymbol{x}_m)=\frac{1}{2}\ln\left|\boldsymbol{\Sigma}_k\right|+\frac{1}{2}(\boldsymbol{x}_m-\boldsymbol{m}_k)^{\mathrm{T}}\boldsymbol{\Sigma}_k^{-1}(\boldsymbol{x}_m-\boldsymbol{m}_k)+\beta\sum_{\partial m}[1-\delta(\omega_{km},\omega_{\partial m})] \tag{6-15}$$

支持向量机（SVM）是在统计学习理论的基础上发展起来的一种机器学习方法。它是在线性分类器的基础上，通过引入结构风险最小化原理、最优化理论和核方法演化而成的。SVM 是统计学习中最有效、也是应用最广的方法，SVM 在小样本学习、抗噪声性能、学习效率与推广性方面都优于最大似然、神经网络等分类器，能有效克服高光谱分类中样本不足所带来的休斯（Hughes）现象。因此，支持向量机用于高光谱分类的最大优点在于能够对高维数据直接进行处理，而不必经过降维处理，采用全部波段数据进行分类，保证了光谱信息应用的充分性，能提供较高精度的分类结果[4-5]。

通常支持向量机直接利用光谱信息进行分类，如果将支持向量机与马尔可夫随机场模型相结合，则能够得到一种光谱—空间信息相结合的分类器。支持向量机马尔可夫随机场方法的原理详见参考文献[6]，本章主要介绍一种自适应的支持向量机马尔可夫随机场模型[7]。

一般来说，邻域像元之间的相关性强弱主要取决于传感器的空间分辨率和感兴趣地物的分布。空间分辨率较高的遥感图像的同类地物的连续性较中低分辨率图像表现得更明显。在同一空间分辨率下，由于地物的尺度不同，不同类型地物的分布差异性很大，比如水体和农田等面状地物的相关性程度很强，很容易形成相同的属性区域；而道路等地物类型在图像上呈线状分布，所包含像元之间的连续性很低甚至不连续。在传统马尔可夫随机场中，权重系数 β 用于平衡光谱与空间信息在分类中的比例，为全局常数定值。实际上，在一幅遥感图像中，不同类型地物的连续性程度差异性很大，既可能存在同质性较强的地物，也可能大量分布着不同类型地物的边界。那么，在这些边界区域中，由于像元间的连续性较弱，赋予它们与同质区相同的全局权重，很容易形成欠纠正或过纠正现象，造成地物边界以及细节损失，不利于分析分类结果。相反，如果为了保持图像边缘，赋予

它们较低的空间项权重，那么同质区内的像元无法充分利用空间上下文特征，不能充分发挥该模型的优势。因此，需要发展一种能够根据邻域像元间不同相关性程度自适应确定光谱与空间关系的马尔可夫随机模型。

6.1.3　相对同质性指数

相对同质性指数（Relative Homogeneity Index，RHI）用于确定各像元自适应的空间项权重系数。下面首先介绍同质性指数原理的计算。

1. **同质性指数定义**

$$\mathrm{RHI}_m = \frac{\mathrm{Var}_k}{\mathrm{Var}_m} \tag{6-16}$$

其中，RHI_m 表示像元 m 的相对同质性指数，Var_m 表示像元 m 的局部方差，Var_k 表示像元 m 的邻域决策类方差。邻域决策类指的是在以像元 m 为中心像元的邻域窗口内，根据光谱分类器初值中邻域像元的类别，通过主投票法则确定。

图 6-3 所示为 3×3 邻域窗口，根据主投票法则，有

$$\mathrm{Num}(3) > \mathrm{Num}(2) > \mathrm{Num}(4) = \mathrm{Num}(1) \tag{6-17}$$

其中，$\mathrm{Num}(k)$ （k=1, 2, 3, 4）表示邻域内类别标号为 k 的像元数量，根据空间主投票法则，该窗口的邻域决策类为 3。利用邻域决策类主要是由于中心像元 m 的属性标号可能并不正确，因此中心像元不参与邻域决策类运算。

3	3	2
2	m	4
3	3	1

图 6-3　像元 m 的 8 邻域

相对同质性指数的主要特征是其依赖光谱分类过程，类均值方差 Var_k 由第 k 类训练样本在特征空间内估计，表达了类 k 的平均离散度，像元 m 的局部方差则计算邻域窗口内像元的局部离散度。那么，对于一个给定像元的局部方差，如果所确定类别的平均方差低，而当前像元的局部方差比较高，从而造成局部像元空间变化较

大，那说明该像元位于图像上的边界区域中。这个指数能够很好地说明像元在图像上的位置，从而进一步定量确定合适的空间项权重。

2．权重系数确定

确定图像上任一像元 m 的相对同质性指数 RHI_m 后，其空间项权重系数则由相对同质性指数确定，当 RHI_m 较高时，可以确定该像元位于同质性较高的区域，即该类别的同质区中，上下文连续性强烈，应该多考虑该像元的邻域信息，并赋予该像元较大的空间项权重系数；相反，若 RHI_m 较低，则确定该像元位于类别的边界区域，上下文关系弱，应赋予该像元较小的空间项权重系统，像元的权重系数 β_m 可以由式（6-18）确定。

$$\beta_m = \beta_0 \mathrm{RHI}_m = \beta_0 \frac{\mathrm{Var}_k}{\mathrm{Var}_m} \tag{6-18}$$

其中，β_0 表示局部方差 Var_m 与类均值方差 Var_k 相等时像元的空间项权重系数，即 $\mathrm{Var}_m = \mathrm{Var}_k$，此时 $\beta_m = \beta_0$。另一方面，根据马尔可夫随机场框架，在分类判别式中，当像元的空间项与光谱项对像元的影响同等重要时，该像元的 $\beta_m = 1$。结合以上两方面，对于局部方差和类均值方差相等的像元 m 来说，在判别函数中光谱项对该像元属于类 k 概率的影响与空间项对该像元属于类 k 的影响是相等的，即 $\beta_0 = 1$ 是合理的。

基于相对同质性指数的上下文特征，提取获得各像元自适应权重系数 β_m，代替马尔可夫随机场框架中空间项权重系数 β，则考虑自适应权重的马尔可夫随机场模型为

$$p(x_m) = a_m(k) + \beta_m b_m(k) \tag{6-19}$$

6.1.4 自适应马尔可夫随机场模型

在基于马尔可夫随机场模型的高光谱图像分类中，利用支持向量机代替最大似然分类为马尔可夫随机场提供初值，然后再根据各像元的上下文空间特征自适应地确定权重，那么传统马尔可夫随机场模型被改进为自适应的马尔可夫随机场模型（Adaptive-MRF，a-MRF），其判别函数为

$$F_{km}(\boldsymbol{x}_m) = -\ln(1 + \exp[S_k f(\boldsymbol{x}_m) + R_k]) - \beta_m \sum_{\partial m}[1 - \delta(\omega_{km}, \omega_{\partial m})] \tag{6-20}$$

该目标函数利用支持向量机为马尔可夫随机场提供初值，根据 Platt's 后验概率[8]的改进形式[9]，通过定义像元向量与超平面间的距离，得到各像元分类的后验概率公式。利用 Sigmoid 函数来拟合该判别函数，即

$$p(\omega_k \mid \boldsymbol{x}_m)=\frac{1}{1+\exp[S_k f(\boldsymbol{x}_m)+R_k]} \tag{6-21}$$

其中，S_k 和 R_k 分别为函数参数。该参数根据支持向量机在训练样本中计算最小化交叉熵误差函数进行求解。该熵函数在训练样本集 $(\boldsymbol{x}_i,\omega_k)$ 上定义为

$$\begin{cases}\min -\sum\limits_i t_i \log(P(\omega_k \mid \boldsymbol{x}_i))+(1-t_i)\log(1-P(\omega_k \mid \boldsymbol{x}_i)) \\ \text{s.t.} \quad t_i=\dfrac{\omega_k+1}{2}\end{cases} \tag{6-22}$$

其中，t_i 表示训练集的目标概率，该函数通常使用 model-trust 最小化算法进行求解。

马尔可夫随机场模型将图像分类转化为令目标函数最小，即为当前像元的类别标记，在像元标记类别范围一定的情况下，这个问题是典型的数学意义上的最优化搜索问题，因此，该最优化问题存在局部搜索和全局搜索两种求解方式。其中，局部搜索是一种通用的近似算法，其基本原则是在临近的解中迭代，使目标函数逐步优化，直到稳定为止[10]。局部迭代条件模型（Iteration Conditional Model，ICM）是求解马尔可夫模型局部能量最小化的常用算法。模拟退火算法（Simulated Annealing Algorithm，SA）是求解马尔可夫模型全局能量最小化的常用方法，迭代过程较为耗时，但精度较高。

6.1.5　高光谱协同高空间数据分类实验

1. 卫星高光谱协同多光谱图像分类

为了验证本节算法在卫星图像上的性能，采用高光谱图像协同高分辨率图像进行实验和比较分析。该图像数据覆盖河北省部分区域，其中，高光谱图像为 GF-5 号谱段为 400～2 500 nm 的可见—近红外区间和短波红外区间数据，空间分辨率为 30 m，共 330 个谱段；高空间数据为 GF-6 号 8 m 分辨率多光谱图像。在预处理过程中，将高光谱数据与高空间数据进行图像配准及融合，以获得融合后的光谱—空

间融合结果。如图 6-4 所示，图 6-4（a）图像大小为 1 400 行、3 000 列，图 6-4（b）中地面调查样本分布共包含 7 个类别，分别为居民区、房顶材料 1、房顶材料 2、农田、裸地、道路和水体。

(a) GF-6 多光谱真彩色合成图像　　(b) GF-5 高光谱真彩色合成图像

图 6-4　GF-6 与 GF-5 卫星合成图像（彩色图见附录图 6-4）

在本节算法中，空间项权重主要依靠地物的空间信息进行提取。因此，空间项来源于高空间图像，光谱项则来源于光谱—空间融合结果。在一阶邻域范围内，首先确定像元的局部方差，然后计算得到权重系数。如图 6-5 所示，图 6-5（a）所示为利用高空间图像提取的像元局部方差结果，从图中可以看出不同地物的边缘（如道路信息）十分清晰，图 6-5（b）显示了利用同质性指数获得的空间项权重系数，在该图中的同质性区域中，农田和水体等区域较亮（灰度值较高），表明权重系数值较高；道路和居民地等区域较暗（灰度值较低），表明权重系数值较低。

(a) 像元一阶局部方差　　(b) 像元空间项权重系数

图 6-5　高空间图像像元一阶局部方差及权重系数

实验中，采用最大似然分类、SVM 两种仅基于像元光谱的分类器以及传统马尔可夫随机场模型、SVM-MRF 和 a-MRF 5 种方法进行分类，并比较分类结果中各类别的生产者精度、总体分类精度和 Kappa 系数（见表 6-1）。其中，利用训练样本通过 Cross-Validation 测试获得 SVM 参数设置，Gamma 系数为 0.5，惩罚系数为 100。

表 6-1　5 种分类方法的各类别的生产者精度、总体分类精度和 Kappa 系数

类别	最大似然分类	传统马尔可夫随机场模型	SVM	SVM-MRF	a-MRF
裸地	78.86%	56.88%	97.89%	100.00%	99.88%
农田	99.88%	100.00%	100.00%	100.00%	100.00%
居民区	63.92%	95.86%	79.67%	98.09%	93.37%
屋顶材料 1	99.00%	99.90%	96.62%	77.71%	99.10%
屋顶材料 2	96.56%	97.63%	99.57%	89.89%	99.57%
水体	99.89%	98.40%	99.89%	98.16%	99.88%
道路	83.01%	94.71%	91.88%	66.73%	93.81%
总体分类精度	85.18%	87.14%	90.74%	96.24%	98.01%
Kappa 系数	81.22%	84.06%	89.35%	95.19%	97.46%

不同方法的分类结果如图 6-6 所示，基于像元的分类方法中，最大似然分类的噪点较多，总体分类精度为 85.18%。加入空间约束，采用传统马尔可夫随机场模型进行分类，分类结果中边界较为显著，且同质区更为均一，总体分类精度提高了约 2 个百分点，但同时也造成了裸地与居民区的一些错分，总体分类精度提高的幅度有限。采用 SVM 分类后，SVM 总体分类精度远高于最大似然分类，达到 90.74%，加入空间约束后 SVM-MRF 总体分类精度达到了 96.24%，但是由于未考虑局部权重的自适应性，处于类别边界的道路精度下降明显（下降了约 25 个百分点）。而自适应马尔可夫随机场模型通过权重的自适应，减少了图像上类别的过纠正现象（道路），总体分类精度较 SVM-MRF 提高了 1.77 个百分点，同时，较 SVM 和传统马尔可夫随机场模型分别提高了约 7.3 和 10.9 个百分点，部分类别取得了最高的生产者精度，证明自适应马尔可夫随机场模型在卫星高光谱协同高空间数据实验区中取得了良好的分类效果。

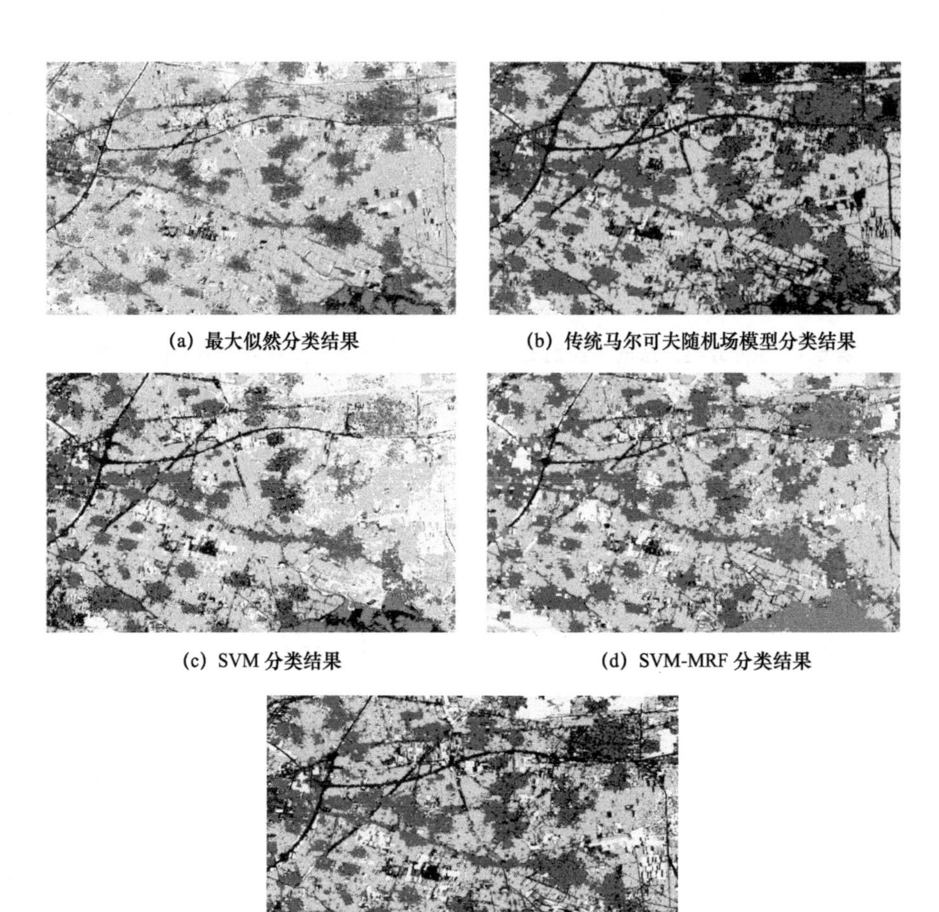

(a) 最大似然分类结果　(b) 传统马尔可夫随机场模型分类结果

(c) SVM 分类结果　(d) SVM-MRF 分类结果

(e) a-MRF 分类结果

图 6-6　不同方法的分类结果（彩色图见附录图 6-6）

2. 航空高光谱协同全色图像分类实验

为了验证本节算法在航空图像上的性能，采用高光谱图像协同高分辨率图像进行实验和对比分析。该图像数据覆盖张掖部分区域，由黑河计划数据管理中心提供，其中，高光谱图像谱段为 400～1 100 nm 的可见—近红外区间，共 48 个谱段；高空间数据为 1 m 分辨率的全色图像。在预处理过程中，将高光谱数据与高空间数据进行融合，获得融合后的光谱—空间融合结果。图像及样本如图 6-7 所示，图 6-7（a）图像大小为 1 400 行、1 000 列，图 6-7（b）中地面调查样本分布共包含 9 个类别，分别为贫地、高草木、低草木、橙色屋顶、蓝色屋顶、黄色屋顶、红色屋顶、少量建筑、少量水泥。

(a) 高分辨率全色图像　　　　(b) 地面调查样本分布

图 6-7　图像及样本分布（彩色图见附录图 6-7）

在本节算法中，空间项权重主要依靠地物的空间信息进行提取。因此，空间项权重来源于高空间全色图像，光谱项则来源于光谱—空间融合结果。在一阶邻域范围内，首先确定像元的局部方差，然后计算得到权重系数。高分辨率数据像元一阶局部方差及权重系数如图 6-8 所示，图 6-8（a）所示为利用高分辨率图像提取的像元局部方差结果，从图中可以看出不同地物的边缘信息十分清晰，图 6-8（b）显示了利用同质性指数获得的像元空间项权重系数，在该图中的同质性区域中，运动场、水泥地面和植被等区域较亮（灰度值较高），表明权重系数值较高；建筑物、屋顶等区域较暗（灰度值较低），表明权重系数值较低。

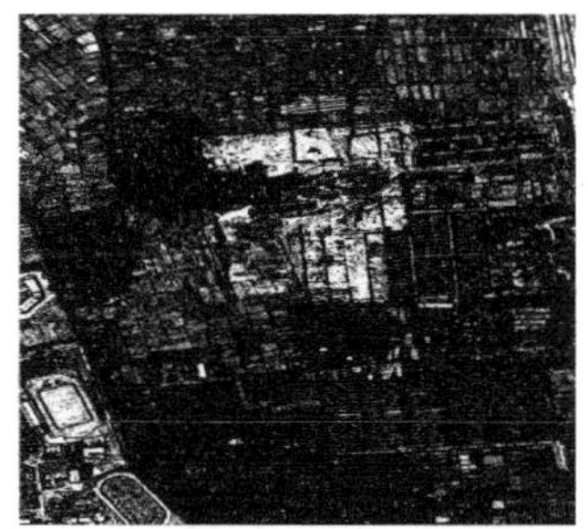

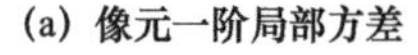

(a) 像元一阶局部方差　　　　(b) 像元空间项权重系数

图 6-8　高分辨率数据像元一阶局部方差及权重系数

实验中，采用最大似然分类、SVM、传统马尔可夫随机场模型和 a-MRF 4 种方法进行分类，并比较分类结果中各类别的生产者精度、总体分类精度和 Kappa 系数（见表 6-2）。不同方法的训练样本每类统一取值为 200 个，其余样本均作为测试样本，SVM 参数设置 Gamma 系数为 0.1，惩罚系数为 100。

表 6-2　4 种分类方法的各类别的生产者精度、总体分类精度和 Kappa 系数

类别	最大似然分类	SVM	传统马尔可夫随机场模型	a-MRF
贫地	80.8%	98.1%	77.7%	99.8%
高草木	36.8%	89.5%	34.7%	93.1%
低草木	55.5%	87.2%	60.4%	93.0%
橙色屋顶	68.6%	79.8%	68.2%	92.4%
蓝色屋顶	96.5%	99.5%	97.3%	98.4%
黄色屋顶	48.4%	89.6%	60.0%	98.2%
红色屋顶	85.1%	98.6%	86.3%	98.3%
少量建筑	94.1%	97.1%	97.2%	99.2%
少量水泥	83.6%	96.5%	87.7%	97.1%
总体分类精度	70.0%	88.1%	75.4%	95.4%
Kappa 系数	62.2%	85.4%	67.4%	94.2%

如图 6-9 所示，基于像元的分类方法（最大似然分类和 SVM）结果中的噪点较多，SVM 方法的总体分类精度远高于最大似然分类。考虑空间邻域的分类方法中，传统马尔可夫随机场模型较最大似然分类提高了 5.4 个百分点，幅度有限，主要是因为最大似然分类为传统马尔可夫模型提供初分类精度较低，仅有 70.0%。自适应马尔可夫随机场模型分别较SVM和传统马尔可夫随机场模型提高了7.3个百分点和20 个百分点，获得了最高的分类精度，证明自适应马尔可夫随机场模型在航空高光谱协同高空间数据实验区中取得了良好的分类效果。

(a) 最大似然分类结果

(b) SVM分类结果

(c) 传统马尔可夫随机场模型分类结果

(d) a-MRF分类结果

图 6-9　不同方法的分类结果（彩色图见附录图 6-9）

6.2　基于边缘约束的马尔可夫随机场模型的高光谱协同激光雷达数据分类

根据 LiDAR 数据在表征空间特征方面的能力，将 LiDAR 数据引入高光谱数据的分类中，形成了一种基于边缘约束（Edge-Constrained）的高光谱和 LiDAR 数据复合的马尔可夫随机场模型（EC-MRF）分类方法[11]，利用高光谱数据的光谱特征和 LiDAR 数据的高度信息获得初始分类,并联合两类数据的空间特征获取准确的边界信息，用于约束和控制马尔可夫随机场空间项权重，从而达到改善地物内部类别的均一性和保持地物边界的完整性的目的。

EC-MRF 方法的具体流程如图 6-10 所示，首先，采用支持向量机对高光谱和 LiDAR 融合数据进行分类，获得初始的 MRF 光谱项和空间项能量；然后，利用高光谱和 LiDAR 数据联合提取的边缘建立空间项权重系数函数,获得可以实现边缘约束的变化的空间项权重系数；最后，将该权重系数应用到 MRF 分类过程以获取最终的分类结果。

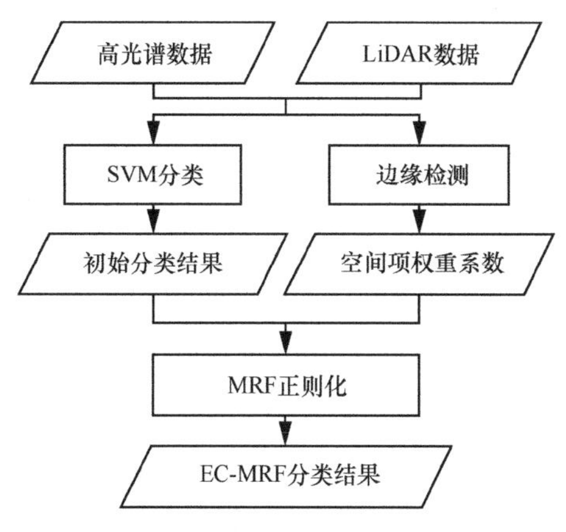

图 6-10　EC-MRF 方法的具体流程

6.2.1　马尔可夫随机场初始能量获取

采用支持向量机分类方法对高光谱和 LiDAR 融合数据进行初始分类，这里支持向量机选用径向基核函数（RBF），采用“一对一”策略进行多类别分类，根据支持向量机的分类结果获取光谱项和空间项的初始能量。

首先，计算光谱初始能量。根据式（6-23）计算出各像元分类的后验概率，从而获取 MRF 光谱项能量的初始值.

$$U_{\text{spectral}}(x_m) = \ln(1 + \exp[Af(x_m) + D]) \tag{6-23}$$

其中，A 和 D 分别为函数参数，可通过支持向量机在训练样本中计算最小化交叉熵误差函数求解获取。然后，计算空间初始能量，根据 MRF 模型理论，像元 m 的空间项能量与其邻域像元有关，用式（6-24）表示。

$$U_{\text{spatial}}(x_m) = \sum_{\partial m}[1 - \delta(\omega_{km}, \omega_{\partial m})] \tag{6-24}$$

其中，$\delta(\omega_{km}, \omega_{\partial m})$ 为 Kronecker 函数，表述如下。

$$\delta(\omega_{km}, \omega_{\partial m}) = \begin{cases} 1, & \omega_{km} = \omega_{\partial m} \\ 0, & \omega_{km} \neq \omega_{\partial m} \end{cases} \tag{6-25}$$

该函数假设邻近像元通常具有相同的类别，在空间上是连续的。因此，当像元 m 的类别与其邻域像元类别一致时，其空间项能量最小；否则，空间项能量就增加，使其满足 MRF 模型中目标函数能量最小的假设。

空间项能量与光谱项能量的值如果处于同一范围，将有助于更好地确定空间项权重系数[12]。SVM 输出的像元类别概率范围为[0,1]，因此，这里对空间项进行归一化处理，使它的值的范围为[0,1]，即

$$U_{\text{spatial}}(x_m) = \frac{\sum_{\partial m}[1 - \delta(\omega_{km}, \omega_{\partial m})]}{n} \tag{6-26}$$

其中，n 表示像元 m 的邻域像元的数量。

6.2.2 马尔可夫随机场空间项权重系数提取

边界约束的空间项权重系数的提取是一个关键步骤。本方法通过建立边界与空间项权重系数的关系，获取 MRF 空间项权重系数，从而实现同质区和边界处不同程度的空间校正。其中，地物边界信息的准确提取是确定空间项权重系数的关键，本方法通过高光谱和 LiDAR 数据共同提取地物边界信息。图 6-11 所示为边界约束的空间项权重系数提取流程。

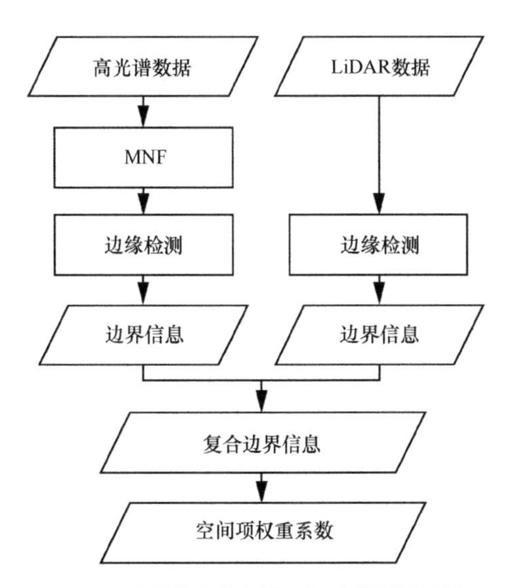

图 6-11　边界约束的空间项权重系数提取流程

1. 地物边界信息提取

（1）边缘检测算子

边缘检测是常用的提取地物边界信息的方法。在图像中，边缘是指灰度值发生阶跃状和屋顶状变化的像元的集合[13]。边缘检测算法的结果以获取像元的梯度信息为主，目前较为常用的边缘检测方法主要有 Robert 算子、Prewitt 算子、Sobel 算子、Laplacian 算子、Canny 算子和 Log 算子等。其中，Robert 算子、Prewitt 算子、Sobel 算子、Laplacian 算子的算法简单且提取效率高，但对噪声敏感；Canny 算子、Log 算子虽然检测效果好但算法较为复杂。这里，采用一种改进的 Sobel 边缘检测算子对图像边缘进行检测[14]。原始的 Sobel 算子因为只采用了 2 个方向的模板，所以只能检测水平和垂直方向的边缘，且容易将噪声点检测为边缘。改进的 Sobel 算子采用 4 个 5×5 的模板进行边缘检测，可以有效地减少噪声对检测结果的影响，准确地描述出图像边缘点。

改进的 Sobel 算子 4 个方向的模板如图 6-12 所示。

（2）高光谱数据的边缘检测

目前，图像边缘提取算法大多是针对单个波段的。对于高光谱图像而言，由于波段众多，相邻波段间存在较大的相关性，逐波段检测易造成信息冗余。因此，首先对高光谱图像进行降维处理，使得高光谱图像上的大部分信息集中到几个主要成分中，然后再进行边缘检测。这样既充分利用了高光谱的有效信息，又减少了噪声及冗余信息对边缘检测的影响。

2	3	0	−3	−2
3	4	0	−4	−3
6	6	0	−6	−6
3	4	0	−4	−3
2	3	0	−3	−2

(a) 0°方向（水平）

2	3	6	3	2
3	4	6	4	3
0	0	0	0	0
−3	−4	−6	−4	−3
−2	−3	−6	−3	−2

(b) 90°方向（垂直）

0	−2	−3	−2	−6
2	0	−4	−6	−2
3	4	0	−4	−3
2	6	4	0	−2
6	2	3	2	0

(c) 45°方向

−6	−2	−3	−2	0
−2	−6	−4	0	2
−3	−4	0	4	3
−2	0	4	6	2
0	2	3	2	6

(d) 135°方向

图 6-12 改进的 Sobel 算子 4 个方向的模板

这里，使用最小噪声分类（MNF）变换对原始高光谱图像进行降维处理。MNF 变换是基于图像质量的线性变换，变换结果的成分按照信噪比的大小排序。与传统的主成分分析（PCA）相比，该方法能有效解决由于噪声在图像各波段分布不均匀而造成的 PCA 变换不能保证图像质量随着主成分增大而降低的问题。MNF 变换后，前 3 个成分包含了约 95%的信息，因此选择 MNF 变换后前 3 个成分进行边缘检测。

（3）LiDAR 数据的边缘检测

LiDAR 点云数据进行专业软件处理后可以获得数字表面模型（Digital Surface Model，DSM）产品，DSM 不仅包含地物的高度信息，还可以刻画出地物的形状结构特征。尤其是对于处于不同高度的不同地物（比如房顶与地面）来说，它们之间的边界就可以得到很好的呈现，可以弥补由于光谱相似而无法准确定位边界的不足。因此，这里直接对 LiDAR 的 DSM 数据进行边缘检测。

（4）复合边界信息的生成

高光谱数据的边缘是光谱特征发生突变的像元位置，对于邻近的光谱相似的不同类型地物，边界难以确定。而 LiDAR 数据的边缘是高度发生突变的像元位置，对于处于同一高度的不同地物（比如道路与草坪），边界无法获取。因此将高光谱数据检测的边缘和 LiDAR 数据检测的边缘结合，发挥不同数据优势能获取更为准确的边界信息。

将高光谱图像中提取的边缘检测结果和 LiDAR 数据的边缘检测结果进行加权

平均，生成最终的复合边界，以像元梯度形式表示如下。

$$\nabla(X)=\{\rho_m \in \mathbf{R}, m=1,2,\cdots,M\} \tag{6-27}$$

其中，ρ_m 表示像元 m 的梯度值，$\mathbf{R}$ 表示实数集合。

2. 空间项权重系数的确定

在自适应马尔可夫随机场模型中提到，当像元位于地物边界处时，像元与其邻域像元的空间连续性较差，在利用 MRF 进行空间校正时，可以设定一个较小的权重系数；当像元位于同质区域内部时，像元与其邻域像元的空间连续性较强，在 MRF 进行空间项修正的时候，应该赋予较大的权重系数。

对于高光谱与 LiDAR 数据获得的复合边缘梯度，如果采用单阈值来确定边界可能会造成边界提取不准确。因此，本文采用模糊梯度阈值的方式来确定图像的边界，如图 6-13 所示，ρ_{T1} 和 ρ_{T2} 为边界的两个阈值，当像元梯度大于 ρ_{T2} 时，表示该像元完全属于边界；当像元梯度小于 ρ_{T1} 时，表示该像元完全不属于边界。

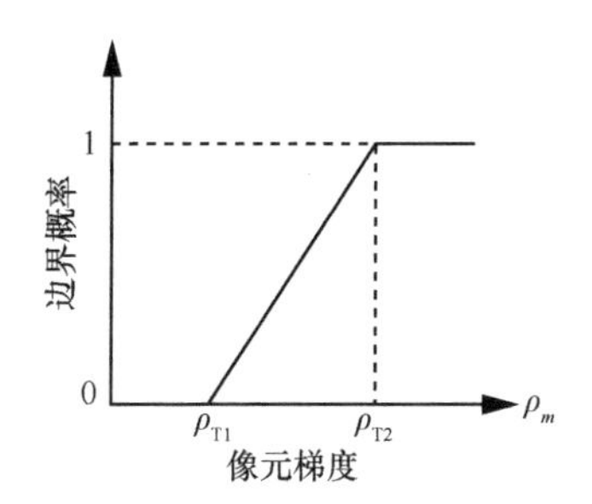

图 6-13 像元梯度与边界的关系

根据空间项权重系数与像元空间位置的关系，建立线性分段函数如式（6-28）所示。

$$\beta_m=\begin{cases} C_1, & \rho_m \leqslant \rho_{T1} \\ A\rho_m + D, & \rho_{T1} < \rho_m < \rho_{T2} \\ C_2, & \rho_m \geqslant \rho_{T2} \end{cases} \tag{6-28}$$

其中，β_m 为像元 m 所采用的空间项权重系数，ρ_m 为像元 m 的梯度值，ρ_{T1} 和 ρ_{T2} 为边界的两个阈值。C_1 和 C_2 为给定的常数，指的是当像元位于同质区内和位于边界处时空间项权重系数的最佳取值，C_1 为一个较小的值，C_2 为一个较大的值。A 和 D 分别为函数的参数，可以通过计算边界阈值获得。

$$A=\frac{C_2-C_1}{\rho_{T2}-\rho_{T1}} \tag{6-29}$$

$$D=\frac{C_1\rho_{\mathrm{T2}}-C_2\rho_{\mathrm{T1}}}{\rho_{\mathrm{T2}}-\rho_{\mathrm{T1}}} \tag{6-30}$$

6.2.3 高光谱协同 LiDAR 数据分类实验

本节包含两个实验数据，实验 1 选用的数据来源于 IEEE 地球科学与遥感协会（Geoscience and Remote Sensing Society，GRSS）数据融合技术委员会（Data Fusion Technical Committee）提供的 2013 IEEE GRSS Data Fusion Contest 数据——经过配准的高光谱数据和 LiDAR DSM 数据，空间分辨率为 2.5 m。其中高光谱数据由 CASI 传感器获取，共有 144 个波段，光谱范围为 380～1 050 nm。数据覆盖范围为休斯敦大学校区及其周围的城市区域，该区域包括健康的草、受胁迫的草、假草、林地、裸土、住宅楼、教学楼、道路、停车场等 12 类地物。

实验 2 采用第 6.1 节高光谱数据集和同区域 LiDAR 数据，两类数据已进行了配准等预处理。

1. 实验 1

利用休斯敦大学校园数据进行分类实验，分类时从每类地面参考数据中随机选取 100 个点作为训练样本，剩余的样本进行精度验证。本实验首先比较不同数据源获取的边界的结果，然后比较 EC-MRF 与 SVM-MRF、边缘保持的马尔可夫随机场（MRF-EE）及 a-MRF 的分类结果。

从图 6-14 不同方法的检测结果中可以看出，高光谱数据检测的边界虽然较为全面，但是房屋和树木的边界不清晰，而 LiDAR 数据对于房屋和树木边界的刻画非常精细和准确，LiDAR 数据的引入可以有效提高感兴趣地物边界检测的准确性。

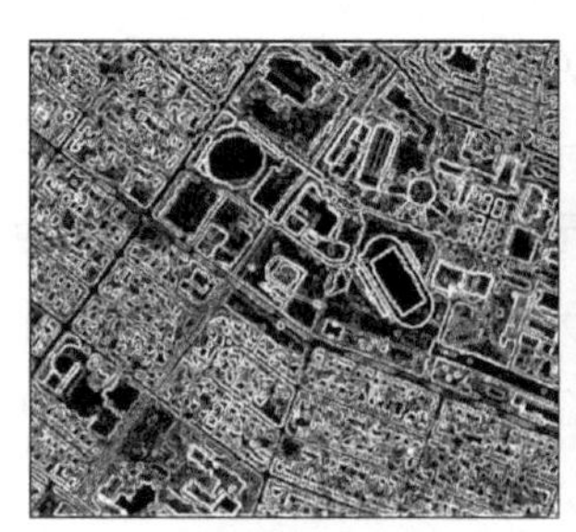
(a) 高光谱数据检测的边界

(b) LiDAR DSM 数据检测的边界

(c) 高光谱和 LiDAR 数据检测的复合边界

图 6-14 不同方法的检测结果

对比图 6-15 中不同方法的分类结果可以发现，LiDAR 数据的引入可以有效地改善仅利用高光谱数据进行分类的结果，特别是教学楼与道路、假草坪与住宅楼的错分。

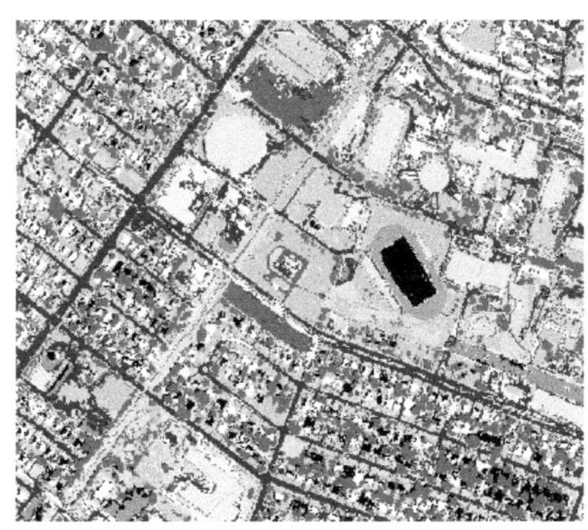

(a) 高光谱数据 SVM 分类结果

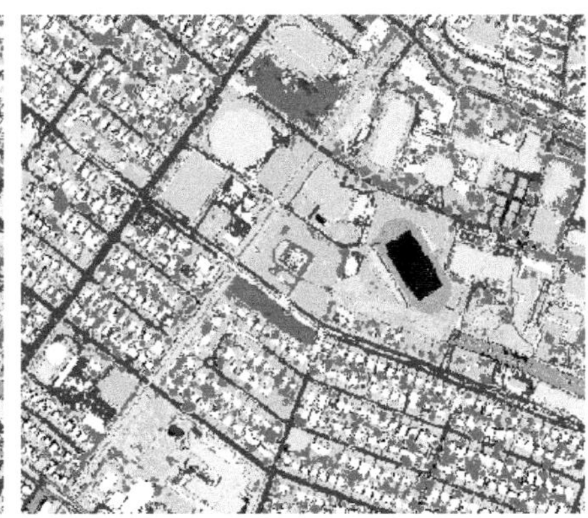

(b) 高光谱和 LiDAR 数据 SVM 分类结果

图 6-15　不同方法的分类结果（彩色图见附录图 6-15）

图 6-16 展示了不同方法的分类结果，从图中可以看出，本文提出的 EC-MRF 方法不仅去除了椒盐噪声，还有效地保持了地物的边界细节，特别是结构清晰的建筑物的边界。其他几类方法也取得了较好的分类结果，但仍存在一些空间过平滑或空间平滑不足的情况。比如，在方框内所示的房屋边界处，SVM-MRF、MRF-EE 和 a-MRF 均出现了由于空间平滑不足导致的椒盐噪声问题，而在圆形区域内的两栋房屋的边界处，a-MRF 则出现了过平滑的现象。

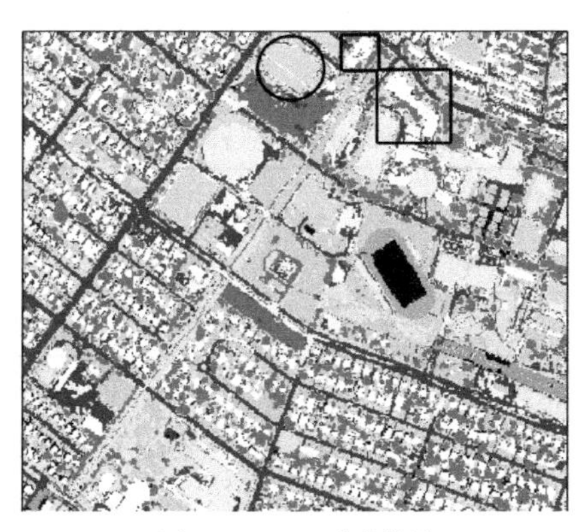

(a) SVM-MRF 分类结果

(b) MRF-EE 分类结果

图 6-16　不同方法的分类结果（彩色图见附录图 6-16）

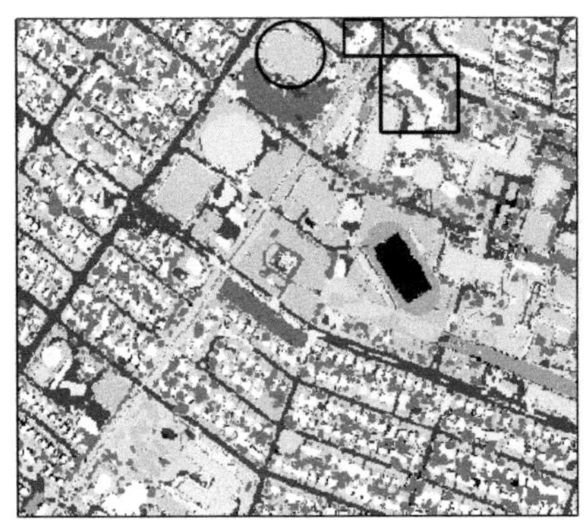
(c) a-MRF 分类结果

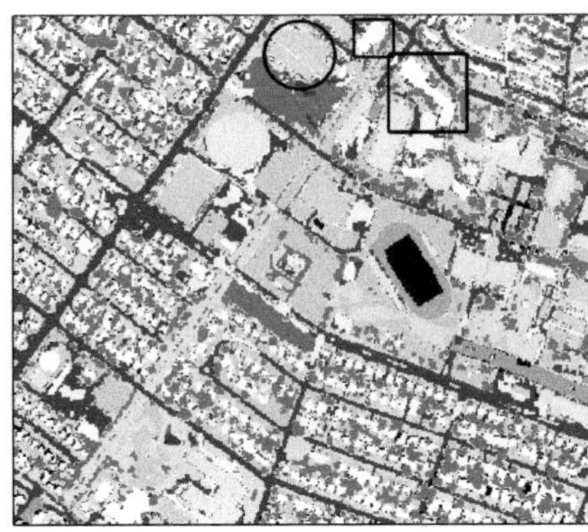
(d) EC-MRF 分类结果

图 6-16 不同方法的分类结果（彩色图见附录图 6-16）（续）

表 6-3 详细列出了 6 种分类方法的分类精度，包括总体分类精度、Kappa 系数和各类别的精度。可以看出，EC-MRF 总体分类精度最高，且大部分具体类别的精度也是最高的（表中最高值加粗显示）。

表 6-3 6 种分类方法的分类精度

类别	SVM(HIS)	SVM(HIS+LiDAR)	SVM-MRF	MRF-EE	a-MRF	EC-MRF
健康草	88.84%	90.74%	92.12%	93.05%	92.70%	**95.62%**
受胁迫草	80.66%	81.59%	85.52%	88.63%	89.95%	**95.42%**
假草	97.45%	98.52%	99.05%	99.26%	98.83%	**99.36%**
林地	84.93%	87.87%	89.82%	**90.79%**	89.83%	90.26%
教学楼 1	94.92%	94.44%	94.96%	**95.33%**	95.25%	95.10%
教学楼 2	61.86%	98.32%	98.57%	**98.96%**	98.86%	98.68%
住宅楼	50.88%	88.58%	89.93%	90.88%	91.34%	**91.35%**
裸土	84.99%	85.58%	86.77%	87.27%	87.82%	**89.64%**
道路	77.79%	79.03%	81.81%	83.53%	82.54%	**83.77%**
停车场 1	67.41%	74.26%	77.16%	77.68%	80.13%	**82.89%**
停车场 2	81.36%	79.96%	81.26%	82.26%	**92.99%**	89.98%
通行线	95.78%	96.20%	97.15%	97.36%	96.73%	**97.99%**
总体分类精度	78.25%	87.58%	89.28%	90.35%	90.50%	**91.70%**
Kappa 系数	75.72%	86.02%	87.93%	89.12%	89.30%	**90.65%**

2. 实验 2

实验 2 采用同第 6.1.5 节实验 2 中的高光谱数据，同时获取同一地区 1 m 分辨率 LiDAR 数据，将两类数据进行配准预处理。在实验比较中，采用了原始高光谱数据分类（SVM）、MNF 降维后高光谱数据分类（MNF-SVM）、降维高光谱与 LiDAR 直接融合分类（MNF-LiDAR-SVM）和本节算法分类（EC-MRF）结果进行分析对比。其中，分类器 SVM 相关参数设置同第 6.1.5 节实验 2。

不同方法的检测结果如图 6-17 所示，采用本节算法检测的图像边缘结果中，高光谱 MNF 降维检测结果主要依据像元的光谱差异得到边界，而 LiDAR 数据表征了地物表面的高度信息，通过对其进行边缘提取可以发现，图像上的建筑物，特别是屋顶边缘得到了准确提取，将两类数据的边缘提取结果进行融合得到的边缘，在高光谱与 LiDAR 两类数据在地物边缘检测方面形成了优势互补，大大提高了不同地物间边缘的准确性，可将其应用至边缘约束的马尔可夫随机场模型中。图 6-18 所示分别为不同数据进行分类的结果与 EC-MRF 的分类结果。通过表 6-4 发现，本节算法在大部分类别的生产者精度上均有不同程度的提高，特别是橙色屋顶、黄色屋顶和红色屋顶 3 个对高度信息较为敏感的地物类别，在融合 LiDAR 数据的基础上，同时将空间相关性考虑在内，极大地提高了地物的分类精度，总体分类精度较两类数据直接融合提高了 4.5 个百分点，Kappa 系数提高了 5.6 个百分点，表明算法取得了良好的分类效果。

(a) 高光谱数据MNF降维后检测边缘

(b) LiDAR数据

(c) LiDAR检测边缘

(d) 复合边缘

图 6-17　不同方法的检测结果

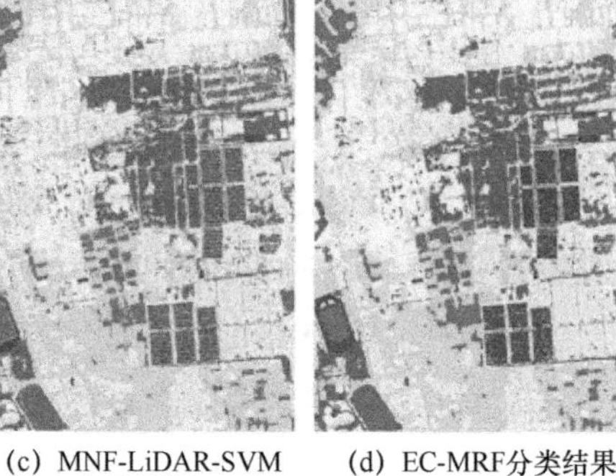

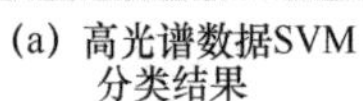
(a) 高光谱数据SVM分类结果　(b) MNF-SVM分类结果　(c) MNF-LiDAR-SVM分类结果　(d) EC-MRF分类结果

图 6-18　不同方法的分类结果（彩色图见附录图 6-18）

表 6-4　高光谱协同 LiDAR 数据的各类别的生产者精度、总体分类精度和 Kappa 系数

类别	SVM	MNF-SVM	MNF-LiDAR-SVM	EC-MRF
贫地	98.1%	99.6%	99.6%	100.0%
高草木	89.5%	93.6%	95.9%	98.2%
低草木	87.2%	90.4%	92.4%	92.8%
橙色屋顶	79.8%	87.2%	87.3%	96.3%
蓝色屋顶	99.5%	99.3%	99.3%	99.5%
黄色屋顶	89.6%	93.6%	93.7%	99.1%
红色屋顶	98.6%	94.2%	98.1%	98.8%
少量建筑	97.1%	98.1%	94.0%	94.0%
少量水泥	96.5%	97.2%	97.2%	97.9%
总体分类精度	88.1%	92.3%	92.7%	97.2%
Kappa 系数	85.4%	90.4%	90.9%	96.5%

6.3　基于数学形态学的高光谱协同热红外数据分类

6.3.1　数学形态学

作为一种基于积分几何、集合运算、几何概率等理论的非线性、不可逆的图像分析理论，数学形态学[15-17]对图像进行分析和处理的主要原理可归纳为：通过变换图像

中的形态，去除目标图像中不重要的信息，保留图像中重要的信息，以更好地实现对图像中地物的识别和分类。数学形态学算法基于集合角度来分析和处理图像，很好地突破了线性因素的限制，用非线性手段实现了对图像中的形状和结构等特征的描述和分析，相比于线性处理方法，形态变换能够运用简单的移位和逻辑等运算来完成复杂度高的图像处理运算，有效地降低了计算和时间复杂度。基于数学形态学的处理方法在图像领域中得到了广泛的运用：滤波图像能有效地去除噪声、锐化边缘、提取或去除形状结构信息；分割图像能很好地分割出具有相似信息和邻域关系的形状区域；度量图像能选取合适的属性对图像中连通区域的尺寸、方向、形状等特征进行很好的表征。

6.3.2　基于 LCP 数学形态学的高光谱协同热红外数据分类

局部包含轮廓（Local Contain Profile，LCP）作为一种数学形态学算法，是基于拓扑树来构建的。首先需要构建图像所对应的拓扑树，然后选取自适应性的消光滤波对构建的拓扑树进行剪切，最后通过把剪切后的树重构成图像，实现特征信息的过滤和获取。LCP 的构建过程主要包括 3 个部分：构建拓扑树、消光滤波和图像重构，具体流程如图 6-19 所示。

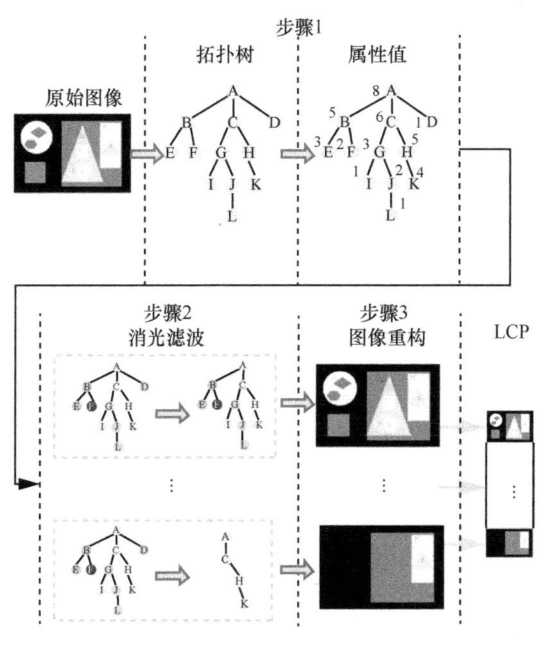

图 6-19　LCP 的具体流程

1. 拓扑树的构建

拓扑树是根据图像中连通区域间的领域关系（即包含、相邻、相离）来构建的，树中每个节点代表图中的一个连通区域，每个连通区域仅与单个节点（即复合节点）相对应，根节点代表全局区域中最广的连通区域，叶节点代表局部区域中的最小连通区域。拓扑树展现的连通区域之间的层次关系主要体现在 3 个方面：① 属于同一分支的节点对应的连通区域具有包含或交叉关系；② 同水平级节点对应的连接分量之间存在相离或邻接关系；③ 不属于同一分支的节点且不属于同一个父节点对应的连接分量只能彼此相离。所有树节点只有一个根节点（即所有连通区域都包含在一个根区域中），这是由对应于不同节点的连通区域形成的混合区域确定的。拓扑树的构建过程如图 6-20 所示。

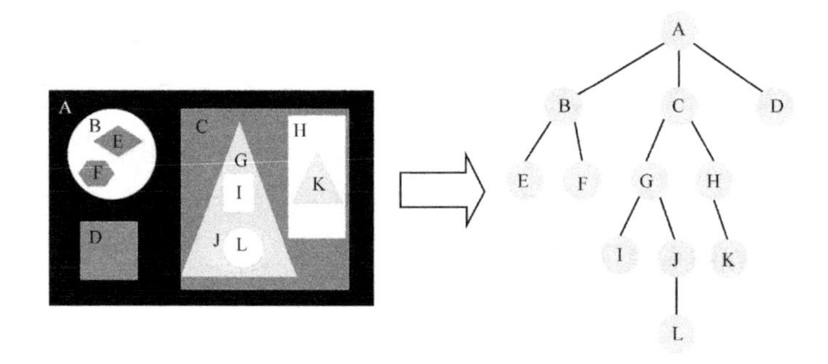

图 6-20　拓扑树的构建过程

本节的拓扑树是基于准线性算法来构建的，该算法还用到了联合查找过程，主要由以下 3 个步骤构成。

① 利用 Khalimskey 网格对尺度图像进行插值得到插值图像。

② 像素按递减顺序排序，即从根节点像素到所有叶节点像素，排序原则是根据插值图像的访问顺序对连通区域进行排序，采用分层队列存储顺序提取的像素信息[18]。

③ 逆序，依靠一个联合查找过程来计算树。

在拓扑树的计算过程中，Khalimskey 网格插值过程和优先队列有序存储过程比较简单，但排序步骤比较复杂。有关拓扑树的更详细的计算过程可参考文献[19]，该计算方法还可以计算最大树/最小树，唯一的区别在于排序步骤不同。

2. 消光滤波算法

消光滤波原理是通过设定的阈值（即消光值的个数），保留满足要求的叶节点

所在分支，剪掉不满足要求的叶节点所在分支，滤波过程如图 6-21 所示。

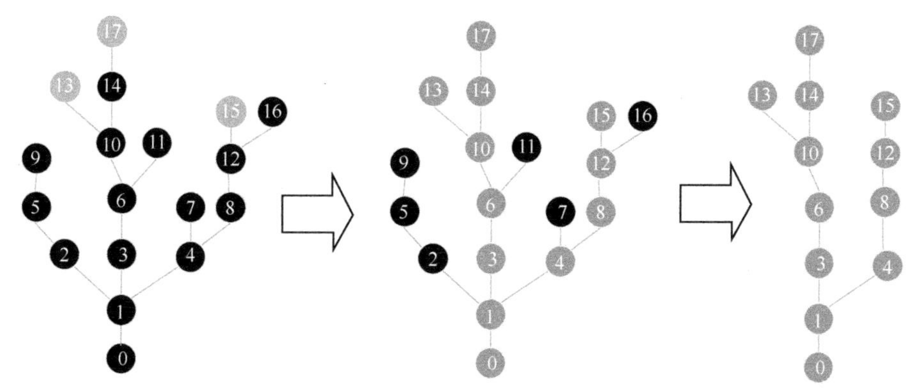

图 6-21　滤波过程

（1）树节点属性值的计算

拓扑树构建完成以后，接下来就需要用属性值对树中节点进行属性表征。因为树中每个节点都对应图像中的一块连续区域，所以对树节点的表征就是运用属性的计算公式对连通区域进行计算。属性的计算都是从叶节点对应的连通区域开始的，然后在叶节点所在分支上从叶节点到根节点依次进行计算。当计算一个父节点对应的连通区域时，会把这个节点上的所有子节点对应的连通区域都考虑进来，即相当于对父节点及其子节点所对应的组合连通区域进行计算。通过对树中节点进行顺序遍历和计算，每个节点都会对应一个属性值，这个属性值在后续的消光值计算和消光滤波过程中均发挥着重要作用。

对于递增类属性（如面积、高度、体积和边界框对角线）来说，用它们计算的节点属性值在树中是递增排列的，即父节点对应的属性值大于子节点对应的属性值，所以对叶节点对应的消光值计算就很容易。而对于非递增类属性（如标准方差、紧致度、伸长度和锐度）来说，用它们计算的节点属性值在树中则是非递增排列的，即子节点对应的属性值可能大于父节点对应的属性值，这就很难计算叶节点所对应的消光值。在这种情况下，就需要根据拓扑树和属性值来构建第二棵树，然后对第二棵树进行消光值计算和消光滤波。具体的实现过程如图 6-22 所示，其中，节点 A～L 分别表示树节点，虚线圆表示当阈值设为 2 的过滤节点。

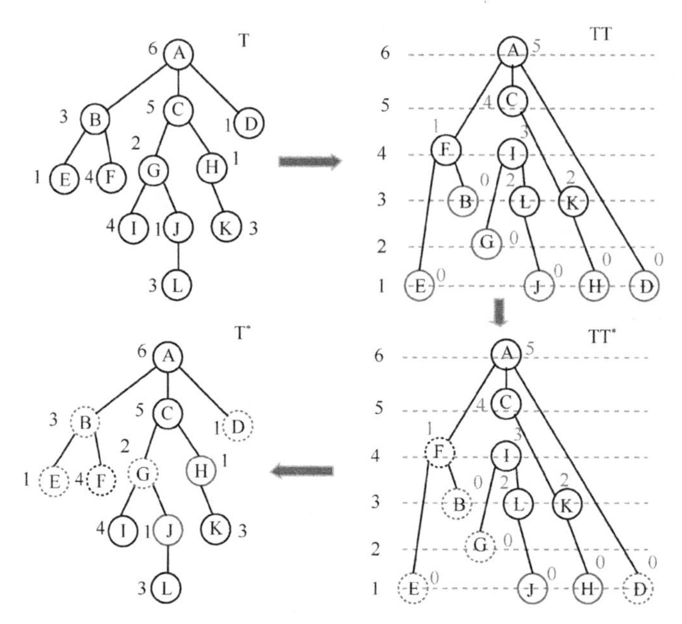

图 6-22　第二棵树的构建过程和消光滤波

第二棵树的构造原理如下：TT 是基于第一棵树构建的，可以表示为最小树或最大树，主要是根据应用和属性函数的性质确定的。在对非期望的形状进行过滤的过程中，基本原则是使 TT 中非期望形状对应的节点在叶节点附近。例如，当打算过滤非期望的形状时，TT 选用最小树表示；如果想保留期望的形状，则基本原则是使 TT 中的叶节点对应所期望的形状，因此 TT 选用最大树表示。TT 中同水平的节点对应的连通区域是一组具有相似形状的区域。之前位于 T 中同一分支中的两个不同的“对象”，通过由 T 向 TT 转换，有可能呈现在 TT 的两个不同分支上。TT* 是由第二棵树经过消光滤波得到的，其表示通过设定的阈值对 TT 中节点的剪切效果。T* 表示非增类属性表征的树 T 经过消光滤波后的剪切效果。

（2）消光值

对于最大树/最小树来说，消光值是对图像中区域（最大/最小像素值区域）极值持续性的一个很好的度量。对于拓扑树，消光值是对图像中最小连通区域持续性的一个很好的度量。消光值不代表某个节点对应的连通区域的属性值，而代表该节点对应的连通区域所在区域块上可以表示的最大属性值，也就是说，消光值显示叶节点所在分支形成的最大属性值。对于递增类属性和非递增类属性而言，消光值的计算过程是不同的。

现在给出拓扑树中消光值的定义。假设 M 是图像 X 的局部最小连通区域，而 $\psi=(\varphi_\lambda)_\lambda$ 是一系列递减的连接反扩展变换。用 $\varepsilon_\varphi(M)$ 来表示与 ψ 相关的 M 所对应的消失值，如果它是全局最大的 λ 值，经过消光滤波后，M 仍然是 $\varphi_\lambda(X)$ 的最小连通区域，消光值的定义可由式（6-31）给出。

$$\varepsilon_\varphi(M)=\sup\{\lambda\geqslant 0\mid\forall k\leqslant\lambda, M\subset \mathrm{Min}(\varphi_k(X))\} \tag{6-31}$$

其中，$\mathrm{Min}(\varphi_k(X))$ 是一个包含所有最小连通区域的集合。

（3）消光滤波

EF 是一个连接的滤波器，其原理是对相关叶节点及其分支节点所对应的连通区域进行删除或保留。EF 可以定义如下：使 $\mathrm{Max}(X)=\{M_1,M_2,\cdots,M_N\}$ 为图像 X 中最小连通区域的集合，每一个 $M_i(i=1,\cdots,N)$ 都会对应一个消光值 $\varepsilon_\varphi(M_i)$（由式（6-31）所定义）。首先依据 ω_i 对 M_i 按递减的顺序排列；然后根据设定的阈值 n，选取排列在前面的 n 个 M_i，并对其对应的叶节点进行标记；最后根据滤波策略保留已被标记的叶节点所在的分支，而剪切其他未标记的叶节点所在的分支。这个滤波过程可以由式（6-32）定义。

$$\mathrm{EF}^n(X)=R_g^\delta(X) \tag{6-32}$$

其中，g 是一个选择标记的函数，EF 通过 g 对原始图像 X 进行扩展操作，并通过重构操作得到 $R_g^\delta(X)$。g 可以表示为

$$g=\mathrm{Max}_{i=1}^n(M_i^*) \tag{6-33}$$

其中，Max 是选取最大的消光值所对应的最小连通区域的操作，M_1^* 是具有最高消光值对应的最小连通区域，M_2^* 是具有第二大消光值对应的最小连通区域，以此类推。

消光滤波的作用就是通过人为的控制，选择性地删除一些不重要的信息区域，保留重要的信息区域，从而达到提取有效特征的效果。如果需要保留图像中 n 个特征区域，就可以选取合适的属性和阈值，通过对具有最大消光值的连接区域（树节点）进行标记和保留，而剪切未被标记的节点，实现特征区域的提取和噪声区域的消除。

3. 图像重构

在拓扑树经过消光滤波之后，许多分支上的节点被剪切，它们对应的连通区域也被父节点对应的连通区域所覆盖，树中每个节点所对应的连通区域都发生了变

化，一个父节点可能会对应多个子节点组合形式的连通区域，具体效果如图 6-19 所示的步骤 3。当把经过剪切的树重构成图像，这个图像就是经 LCP 得到的特征图，其保留了有用的地物信息，删除了无用的地物信息。

4. 属性构造

图像中物体的属性值都是基于像素计算的，即运用数学方法对像素的值或由像素构成的连通区域进行计算，以得出类似于数值的属性值，如面积属性是计算连通区域中的像素个数，高度属性是计算连通区域中的像素与局部像素的差值，边界框对角线属性是计算连通区域的方差等。这些属性的计算原理均不相同，所表示的数学意义也不相同，所以均具有独特性、唯一性等特点。

（1）传统属性的构造原理

在传统的属性中，高度是对比度属性，面积是尺寸属性，体积是对比度和尺寸属性的组合，边界框对角线则是形状和尺寸属性的结合。这些属性都是递增性属性，可通过式（6-34）～式（6-37）来计算。

$$\mathrm{Area}(N)=\{\#p \mid p\in N\} \tag{6-34}$$

$$\mathrm{Height}(N)=\underset{p\in N}{\mathrm{Max}}\, f(p)-\underset{p\in N}{\mathrm{Min}}\, f(p) \tag{6-35}$$

$$\mathrm{Volume}(N)=\sum_{p\in N}(\underset{p\in N}{\mathrm{Max}}\, g(p)-g(p)) \tag{6-36}$$

$$\mathrm{Diag}(N)=\sqrt{(x_{p,\max}-x_{p,\min})^2+(y_{p,\max}-y_{p,\min})^2} \tag{6-37}$$

其中，N 表示一个连通区域，p 表示连通区域中的一个像素，f 是一个取像素的值的函数，$g=\pm f$（主要依据方向选取正负号），$x_{p,\max}$、$x_{p,\min}$、$y_{p,\max}$ 和 $y_{p,\min}$ 分别表示连通区域中横坐标和纵坐标上的极值点，$(x_{p,\max}-x_{p,\min})$ 和 $(y_{p,\max}-y_{p,\min})$ 分别表示连通区域能求得的最大的高和宽，Diag 表示边界框对角线。

标准方差属性是一种对比度属性，与其他属性的不同之处在于，标准方差是非递增性属性，其计算式为

$$\mathrm{Std}(N)=\sqrt{\frac{1}{\mathrm{Area}(N)}\sum_{\forall p\in N}\left(f(p)-K_{\text{gray-level}}(\lambda)\right)^2} \tag{6-38}$$

其中，Std 表示标准方差，$K_{\text{gray-level}}$ 是连通区域中像素的值的平均强度，可由式（6-39）给出。

$$K_{\text{gray-level}}(N)=\frac{1}{\text{Area}(N)}\sum_{\forall p\in N}f(p) \tag{6-39}$$

（2）新属性的构造原理

在数学形态学算法中引入了 3 种新的属性，即紧致度（Compactness）、伸长度（Elongation）和锐度（Sharpness）。新属性能很好地描述连通区域的形状特性，它们均属于形状属性，而且都是非递增性属性，三者的计算式为

$$\text{Compactness}(N)=\frac{4\pi\text{Area}(N)}{P^2(N)} \tag{6-40}$$

$$\text{Elongation}(N)=\frac{l_{\max}(N)}{l_{\min}(N)} \tag{6-41}$$

$$\text{Sharpness}(N)=\frac{\text{Volume}(N)}{\text{Height}(N)\times\text{Area}(N)} \tag{6-42}$$

其中，$P(N)$ 表示连通区域的边界线长度，$l_{\max}(N)$ 和 $l_{\min}(N)$ 分别表示连通区域的最佳拟合椭圆的长轴和短轴，$\text{Area}(N)$、$\text{Height}(N)$ 和 $\text{Volume}(N)$ 可分别参考式（6-34）～式（6-36）。

通过这些新属性可以在形态学特征提取中有效提取或消除图像中特定形状的目标，如圆形目标、长形目标、尖形目标等。它们在形态学中的具体用法分别如下所述。

① 紧致度：计算图像中每个连通区域的紧致度，紧致度越接近 1，表明连通区域越接近圆，通过设定偏离 1 的阈值进行形态滤波，可以保留圆形物体，消除其他物体。

② 伸长度：计算图像中每个连通区域的伸长度，伸长度越偏离 1，表明连通区域越接近直线，通过设定接近 1 的阈值进行形态滤波，可以保留长形物体，消除其他物体。

③ 锐度：计算图像中每个连通区域的锐度，锐度越大，表明连通区域越尖锐，通过设定较大的阈值进行形态滤波，可以保留尖形物体，消除平滑形的物体。

6.3.3　基于数学形态学的高光谱和热红外图像的特征提取

前面对 LCP 算法构成原理的分析，充分证明了该数学形态学算法在获取高光谱图像的空间特征和热红外图像的上下文特征中的优越性。所以，分别选取了 LCP

算法对高光谱和热红外图像进行特征提取，然后送入 SVM 分类器中进行分类。

为了获取高光谱和热红外图像中不同类型的特征（如对比度特征、尺寸特征、形状特征等），选取 5 种属性，即面积、高度、体积、边界框对角线和标准方差，用于生成多个 LCP 属性特征（MLCP）；为了更充分地获取高光谱和红外图像中的有效特征，选取 PCA 对高光谱图像进行波段降维，并分别选取前两个主成分波段图像用于特征提取，以便生成多个扩展的 LCP 属性特征（EMLCP），图 6-23 展示了使用单谱段图像单个属性生成 LCP 的算法流程。

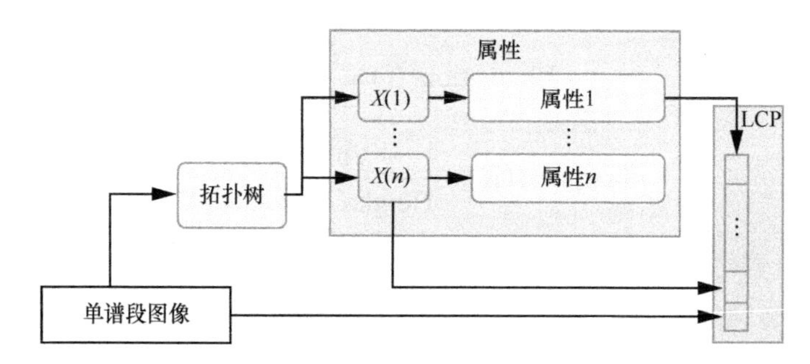

图 6-23 使用单谱段图像单个属性生成 LCP 的算法流程

6.3.4 高光谱图像与热红外数据融合分类

高光谱图像与热红外数据进行特征融合的方法是特征堆叠，$X_{\text{Spe-Hyp}}$ 和 $X_{\text{Spe-Inf}}$ 分别表示输入的高光谱和热红外数据，在进行形态学特征提取前，首先对高光谱图像使用 PCA 进行降维。$X_{\text{Spa-Hyp}}$ 表示高光谱图像的前两个主成分分量经过 LCP 算法生成的 EMLCP，$X_{\text{Spa-Inf}}$ 表示单谱段红外图像经过 LCP 算法生成的 MLCP。主要提取高光谱图像中的空间信息和热红外图像的上下文特征，然后将这两类特征进行有效融合。所以，特征融合的方法可以表示为

$$X_{\text{Sta}} = [X_{\text{Spa-Hyp}}; X_{\text{Spe-Hyp}}; X_{\text{Spa-Inf}}; X_{\text{Spe-Inf}}] \tag{6-43}$$

在进行特征融合时，对特征简单的堆叠可能会使特征维度很大，以至于造成信息冗余甚至出现休斯现象，这种情况会大幅降低分类器的分类效果，为了防止数据融合后出现信息冗余和维度爆炸现象，最后采用了 SVM-CK 分类器。复合核函数定义为

$$K(x_i,x_j)=\mu K_s(x_i^s,x_j^s)+(1-\mu)K_w(x_i^w,x_j^w) \qquad (6\text{-}44)$$

其中，K 是一个整体核函数，$K_s(x_i^s,x_j^s)$ 是形态学特征的一个核函数，$K_w(x_i^w,x_j^w)$ 是光谱特征的一个核函数，μ 表示一个权衡性参数。高光谱和热红外数据协同分类的整体流程如图 6-24 所示。

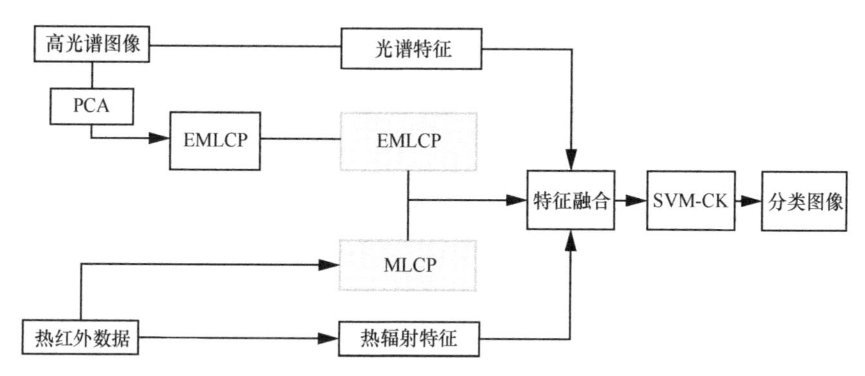

图 6-24　高光谱和热红外数据协同分类的整体流程

6.3.5　高光谱协同热红外数据实验

1. 实验准备

本次实验采用 2019 年 4 月 1 日 GF-5 卫星在河北省采集的两组数据，一组为可见光高光谱数据，大小为 1 220×973，共 150 谱段，空间分辨率为 30 m；一组是单通道热红外数据，大小为 1 220×973，空间分辨率为 40 m。实验数据集如图 6-25 所示。

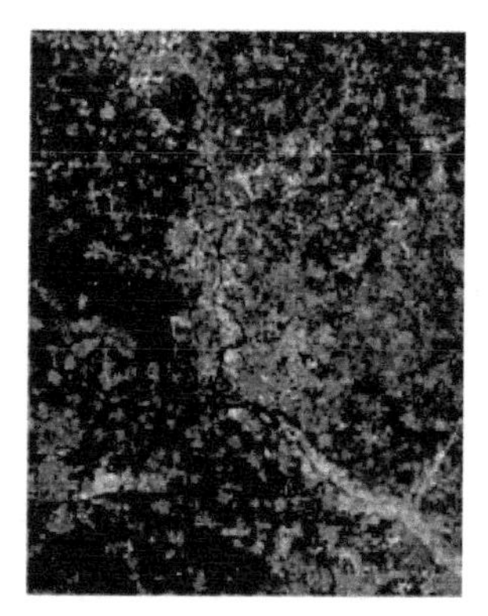

(a) 高光谱真彩色合成图像

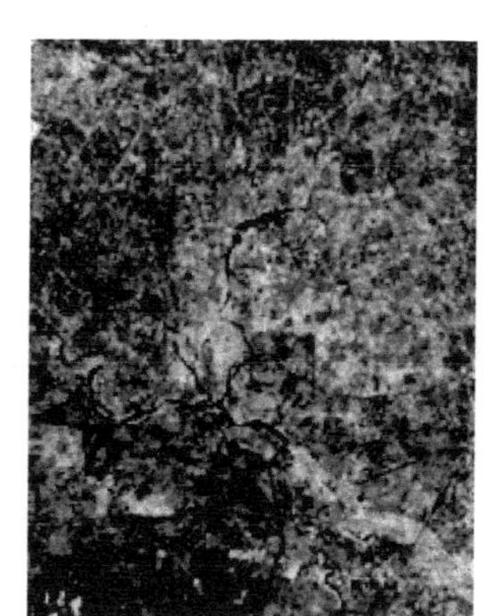

(b) 热红外图像

(c) 样本空间分布

图 6-25　实验数据集（彩色图见附录图 6-25）

高光谱协同热红外数据在区分城镇地物时，对不同材质屋顶具有较为明显不同的效果，其中高光谱图像提供目标光谱特征，热红外数据和高光谱图像共同提供目标形态学属性特征，图 6-26 所示为高分辨率图像上 5 类不同材质的屋顶局部放大图。5 类屋顶颜色编码颜色对应见表 6-5。

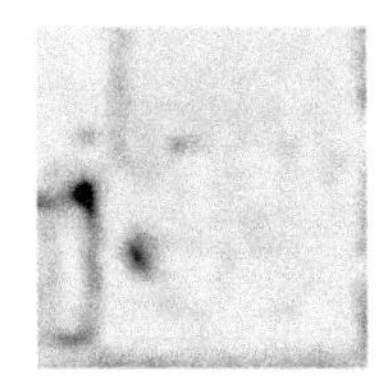
(a) Grayroof_normal

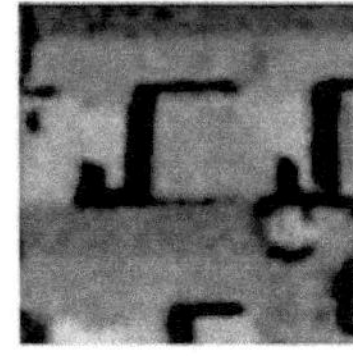
(b) Redroof_normal

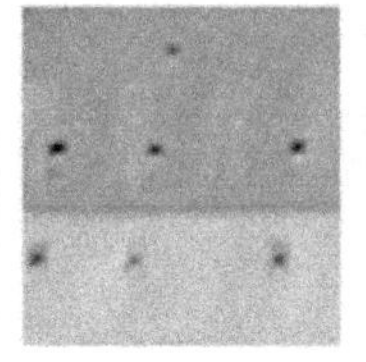
(c) Redroof_hot

(d) Blueroof_normal

(e) Blueoof_hot

图 6-26 高分辨率图像上 5 类不同材质的屋顶局部放大图（彩色图见附录图 6-26）

表 6-5 5 类屋顶编码颜色对应（彩色表见附录表 6-5）

Redroof_normal	Blueroof_normal	Blueroof_hot	Redroof_hot	Grayroof_normal

针对 LCP，本节选取了常见的数学形态学算法作为对比方法，并在总体分类精度、平均分类精度和 Kappa 系数等方面进行了全方位的实验和对比。实验总共考虑了 5 种属性，包括 4 种增性属性（面积、高度、体积和边界框对角线）和 1 种非增性属性（标准方差）。从已标注好的地面真实数据集中随机选取 25 个训练样本用于模型训练，其他的样本作为测试样本（见表 6-6），以验证地物识别和分类结果。

表 6-6 实验数据的 5 类训练和测试样本数

样本	Grayroof_normal	Redroof_normal	Redroof_hot	Blueroof_normal	Blueroof_hot
训练样本数/个	25	25	25	25	25
测试样本数/个	339	194	24	805	30

2. 实验结果与分析

本实验分别选取了两种数学形态学算法，即消光轮廓（EP）和 LCP，对高光谱图像和热红外数据分别进行特征提取和协同分类，其中，EP 与 LCP 均提取了图像的 5 类属性特征，如图 6-27～图 6-32 所示。

 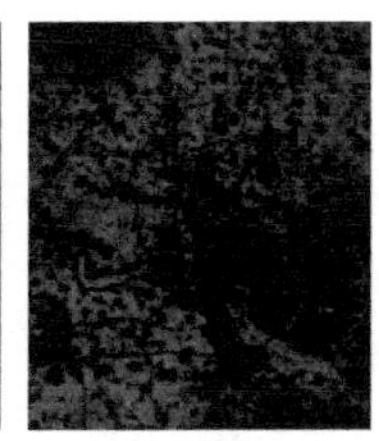   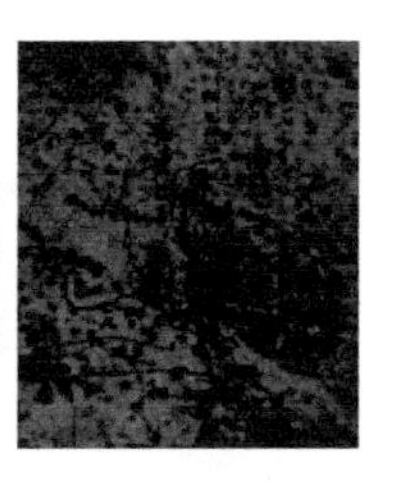

(a) 面积属性　(b) 边界框对角线属性　(c) 高度属性　(d) 标准方差属性　(e) 体积属性

图 6-27　使用 EP 最大树提取的高光谱降维后的一个波段图像的特征

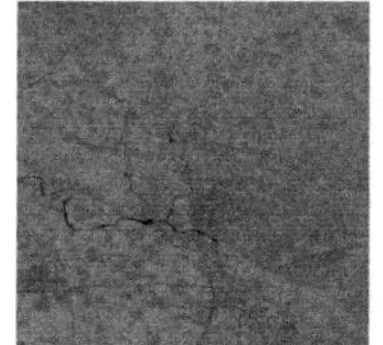 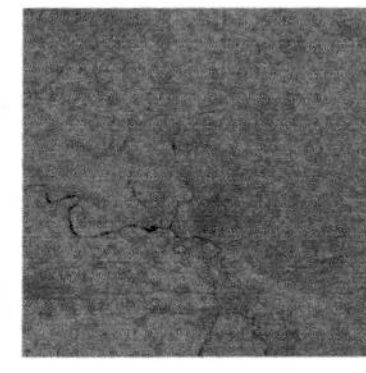 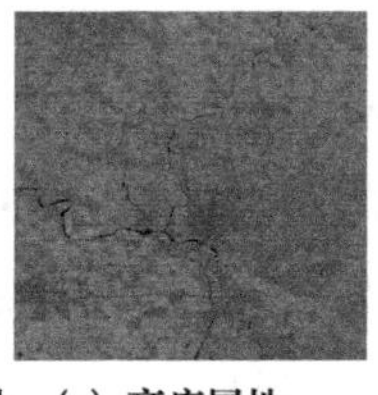 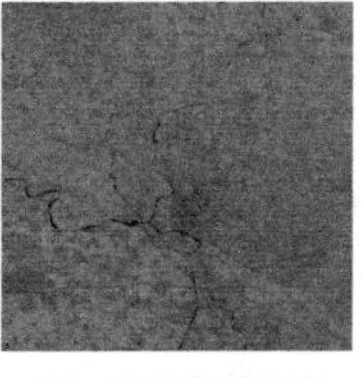 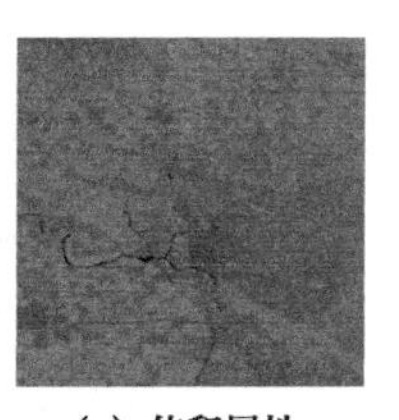

(a) 面积属性　(b) 边界框对角线属性　(c) 高度属性　(d) 标准方差属性　(e) 体积属性

图 6-28　使用 EP 最小树提取的高光谱降维后的一个波段图像的特征

 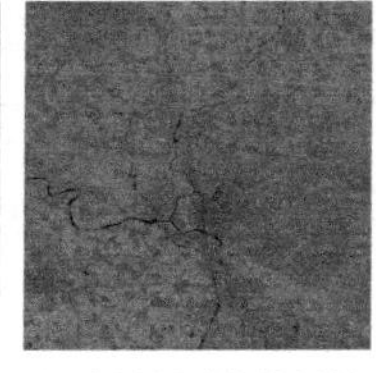 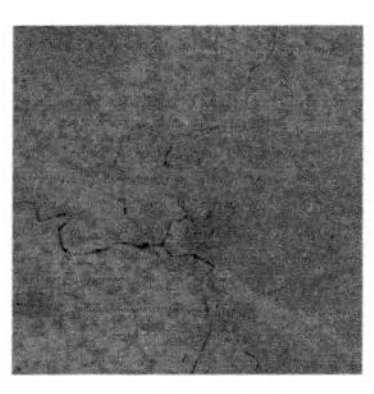 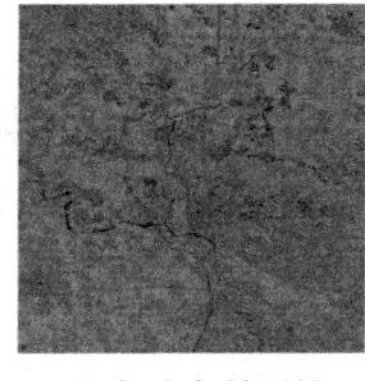 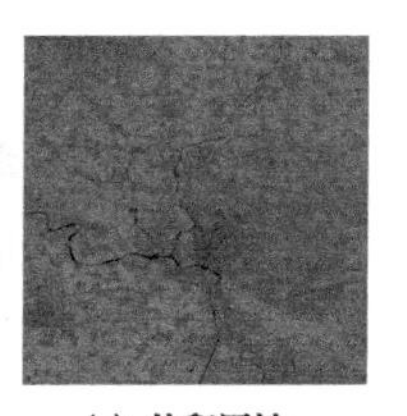

(a) 面积属性　(b) 边界框对角线属性　(c) 高度属性　(d) 标准方差属性　(e) 体积属性

图 6-29　使用 LCP 提取的高光谱降维后的一个波段图像的特征

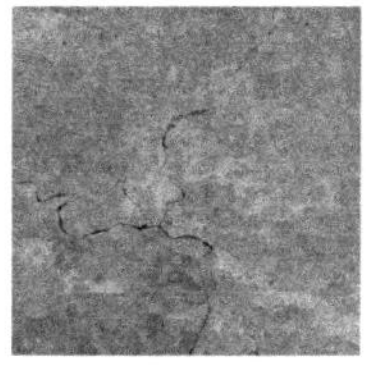 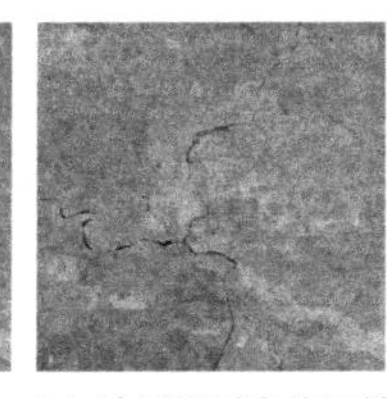  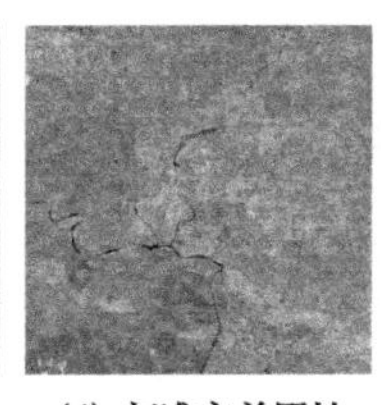 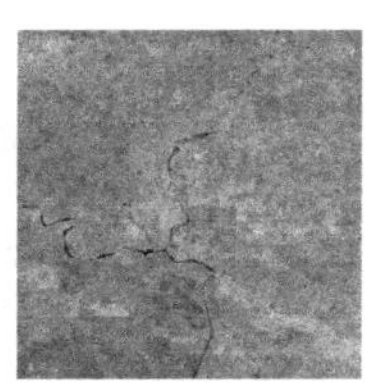

(a) 面积属性　(b) 边界框对角线属性　(c) 高度属性　(d) 标准方差属性　(e) 体积属性

图 6-30　使用 EP 最大树提取的热红外图像的特征

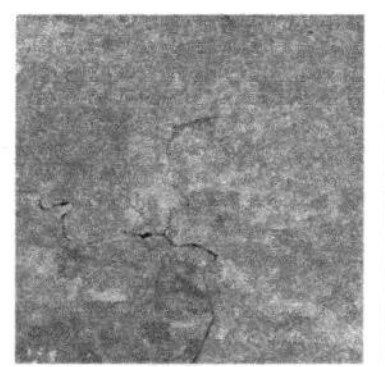 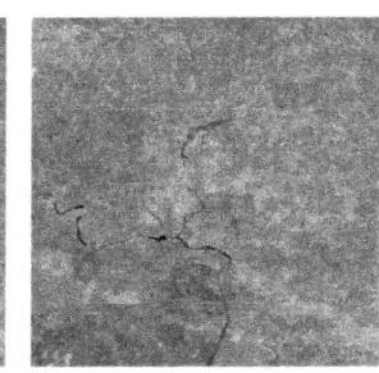 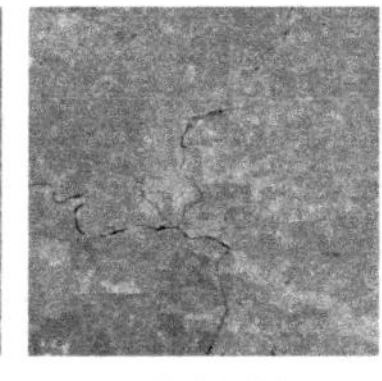 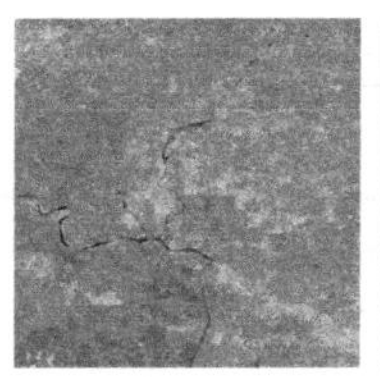 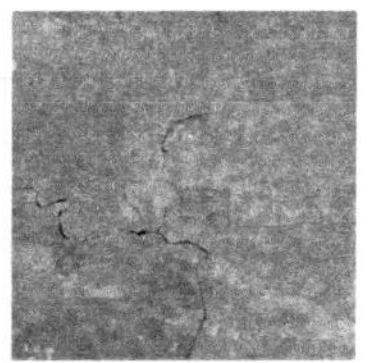

(a) 面积属性　(b) 边界框对角线属性　(c) 高度属性　(d) 标准方差属性　(e) 体积属性

图 6-31　使用 EP 最小树提取的热红外图像的特征

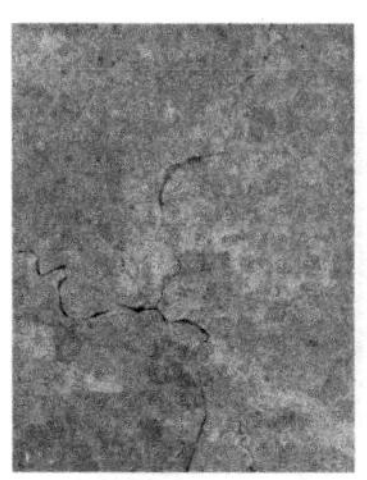
(a) 面积属性

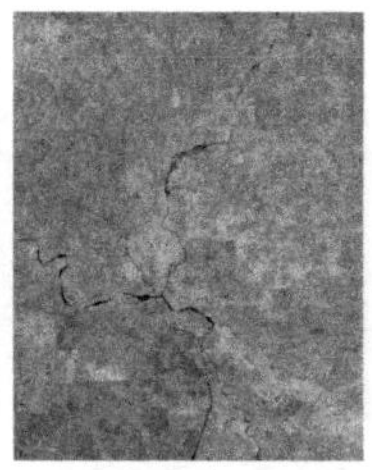
(b) 边界框对角线属性

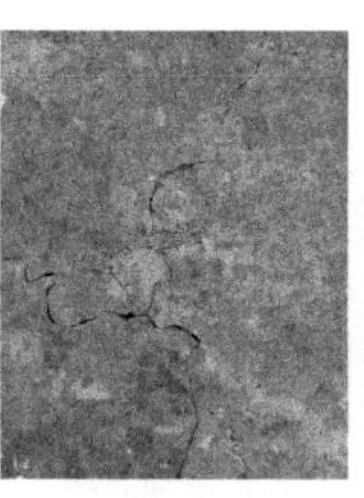
(c) 高度属性

(d) 标准方差属性

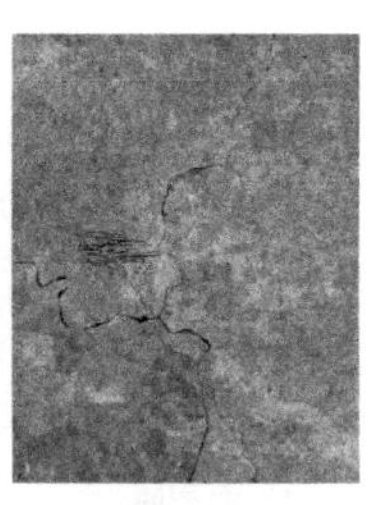
(e) 体积属性

图 6-32 使用 LCP 提取的热红外图像的特征

表 6-7 和表 6-8 分别给出了基于 EP 算法和基于 LCP 算法对热红外图像和高光谱图像处理后得到的分类精度，可以看出对于 Blueroof_hot 和 Redroof_hot 这两类数据的分类精度相较其他 3 类数据的分类精度高。这是因为训练样本数达到了这两类数据的总样本数的一半，使得训练的模型更精确。从表 6-7 与表 6-8 可以看出，基于 LCP 算法的总体分类精度均高于基于 EP 算法的总体分类精度，其中热红外图像的总体分类精度提高了 4.49 个百分点，高光谱图像的总体分类精度提高了 15.92 个百分点，两种数据融合之后的总体分类精度提高了 10.70 个百分点。这是因为 EP 是基于最大树、最小树构建的，容易受外界因素影响，使算法的稳定性受到限制，而 LCP 是基于拓扑树构建的，在算法上可以解决 EP 算法的缺陷，提高分类精度。但由于样本分布不均匀，两种算法的总体分类精度都偏低。

表 6-7 使用 EP 算法对两种数据集的协同分类效果

编号	类型	EP_{HW}	EP_{HSI}	$EP_{HW}+EP_{HSI}$
1	Grayroof_normal	58.20%	59.59%	66.46%
2	Blueroof_hot	79.33%	85.70%	87.00%
3	Redroof_normal	50.93%	50.67%	51.03%
4	Redroof_hot	96.67%	72.92%	90.00%
5	Blueroof_normal	60.24%	71.47%	78.42%
总体分类精度		59.48%	60.01%	72.07%
平均分类精度		46.16%	51.11%	55.39%
Kappa 系数		40.70%	48.77%	56.63%

表 6-8　使用 LCP 算法对两种数据集的协同分类效果

编号	类型	LCP_{HW}	LCP_{HSI}	LCP_{HW}+LCP_{HSI}
1	Grayroof_normal	68.79%	66.87%	71.62%
2	Blueroof_hot	80.67%	89.00%	93.33%
3	Redroof_normal	57.16%	63.56%	66.32%
4	Redroof_hot	97.50%	86.25%	93.75%
5	Blueroof_normal	61.95%	81.92%	91.74%
总体分类精度		63.97%	75.93%	82.77%
平均分类精度		50.62%	61.13%	72.28%
Kappa 系数		46.96%	61.67%	71.45%

表 6-7 和表 6-8 的最后一列给出的是将热红外图像与高光谱图像两种数据融合之后得到的分类精度，可以看出分类精度得到了明显的提升，在基于 EP 的算法中每类样本的分类精度、总体分类精度以及 Kappa 系数相对于原始热红外图像分别提高了（除了 Redroof_hot）8.26、7.67、0.1、18.18、12.59 个百分点和 15.93 个百分点；相对于原始高光谱图像的分类精度分别提高了 6.87、1.3、0.36、17.08、6.95、12.06 个百分点和 7.86 个百分点。在基于 LCP 的算法中每类样本的分类精度、总体分类精度以及 Kappa 系数相对于原始热红外图像分别提高了（除了 Redroof_hot）2.83、12.66、9.16、29.79、18.80 个百分点和 24.49 个百分点，相对于原始高光谱图像的分类精度分别提高了 4.75、4.33、2.76、7.5、9.82、6.84 个百分点和 9.78 个百分点。这是因为高光谱数据含有丰富的光谱和空间特征，但高光谱对于形状大致相同、反光性相同的材质无法进行有效识别，而红外数据含有丰富的背景和上下文特征，可以根据不同的目标和背景表面温度构成不同的强度辐射，能够很好地识别目标，可以对高光谱图像进行有效补充。这有效地证明了在地物分类中，两种不同源的高光谱数据可以相互补充和完善，以更好地进行地物识别和分类。为了更直观地表示两种数学形态学算法（EP 和 LCP）对本组数据集的特征提取和分类结果，实验中不同材料的分类结果局部效果如图 6-33 所示。

(a) 局部地面真实样本（其中右侧每一个框为一个样本代表，各类颜色对应见附录表 6-5）

(b) 基于 EP 的高光谱局部分类

(c) 基于 EP 的热红外局部分类

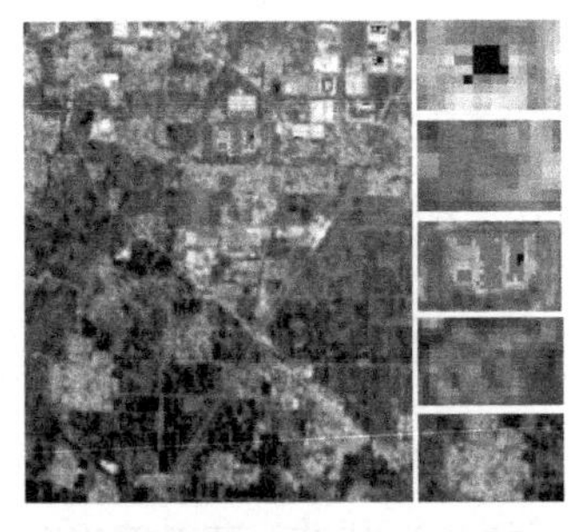

(d) 基于 EP 的两组数据融合之后的局部分类

(e) 基于 LCP 的高光谱局部分类

(f) 基于 LCP 的热红外局部分类

(g) 基于 LCP 融合之后的局部分类

图 6-33 不同材料的分类结果局部效果（彩色图见附录图 6-33）

3. 实验总结

本节主要分析了高光谱和红外图像的成像特点，并基于两种图像的特征信息具有差异性和互补性，提出了运用基于 LCP 数学形态学算法对高光谱和红外图像进行特征提取和数据融合的算法。使用该算法分别对高光谱和红外图像进行特征提取，并选择了有监督的特征提取方法对高光谱和红外图像中的光谱信息进行提取，然后，在特征层进行了特征堆叠和特征预处理，以更好地实现多源数据融合。本节使用了 SVM-CK 分类器，平衡考虑了高光谱数据中的空间—光谱信息和红外图像中的上下文—光谱信息。一组实验数据中的分类实验表明，根据两种数据的成像特点，选取数学形态学特征提取方法，并实现特征之间的有效协同分类，可以获得比任何单一数据源更好的分类性能。

6.4　本章小结

针对分类过程中高光谱图像在空间特征表达中的不足，重点介绍了利用高空间、激光雷达和热红外图像中所蕴含的空间及属性特征协同高光谱图像进行分类的方法。本章从不同数据特征融合的角度阐述了基于自适应马尔可夫随机场模型的高光谱协同高空间数据分类、基于边缘约束马尔可夫随机场模型的高光谱协同激光雷达数据分类，以及数学形态学特征融合的高光谱协同热红外数据分类 3 种典型算法。在算法验证中，采用 IEEE GRSS Data Fusion Contest 公开数据、GF-5、GF-6 卫星和航空高光谱、多光谱和热红外等多种传感器，在不同区域针对不同类型地物的成像数据进行了实验。结果表明，本章提供的算法均能够有效地完成高光谱图像协同多源数据的特征提取，并获得了较好的分类效果。

参考文献

[1] TOBLER W. A computer movie simulating urban growth in the Detroit region[J]. Economic Geography, 1970, 46234: 240.

[2] 耿修瑞, 张霞, 陈正超, 等. 一种基于空间连续性的高光谱图像分类方法[J]. 红外与毫米波学报, 2004, 23(4): 299-302.

[3] GEMAN S, GEMAN D. Stochastic relaxation, Gibbs distributions, and the Bayesian

restoration of images[J]. IEEE Transactions on Pattern Analysis and Machine Intelligence, 1984, 6(6): 725-741.
[4] VAPNIK V. The nature of statistical learning theory[M]. Berlin: Springer-Verlag, 2000.
[5] MELGANI F, BRUZZONE L. Classification of hyperspectral remote sensing images with support vector machines[J]. IEEE Transactions on Geoscience and Remote Sensing, 2004, 42(8): 1778-1790.
[6] 张兵, 高连如. 高光谱图像分类与目标探测[M]. 北京: 科学出版社, 2011.
[7] ZHANG B, LI S, JIA X, et al. Adaptive Markov random field approach for classification of hyperspectral imagery[J]. IEEE Geoscience and Remote Sensing Letters, 2011, 8(5): 973-977.
[8] PLATT J C. Probabilistic outputs for support vector machines and comparisons to regularized likelihood methods[J]. Advances in Large Margin Classifiers, 2000, 10(4): 65-74.
[9] LIN H T, LIN C J, WENG R C. A note on Platt's probabilistic outputs for support vector machines[J]. Machine Learning, 2007, 68(3): 267-276.
[10] BESAG J. On the statistical analysis of dirty pictures[J]. Journal of the Royal Statistical Society, 1986, 48(3): 259-302.
[11] NI L, GAO L, LI S, et al. Edge-constrained Markov random field classification by integrating hyperspectral image with LiDAR data over urban areas[J]. Journal of Applied Remote Sensing, 2014, 8(1): 205-207.
[12] RICHARDS J, JIA X. Remote sensing digital image analysis: an introduction[M]. Berlin: Springer-Verlag, 2008.
[13] 贾永红. 计算机图像处理与分析[M]. 武汉: 武汉大学出版社, 2001.
[14] GONZALEZ R C, WOODS R E, EDDINS S L. Digital image processing using Matlab[M]. Beijing: Publishing House of Electronics Industry, 2009.
[15] 崔屹. 图像处理与分析——数学形态学方法及应用[M]. 北京: 科学出版社, 2000.
[16] 龚炜, 石青云, 程民德. 数学空间中的数学形态学——理论及其应用[M]. 北京: 科学出版社, 1997.
[17] HEIJMANS H. Morphological image operators[M]. Boston: Academic Press, 1994.
[18] XU Y. Tree-based shape spaces: definition and applications in image processing and computer vision[D]. Paris: Universite Paris-Est, 2013.
[19] GERAUD T, CARLINET E, CROZET S, et al. A quasi-linear algorithm to compute the tree of shapes of nd images[C]//International Symposium on Mathematical Morphology and Its Applications to Signal and Image Processing. Berlin: Springer-Verlag, 2013.

名词索引

附录

彩色图表

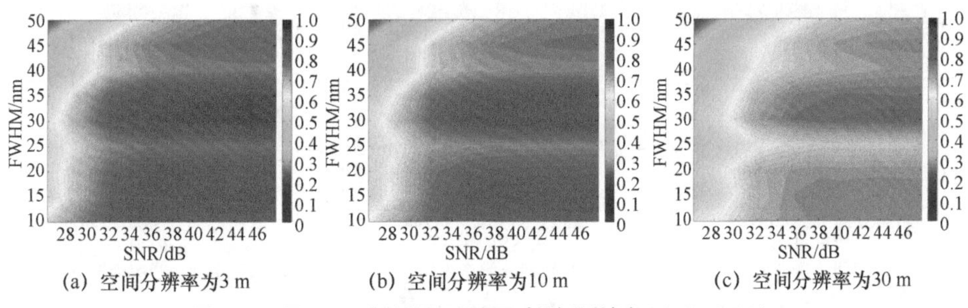

(a) 空间分辨率为3 m　　(b) 空间分辨率为10 m　　(c) 空间分辨率为30 m

图 1-7 利用 SAM 方法提取明矾石时的探测精度（PFA=0.01）

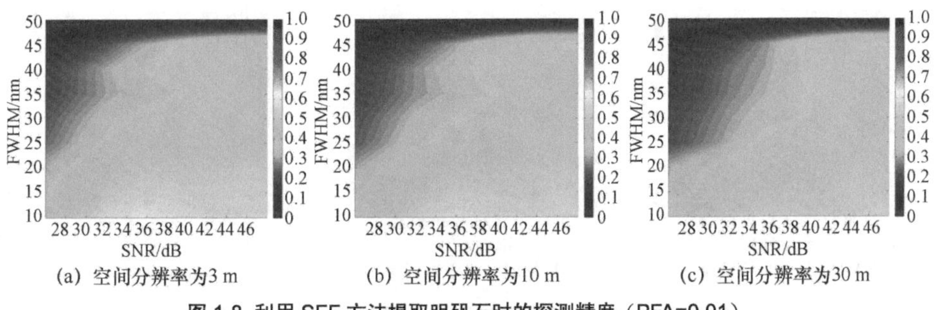

(a) 空间分辨率为3 m　　(b) 空间分辨率为10 m　　(c) 空间分辨率为30 m

图 1-8 利用 SFF 方法提取明矾石时的探测精度（PFA=0.01）

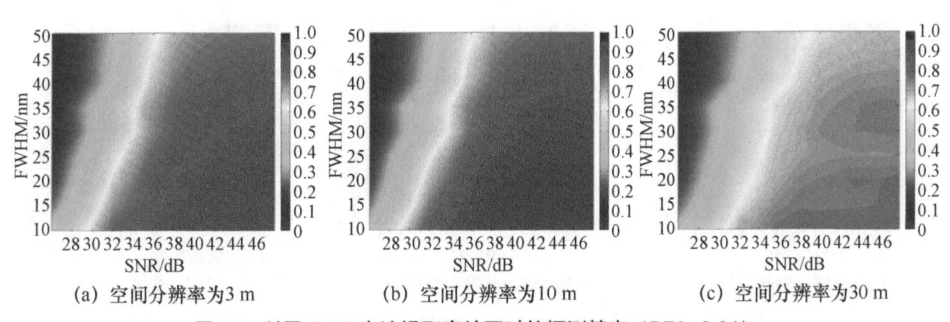

(a) 空间分辨率为3 m　　(b) 空间分辨率为10 m　　(c) 空间分辨率为30 m

图 1-9 利用 SAM 方法提取高岭石时的探测精度（PFA=0.01）

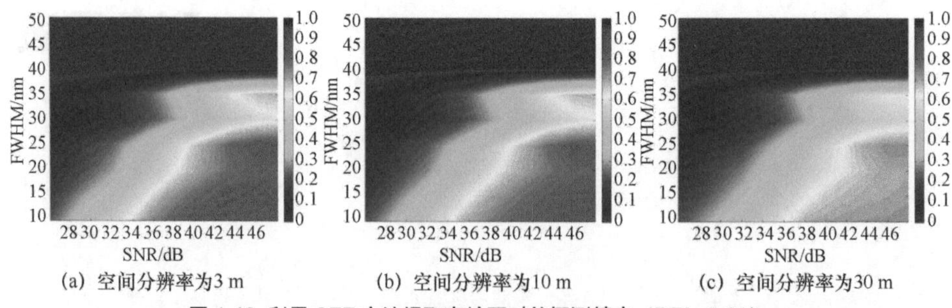

(a) 空间分辨率为3 m　(b) 空间分辨率为10 m　(c) 空间分辨率为30 m

图 1-10 利用 SFF 方法提取高岭石时的探测精度（PFA=0.01）

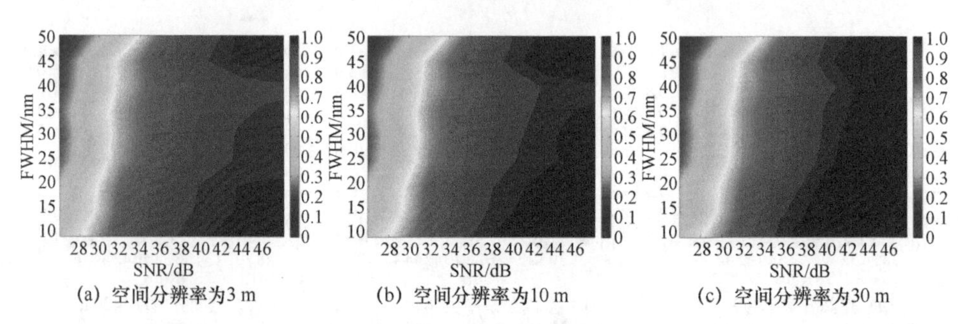

(a) 空间分辨率为3 m　(b) 空间分辨率为10 m　(c) 空间分辨率为30 m

图 1-11 利用 SAM 方法提取方解石时的探测精度（PFA=0.01）

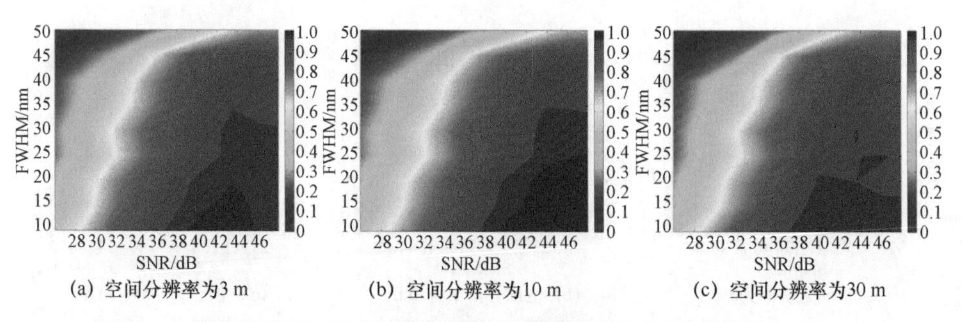

(a) 空间分辨率为3 m　(b) 空间分辨率为10 m　(c) 空间分辨率为30 m

图 1-12 利用 SFF 方法提取方解石时的探测精度（PFA=0.01）

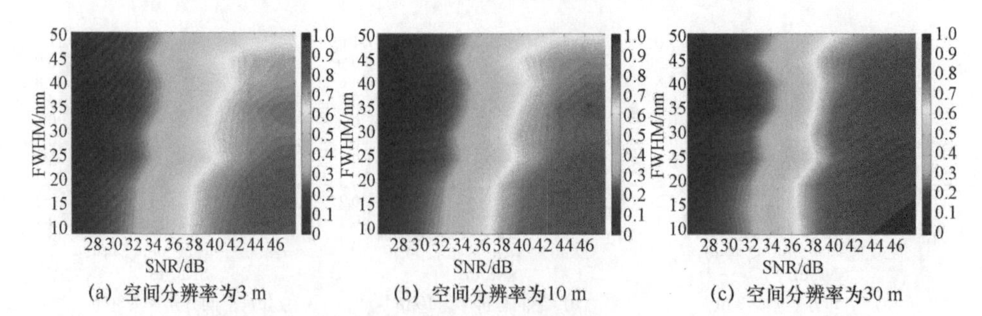

(a) 空间分辨率为3 m　(b) 空间分辨率为10 m　(c) 空间分辨率为30 m

图 1-13 利用 SAM 方法提取白云母时的探测精度（PFA=0.01）

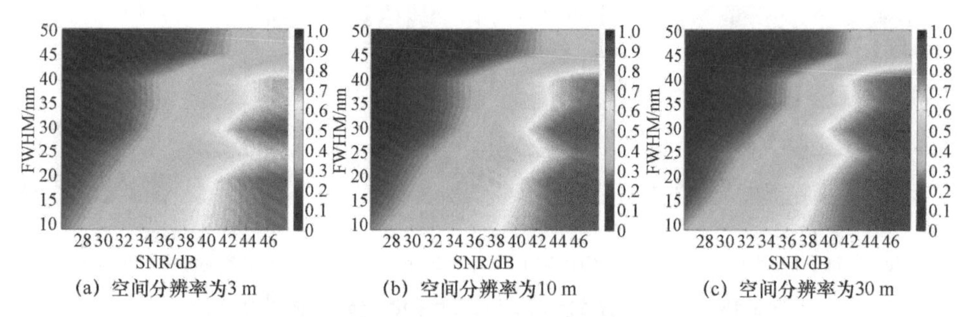

(a) 空间分辨率为3 m　(b) 空间分辨率为10 m　(c) 空间分辨率为30 m

图 1-14 利用 SFF 方法提取白云母时的探测精度（PFA=0.01）

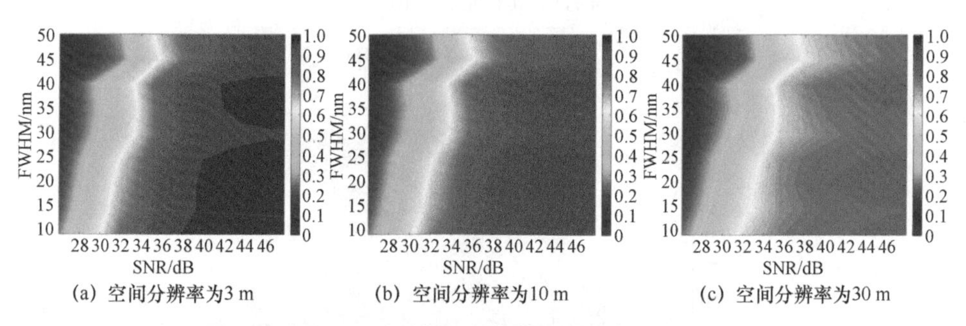

(a) 空间分辨率为3 m　(b) 空间分辨率为10 m　(c) 空间分辨率为30 m

图 1-15 利用 SAM 方法提取玉髓时的探测精度（PFA=0.01）

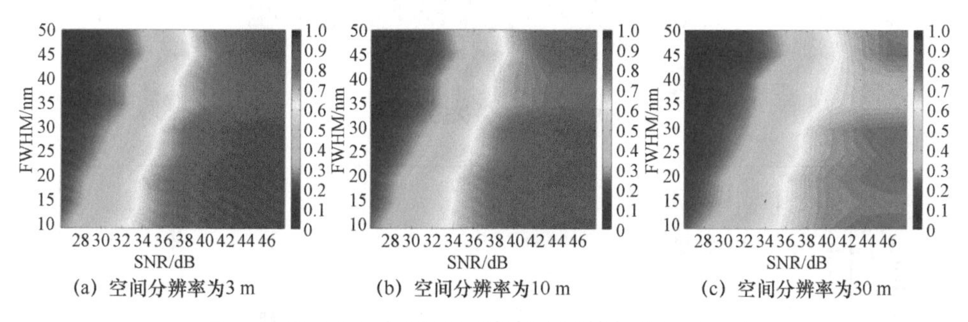

(a) 空间分辨率为3 m　(b) 空间分辨率为10 m　(c) 空间分辨率为30 m

图 1-16 利用 SFF 方法提取玉髓时的探测精度（PFA=0.01）

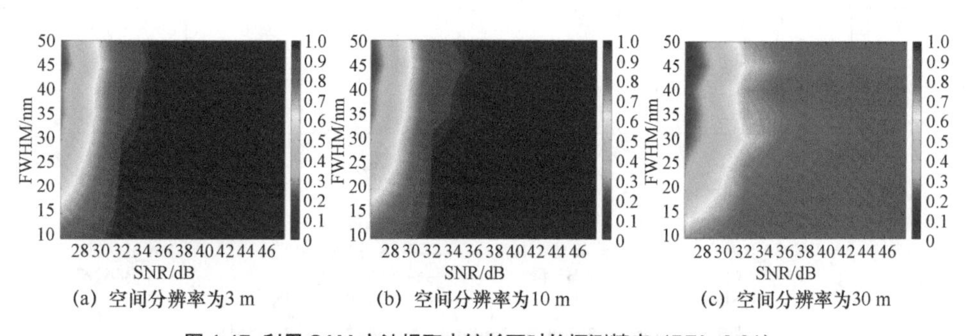

(a) 空间分辨率为3 m　(b) 空间分辨率为10 m　(c) 空间分辨率为30 m

图 1-17 利用 SAM 方法提取水铵长石时的探测精度（PFA=0.01）

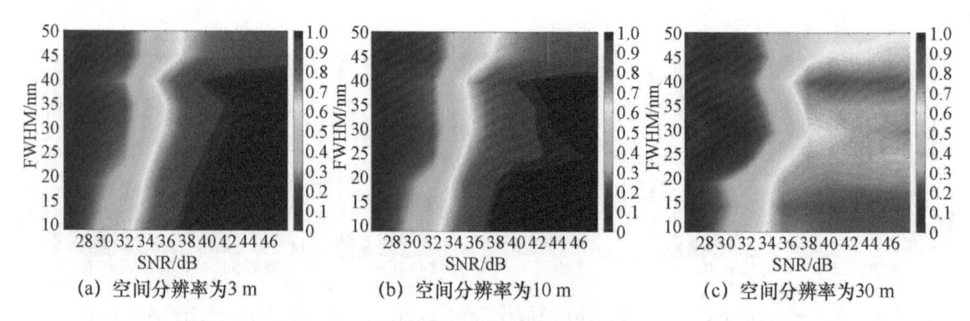

图 1-18 利用 SFF 方法提取水铵长石时的探测精度（PFA=0.01）

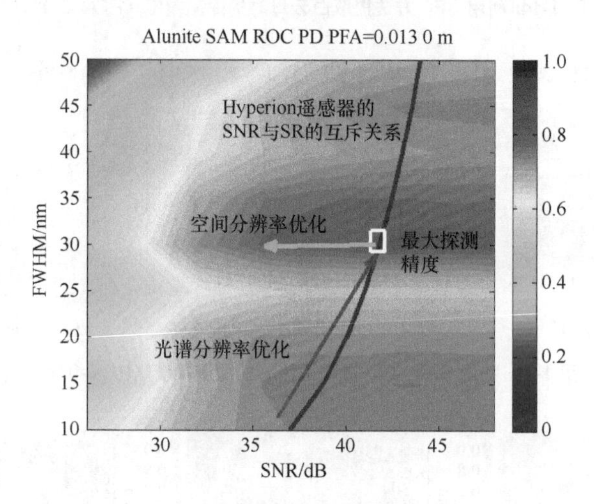

图 1-20 遥感器参数优化调整方法示意

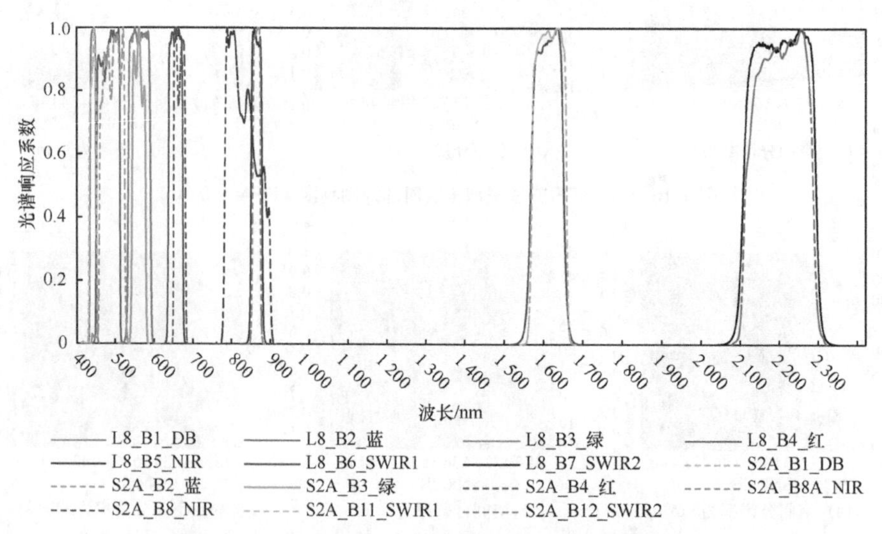

图 3-5 Landsat-8 OLI 与 Sentinel-2A 的光谱响应函数曲线

（a）GF-6 多光谱真彩色合成图像　　（b）GF-5 高光谱真彩色合成图像

图 6-4　GF-6 与 GF-5 卫星合成图像

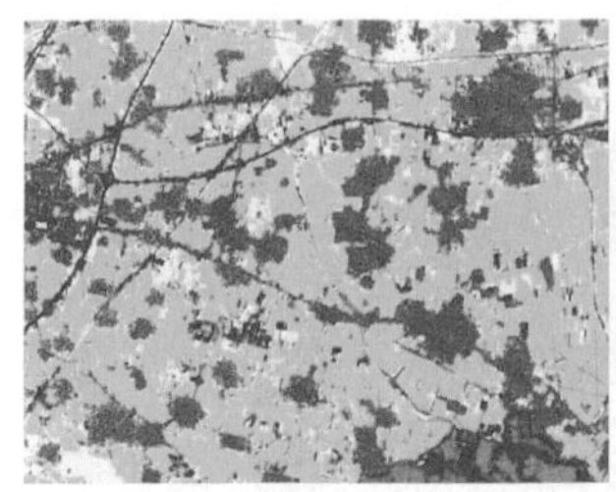

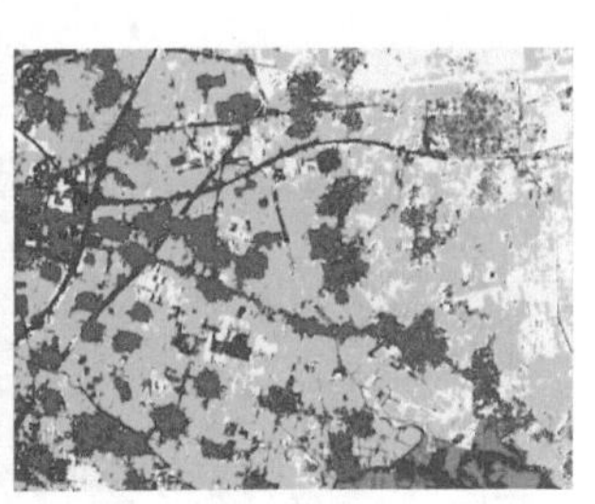

（a）最大似然分类结果　（b）传统马尔可夫随机场模型分类结果　（c）SVM 分类结果

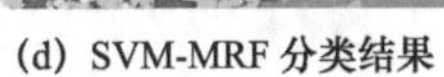

（d）SVM-MRF 分类结果　　（e）a-MRF 分类结果

图 6-6　不同方法的分类结果

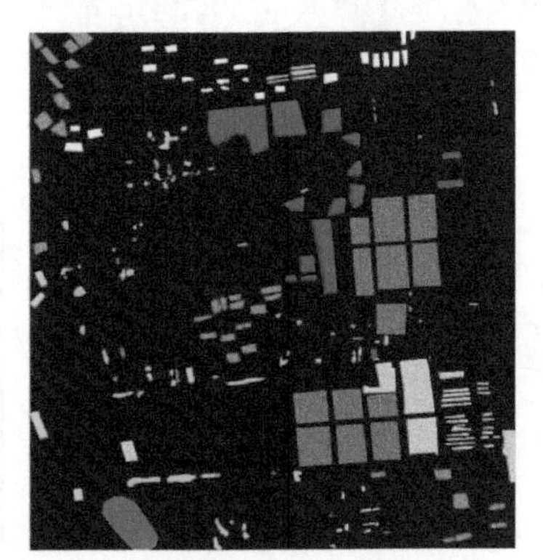

（a）高分辨率全色图像　　（b）地面调查样本分布

图 6-7　图像及样本分布

(a) 最大似然分类结果

(b) SVM分类结果

(c) 传统马尔可夫随机场模型分类结果

(d) a-MRF分类结果

图 6-9 不同方法的分类结果

(a) 高光谱数据 SVM 分类结果

(b) 高光谱和 LiDAR 数据 SVM 分类结果

图 6-15 不同方法的分类结果

(a) SVM-MRF 分类结果

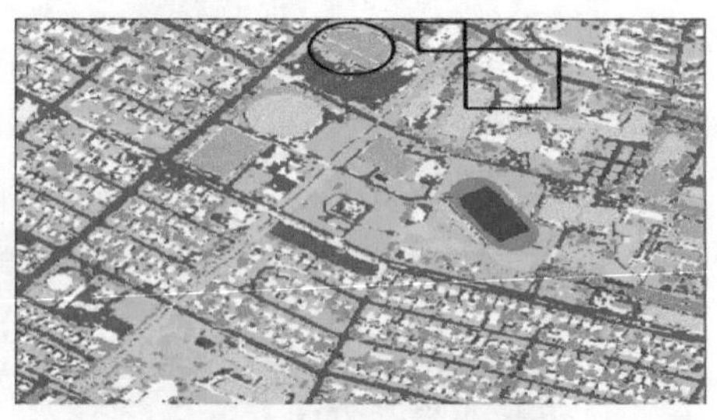
(b) MRF-EE 分类结果

(c) a-MRF 分类结果

(d) EC-MRF 分类结果

图 6-16 不同方法的分类结果

(a) 高光谱数据SVM分类结果

(b) MNF-SVM分类结果

(c) MNF-LiDAR-SVM分类结果

(d) EC-MRF分类结果

图 6-18　不同方法的分类结果

(a) 高光谱真彩色合成图像

(b) 热红外图像

(c) 样本空间分布

图 6-25　实验数据集

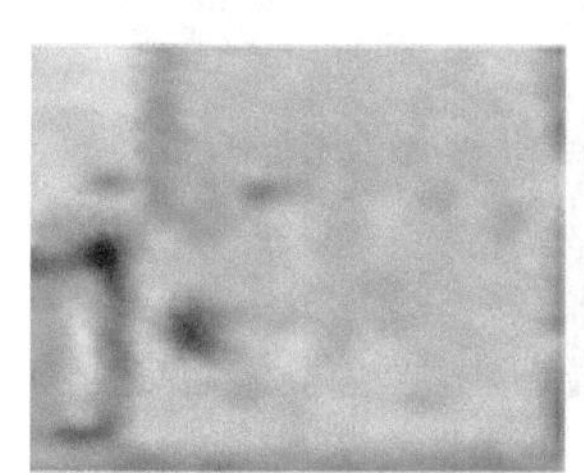
(a) Grayroof_normal

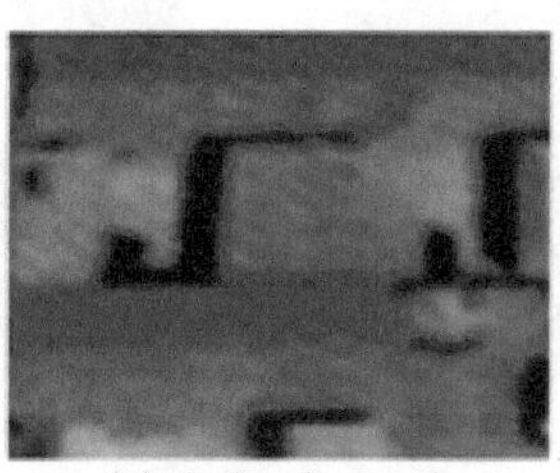
(b) Redroof_normal

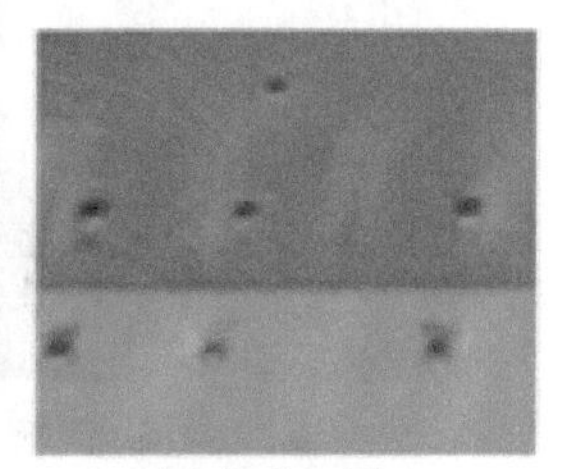
(c) Redroof_hot

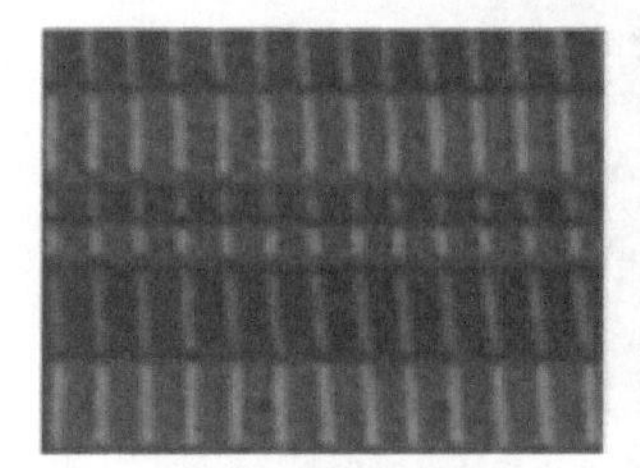
(d) Blueroof_normal

(e) Blueoof_hot

图 6-26　高分辨率图像上 5 类不同材质的屋顶局部放大图

表6-5　5类屋顶编码颜色对应

Redroof_normal	Blueroof_normal	Blueroof_hot	Redroof_hot	Grayroof_normal

(a) 局部地面真实样本，其中右侧每一个框为样本代表

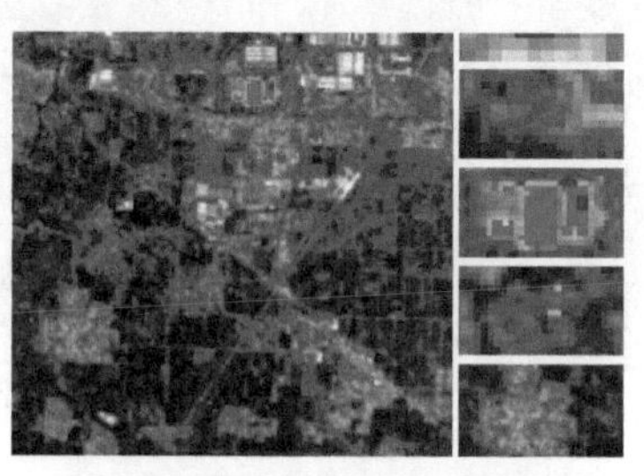

(b) 基于 EP 的高光谱局部分类

(c) 基于 EP 的热红外局部分类

(d) 基于 EP 的两组数据融合之后的局部分类

(e) 基于 LCP 的高光谱局部分类

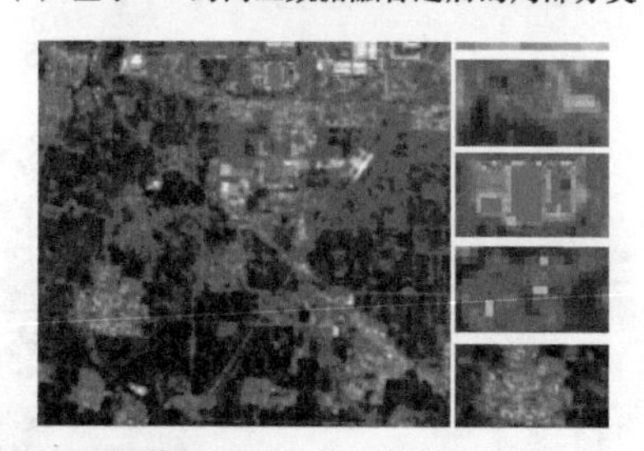

(f) 基于 LCP 的热红外局部分类

(g) 基于 LCP 融合之后的局部分类

图 6-33　不同材料的分类结果局部效果